普通高等教育"十二五"规划教材

汽轮机原理

王新军 李 亮 宋立明 李 军

U0282206

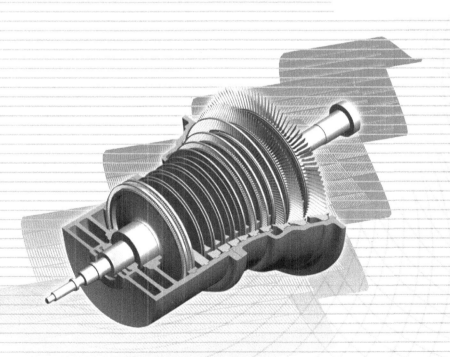

西安交通大学出版社
XI'AN JIAOTONG UNIVERSITY PRESS

内容提要

本书以发电汽轮机为主要对象,系统、深入地阐述了汽轮机的工作过程与工作原理、热力设计方法及变工况特性,同时也兼顾了燃气轮机的基本工作原理。全书分为6章:第1章简述了汽轮机的发展历史、特点、类型及基本结构;第2章系统介绍了汽轮机级的工作原理与设计计算方法,并介绍了叶栅气流特性和试验数据的应用方法;第3章主要介绍了单级汽轮机的结构、各项损失与对应的效率和功率,并介绍了汽轮机的汽封装置;第4章介绍了汽轮机级的二维和三维流动模型及设计计算方法;在第2~4章的基础上,第5章介绍多级汽轮机的工作过程、存在的特殊问题以及解决方法;第6章介绍汽轮机的变工况特性及变工况计算过程。各章之后均附有习题。

本书可作为高等学校本科能源与动力工程学科相关专业的教材,也可供从事汽轮机制造与运行管理的工程技术人员参考使用。

图书在版编目(CIP)数据

汽轮机原理/王新军等编著. —西安:西安交通
大学出版社,2013.12(2023.2重印)
 ISBN 978 - 7 - 5605 - 5524 - 9

Ⅰ.①汽⋯ Ⅱ.①王⋯ Ⅲ.①蒸汽透平-高等学校-
教材 Ⅳ.①TK26

中国版本图书馆 CIP 数据核字(2013)第 186253 号

书　名	汽轮机原理
编　著	王新军　李　亮　宋立明　李　军
责任编辑	任振国　季苏平
出版发行	西安交通大学出版社
	(西安市兴庆南路1号　邮政编码710048)
网　址	http://www.xjtupress.com
电　话	(029)82668357　82667874(市场营销中心)
	(029)82668315(总编办)
传　真	(029)82668280
印　刷	西安日报社印务中心
开　本	787mm×1 092mm　1/16　印张　16.75　字数　409千字
版次印次	2014年2月第1版　2023年2月第6次印刷
书　号	ISBN 978 - 7 - 5605 - 5524 - 9
定　价	30.00元

如发现印装质量问题,请与本社市场营销中心联系。
订购热线:(029)82665248　(029)82667874
投稿热线:(029)82664954
读者信箱:jdlgy@yahoo.cn

前　言

为了贯彻落实教育部《关于进一步加强高等学校本科教学工作的若干意见》的精神,加强教材建设,确保教材质量,西安交通大学叶轮机械研究所几位教师根据多年汽轮机原理及相关课程的教学实践和体会,在《蒸汽轮机》一书的基础上进行了编写。

《蒸汽轮机》一书是西安交通大学原涡轮机教研室的蔡颐年教授主编,多位教师参编,并由西安交通大学出版社于1988年3月正式出版发行的教材。该书比较全面且深入系统地介绍了汽轮机的工作原理、热力设计、装置和应用等各方面问题。二十多年来,西安交大涡轮机专业一直将《蒸汽轮机》作为本科教材,为国家培养了大批既能从事热力涡轮机及动力设备的设计、生产、科研、教学等工作,也能从事电厂热能工程、流体机械与流体工程、航天航空工程、交通运输、化工、冶金等相近工程领域工作的高级工程技术和研究人才。同时,《蒸汽轮机》一书也深受相关行业技术人员的推崇,是许多汽轮机企业的内部培训教材。

近二十年,科学技术的进步促进了汽轮机的快速发展,出现了超临界、超超临界的火电汽轮机,1400MW的大功率核电汽轮机以及各种参数、各种形式的节能减排汽轮机,各种先进的汽轮机设计理念也广泛应用在汽轮机的设计中。另外,随着国家高等教育理念的变化,宽口径通才培养模式也已成为目前各高校本科教学的发展趋势。

在此大环境下,原有《蒸汽轮机》一书的内容就略显不足。为了适应新形势下的本科教学,我们在《蒸汽轮机》的基础上,遵循原书内容的总格局,删除一些过于深奥和过时的内容,补充了一些最新的研究方法与成果以及其它的内容,使本书内容更加易于理解和实用,也在一定程度上反映了汽轮机气动热力设计技术的发展现状。

全书共分6章,主要内容包括:汽轮机的类型与基本结构,汽轮机级的工作原理与热力设计,单级汽轮机的结构与工作过程,汽轮机级的二维和三维设计计算方法,多级汽轮机,汽轮机变工况特性。

参加本书编写的有西安交通大学能源与动力工程学院王新军(第1章和第2章),李亮(第5章和第4章部分内容),李军(第3章)和宋立明(第4章部分内容和第6章)。本书由王新军担任主编,李亮、宋立明和李军担任副主编。

在本书的编写过程中,得到了很多有关院校和行业单位的支持和帮助,在此表示衷心的感谢。

西安交通大学俞茂铮教授和东方电气集团东方汽轮机有限公司的赵世全教授级高工对本教材进行了评阅,两位的宝贵意见对提高本书质量起了极大的作用,编者深表谢意!

由于编者水平有限,书中难免存在不妥之处,恳请读者批评指正。

编　者

2013年5月

目　录

第1章 绪 论

汽轮机是透平机械的一种。透平一词来源于英文 Turbine 的音译,其含义是一种旋转式的流体动力机械。用于使气体热能与机械功发生相互转化的透平称为热力透平或热力涡轮机。透平包括汽轮机(也称为蒸汽轮机或蒸汽透平)、燃气轮机(也称为燃气透平)、透平压缩机等。汽轮机即是以蒸汽为工质并将蒸汽的热能转化为机械功的热力透平。

1.1 汽轮机的发展历史及现状

汽轮机的发展至今已有 130 年历史。作为原始的雏形,可以追溯到古代我国具有悠久历史的走马灯、风车、水车、水磨、火轮等。图 1-1 是走马灯的结构示意图,它是很原始的冲动式轮机雏形,走马灯中的灯火加热气流,热气流上升冲击叶轮旋转并带动灯筒一起转动。风车等则是利用自然界中存在的流动工质,冲击叶轮旋转做功并带动其它装置工作的冲动式轮机原型。

另外,公元前 150 年古埃及设计制造出的希罗球(见图 1-2)和中国烟火中的火轮,则是工质不同的反动式轮机的原始形式。古希腊科学家和发明家亚历山大在他所著《气体装置论》一书中,详细描述了希罗球的工作过程。希罗球是支撑在两根垂直导管上的空心球体,当用火加热下面容器内的水时,蒸发出来的蒸汽沿两根导管分别进入球内,从球上的两根相反方向的弯管喷出,由于喷汽的反作用力,球沿着与喷汽流动相反的方向旋转,这是历史上最早记载的喷汽动力装置。火轮则是利用火药燃烧产生的气体沿轮盘的切向喷出,其反作用力推动轮盘高速旋转。由于当时的经济条件和技术条件所限制,这几种汽轮机原型都没有进一步发展成工业上的发动机,只是成为有趣的玩具。

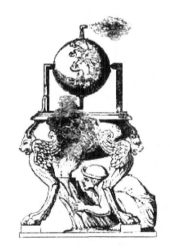

图 1-1 走马灯结构示意图　　　图 1-2 希罗球示意图

在西方工业革命之后,出现了许多大的工厂和作坊,客观上迫切需要强大的动力源,而工业技术的发展也为新型发动机的制造提供了技术条件。

1883 年,瑞典工程师古斯塔夫-拉伐尔设计制造了第一台轴向单级冲动式汽轮机,转速高达 25 000 r/min,功率却仅有 3.8 kW。这台汽轮机是制造现代汽轮机的开始,在以后的发展中得以不断改进、提高并完善。

1884 年,英国工程师查尔斯-柏森斯,设计制造了第一台多级反动式汽轮机,转速为 17 000 r/min,功率达到 7.5 kW。

1896 年,美国工程师寇蒂斯制造了速度级的汽轮机。

1902 年,法国拉托教授设计制造了多级冲动式汽轮机。

这些以不同能量转换方式制造的各种形式的原型汽轮机,奠定了汽轮机发展的基础,使汽轮机在工作原理、结构、制造工艺等方面得以迅速发展,生产出从 500 kW、2 000 kW 到 50 000 kW 的汽轮机。20 世纪 40 年代以后,汽轮机的发展更加迅猛,单机功率从 50 MW 增大到目前的 1 000 MW,而核电汽轮机的单机功率更是高达 1 500 MW。

在功率增大的同时,汽轮机的进汽参数也发生了相应的变化,从最初的新蒸汽压力约 1.1 MPa 增大到目前的超临界压力,甚至是超超临界压力(蒸汽的临界压力为 22.115 MPa,温度为 374.12 ℃)。蒸汽的温度也从早期的 300 ℃ 增大到目前最高的 610 ℃。

中国的汽轮机制造业起步于 20 世纪 50 年代,相对于发达国家来说起步较晚。最初的技术来源于前苏联和东欧捷克。1956 年,上海汽轮机厂生产制造了我国第一台 6 000 kW 的汽轮机,安装在淮南电厂。之后,中国汽轮机制造业的发展类似世界汽轮机的发展,单机功率从 6 000 kW 一直发展到 1 000 MW。目前正在研发的核电汽轮机单机功率为 1 400 MW。

总体来看,我国汽轮机的发展经历了四个阶段:第一阶段是 1953—1980 年,技术特征是仿制前苏联技术与低水平自主开发相结合,生产出 50 MW,75 MW,100 MW,135 MW,200 MW 的汽轮机。第二阶段是 1981—1990 年,期间引进了美国 Westinghouse 公司的技术,我国三大汽轮机制造厂(东方汽轮机有限公司、哈尔滨汽轮机厂有限公司、上海汽轮机有限公司)均参与了技术引进,生产出 300 MW 的汽轮机。第三阶段是 1991—2000 年,该阶段的特征是引进消化与自主创新相结合,表明我国的汽轮机技术已发展到较为先进的水平,重要产品是火电 600 MW汽轮机和核电 1 000 MW 汽轮机,蒸汽参数从超高压向超临界压力发展。第四阶段是 2001 年以后,期间我国的电力市场需求高涨,汽轮机制造业得到迅速发展,三大制造厂的超临界 600 MW 汽轮机在引进技术基础上已形成批量制造能力,1 000 MW 超超临界汽轮机也已投入运行。

随着现代技术的不断进步,汽轮机在设计、材料以及制造工艺等方面仍在继续发展。目前,火力发电汽轮机的发展趋势有以下几个方面:

(1)高参数。新蒸汽压力高达 31 MPa,温度达 600 ℃,再热蒸汽温度为 610℃。

(2)大容量。单机最大功率已达 1 500 MW。

(3)高经济性。不断发展先进的通流部分设计技术,并采用先进热力循环与节能技术,以减小各种损失,提高效率。目前最高的循环热效率达 48%,一般亚临界机组效率为 43%。

(4)高安全可靠性。例如,要求轴系双振幅的相对振动小于 50 μm 等。

汽轮机的设计与制造既涉及基础研究领域(材料技术、计算机技术等),又涉及到大量的技术装备,因此,汽轮机设计制造水平的高低直接反映一个国家的工业水平。目前,世界上能独立研制汽轮机的国家为数不多。主要国家和著名厂商有美国的通用电气公司 GE,法国的 ALSTOM 公司,德国的西门子公司,俄罗斯的列宁格勒金属制造厂,瑞士的 ABB 公司,日本的日立、三菱等公司。中国的汽轮机生产厂商较多,东方汽轮机有限公司、上海汽轮机有限公司和哈尔滨汽轮机厂有限公司是我国汽轮机的三大主力生产厂。另外,还有一些中型汽轮机生产厂家,如杭州汽轮机股份有限公司、北京北重汽轮电机有限责任公司、青岛捷能汽轮机集团股份有限公司、南京汽轮电机有限责任公司、广州斯科达－劲马汽轮机有限公司、洛阳中重发电设备有限责任公司、武汉汽轮发电机厂等。近十年来,许多民营的汽轮机企业也在不断地发展和壮大。

1.2　汽轮机的特点与用途

1.2.1　汽轮机的特点

汽轮机出现后得到了迅速发展,并不断地趋于完善,很快就取代了以蒸汽为工质的往复式机械——蒸汽机。目前,汽轮机作为最主要的热力原动机,在能源、电力与动力工程等国民经济各领域以及国防方面都占有极其重要的地位。汽轮机是科技含量极高的重型精密旋转机械,具有以下特点:

(1)高压高温。汽轮机的进汽压力很高,超超临界汽轮机的最大蒸汽压力为 31 MPa,蒸汽温度约为 600 ℃,这将涉及到材料性能和冶金能力以及设计制造等方面问题。

(2)高转速。我国火电汽轮机的转速为 3 000 r/min,核电半转速汽轮机的转速为 1 500 r/min,而驱动用汽轮机的转速则可能更高。高转速下的汽轮机动叶片的旋转速度很高,尤其是大功率汽轮机的末级动叶片,旋转产生的离心力大,因此对材料的要求也很高。

(3)高精度。作为高速旋转的动力机械和封闭系统,汽轮机的转动部分和静止部分之间的配合要求以及转子动平衡要求很高,转子加工精度要求端面和径向跳动小于 0.01 mm。转动部分和静止部分的间隙为 0.4～0.6 mm。高精度特点涉及到企业的机床加工能力和先进的工艺技术等方面问题。

(4)涉及学科广。汽轮机的设计与生产需要多学科技术人员的共同努力才能完成。流体力学、热力学、传热学、计算数学、空气动力学、固体力学、弹性力学、断裂力学、金属材料、机械振动等十多门学科支撑着汽轮机的发展。

(5)重型。大功率汽轮机的体积与重量庞大,如火电 600 MW 汽轮机的本体重量达 1 000 t 以上,长 28 m,宽 10 m,高 8 m。

(6)对加工装备要求高。汽轮机零部件的冷加工需要数控(CNC)转子卧式车床、CNC 五坐标叶片加工中心、CNC 龙门铣床和镗床等,热加工需要采用 30～100 t 钢包精炼炉浇注汽缸等静止部件,万吨级压力机锻造主轴毛坯、大型热处理炉(5 m×5 m×17 m)以及先进的焊接设备、焊接隔板和汽缸等部件。

1.2.2　汽轮机的用途

汽轮机广泛应用于能源动力工业上,目的是为了驱动发电机供给大量的电能或驱动其它动力机械,以满足日益发展的工农业生产的需要。因此,汽轮机的用途有发电/热电联供和驱动两种。

电力是现代化生产的主要动力,也是提高人们物质文化生活的重要条件,电力耗费已成为衡量一个国家技术和经济发展水平高低的重要标志之一。电力工业是将能源资源转化为电力的行业,它的发展标志着一个国家的发达程度。目前,电力的生产方式主要有以下几种。

(1)火力发电。火力发电采用煤、石油、天然气等化石燃料作为一次能源,通过化石燃料的燃烧将锅炉里的水加热成高压、高温的水蒸气,蒸汽进入汽轮机中膨胀做功,将蒸汽热能转化为机械能并带动发电机工作,最终将机械能转化为电能,如图 1-3 所示。在热电厂,汽轮机不但带动发电机对外供电,还利用汽轮机的抽汽或排汽对外供热,用于满足其它的工业生产需求或民用需求。这种火力发电形式非常普遍,火电厂的分布也很广。

(2)水力发电。水能是一种可再生清洁能源。水力发电的基本原理是利用水轮机将水的位能转化为机械能并带动发电机产生电能。我国著名的水电站有三峡、葛洲坝、小浪底等水电站,图 1-4 是三峡水电站的照片。

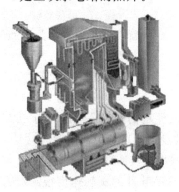 

图 1-3　火电厂示意图　　　　　　　　　　　图 1-4　三峡水电站

(3)核能发电。核电是构成世界能源的三大支柱之一,在能源结构中占有重要地位。核能发电的原理与普通火电厂差别不大,只是产生蒸汽的方式不同。它是利用核燃料裂变释放的能量加热蒸发器中的水,从而产生蒸汽,蒸汽再进入汽轮机中膨胀做功,将热能转化为机械能并带动发电机工作产生电能,图 1-5 为核电厂工作原理图。发展核电是我国电力发展的中长期发展目标,国内已经建成或在建的核电厂有十几个,著名的有大亚湾核电厂、秦山核电厂和连云港核电厂等。

(4)风力发电。风能是一种无污染的可再生自然能源,随着人类对生态环境的要求和能源的需要,风能的开发日益受到重视。风力发电的原理是利用风力推动风力机的叶片旋转,再通过增速装置将旋转的速度提升来带动发电机发电,图 1-6 是风力发电示意图。我国的风能资源丰富,储量为 32 亿 kW,可开发的装机容量约为 2.5 亿 kW,居世界首位。目前,在新疆、内蒙古、福建、广东等地已建成 26 个风电场,总装机容量近 50 万 kW。

(5)太阳能发电。太阳能也是一种洁净的可再生新能源,越来越受到人们的青睐。利用太阳能发电有两大类型:一类是太阳光发电(亦称太阳能光发电),它是将太阳能直接转变成电能的一种发电方式,包括光伏发电、光化学发电、光感应发电和光生物发电四种形式;另一类是太阳热发电(亦称太阳能热发电),它是先将太阳能转化为热能,再将热能转化成电能。太阳能热发电也有两种转化方式:一种是将太阳热能直接转化成电能(如半导体或金属材料的温差发电,磁流体发电等);另一种方式是将太阳热能通过热机(如汽轮机)带动发电机发电。图 1-7 是太阳能发电原理图。

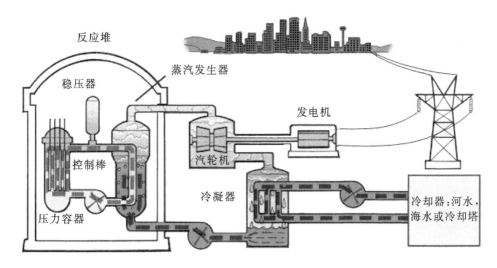

图 1-5 核电厂工作原理图

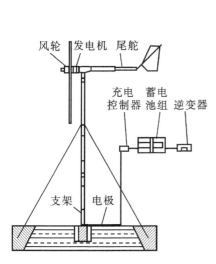

图 1-6 风力发电示意图

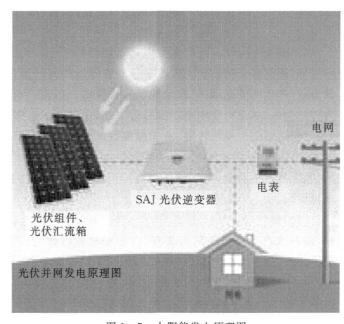

图 1-7 太阳能发电原理图

(6)地热发电。地热能是指储存在地球内部的可再生热能,地热能的开发技术也在日益完善。地热发电是利用地下热水和蒸汽为动力源的一种新型发电技术,其基本原理就是把地下的热能转变为机械能,然后再将机械能转变为电能的能量转变过程。随着对地热资源的不断开发与研究,地热能源必将成为继水力、风力和太阳能之后又一种重要的新能源。西藏的羊八井发电厂是中国最大的地热能发电厂,地热蒸汽温度高达 172 ℃,采用二级扩容循环和混压式汽轮机,目前装机容量已达 25.15 MW。图 1-8 是双级扩容法地热水发电热力系统图。

(7)余热发电。余热发电的原理与火电厂基本相同,只是产生蒸汽的方式不同,它是利用生产过程中多余的热能(如石化厂、水泥厂等行业生产过程中产生的余热能量)通过汽轮发电机组转换为电能的技术。余热发电不仅节能,还有利于环境保护。

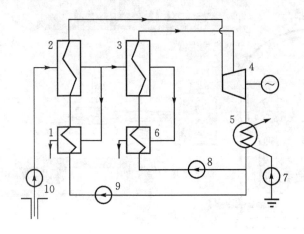

1—第一级预热器;2—第一级蒸发器;3—第二级蒸发器;4—汽轮发电机组;5—冷凝器;
6—第二级预热器;7—循环水泵;8—第二级工质泵;9—第一级工质泵;10—深井泵

图 1-8　双级扩容法地热水发电热力系统图

(8)磁流体发电。磁流体发电就是用燃料(石油、天然气、燃煤、核能等)直接加热易于电离的气体,使之在 2 000 ℃的高温下电离成导电的离子流,然后让其在磁场中高速流动时,切割磁力线,产生感应电动势,即由热能直接转换成电流。由于无需经过机械转换环节,所以称之为直接发电,其燃料利用率得到显著提高,这种技术也称为等离子体发电技术。

(9)新型海浪发电装置/海洋温差发电装置。海浪发电原理是是利用海浪的上下垂直运动的能量(位移作为动力),转动水能发电机产生电能。海洋温差发电是利用海水表层与深层之间约 20 ℃的温差能,通过使低沸点工质的蒸发与冷凝的热力过程,推动气轮机旋转并带动发动机发电。

(10)燃气-蒸汽联合循环发电。联合循环发电就是将燃气轮机排出的"废气"引入余热锅炉,加热水产生高温高压的蒸汽,再推动汽轮机做功。这样就形成了能源梯级利用的总能系统,可以达到较高的热效率(约 60%)。图 1-9 是燃气-蒸汽联合循环示意图。

在上述发电形式中,火力发电、核能发电、地热发电、余热发电以及燃气-蒸汽联合循环发电等装置中是离不开汽轮机这种能量转换设备的,因此,汽轮机制造业在未来较长时期内有很大的发展空间。

汽轮机的第二个用途就是驱动。作为原动机,汽轮机广泛应用于能源电力、舰船、化工、冶金、交通运输、国防等重要领域。在工业方面,可以驱动大型鼓风机、压缩机、风机和泵等动力设备;在舰船方面,可以驱动航空母舰、核潜艇、驱逐舰的螺旋桨等。

汽轮机为世界提供了约 70%的电力(中国的火力发电电力所占比例更高达 75%～80%),对世界经济具有重要的作用。

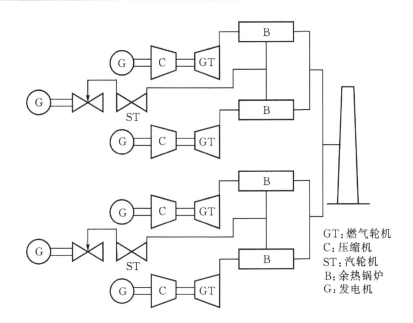

图 1-9   燃气-蒸汽联合循环示意图

1.3   汽轮机的分类与标准

1.3.1   汽轮机的分类

由于汽轮机在国民经济中的广泛应用,产生了多种用途、多种类型、多种参数和不同容量的汽轮机。为了便于了解、掌握与交流,将汽轮机进行了分类。按不同的分类方法,汽轮机可以分为以下几类。

(1)按工作原理分,有冲动式汽轮机和反动式汽轮机。

冲动式汽轮机:大多数级的蒸汽主要在喷管叶栅(或静叶栅)中进行膨胀的汽轮机。

反动式汽轮机:大多数级的蒸汽在喷管叶栅(或静叶栅)和动叶栅中都进行膨胀的汽轮机。

(2)按热力特性分,有凝汽式汽轮机、背压式汽轮机、抽汽式汽轮机和再热式汽轮机四种。

凝汽式汽轮机:排汽压力低于大气压力的汽轮机,需要凝汽器。

背压式汽轮机:将高于大气压力的排汽用于供热或其它用途的汽轮机,不需要凝汽器。

抽汽式汽轮机:从汽轮机某级后抽出部分蒸汽供用户使用的汽轮机,分一次抽汽汽轮机和二次抽汽汽轮机。

再热式汽轮机:把在汽轮机高压缸工作过的蒸汽引入锅炉的再热器中进行再加热,以提高蒸汽能量,然后再进入汽轮机的中、低压缸继续工作。

(3)按蒸汽流动方向分,有轴流式汽轮机和径流式汽轮机。

轴流式汽轮机:蒸汽基本上沿轴向流动的汽轮机。

径流式汽轮机:蒸汽基本上沿径向流动的汽轮机。

(4)按用途分,有火电汽轮机、核电汽轮机、舰(船)汽轮机和工业汽轮机四种。

火电汽轮机：在火力发电厂中带动发电机工作的汽轮机。

核电汽轮机：在核电站中带动发电机工作的汽轮机。

舰（船）汽轮机：驱动大型船舶、军舰的推进动力装置或螺旋桨等的汽轮机。

工业汽轮机：在工厂、企业中使用的汽轮机（发电或驱动）统称为工业汽轮机。

（5）按新蒸汽参数分，有以下几种。

超临界汽轮机：主蒸汽压力高于临界压力（一般高于 24.0 MPa，低于 28.0 MPa）的汽轮机。

亚临界汽轮机：主蒸汽压力接近于临界压力（一般高于 16.0 MPa，低于临界压力 22.1 MPa）的汽轮机。

超高压汽轮机：主蒸汽压力为 12.0～14.0 MPa 的汽轮机。

高压汽轮机：主蒸汽压力为 9.0 MPa 左右的汽轮机。

中压汽轮机：主蒸汽压力在 3.4 MPa 左右的汽轮机。

低压汽轮机：主蒸汽压力在 1.5 MPa 以下的汽轮机。

饱和蒸汽汽轮机或湿蒸汽汽轮机：主蒸汽为饱和或接近饱和状态的汽轮机。

当然，上述参数范围的划分不是固定不变的。

为进一步提高汽轮机装置的循环热效率，更好地满足节能减排要求，汽轮机正向超超临界技术方向发展。目前，国内对超超临界汽轮机（ultra supercritical turbine）还没有统一的定义，通常认为主蒸汽压力达到 28.0 MPa 以上，或主蒸汽温度或/和再热蒸汽温度为 593 ℃及以上的汽轮机为超超临界汽轮机。

（6）其它分类方法。按汽缸的数目划分，有单缸汽轮机、双缸汽轮机和多缸汽轮机；按布置方式划分，有单轴汽轮机和双轴汽轮机；按转速划分，有定转速汽轮机和变转速汽轮机。

1.3.2　汽轮机的型号

汽轮机型号用下面的方式来表示。

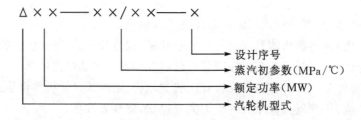

其中，汽轮机的型式用汉语拼音的字母来表示，如表 1-1 所示。

表 1-1　汽轮机型式的表示符号

符　号	型　式	符　号	型　式
N	凝汽式汽轮机	HN	核电汽轮机
B	背压式汽轮机	G	工业汽轮机
C	一次抽汽式汽轮机	H	船（舰）用汽轮机
CC	二次抽汽式汽轮机	Y	移动式汽轮机
CB	抽汽背压式汽轮机		

示例 1：N300－16.7/538/538，表示凝汽式汽轮机，功率为 300 MW，新蒸汽压力为 16.7 MPa，温度为 538 ℃，再热后蒸汽温度为 538 ℃。

示例 2：CB25－8.83/1.47/0.49，表示抽汽背压式汽轮机，功率为 25 MW，新蒸汽压力为 8.83 MPa，抽汽压力为 1.47 MPa，排汽压力为 0.49 MPa。

示例 3：CC12－3.43/0.98/0.118，表示两次调节抽汽式汽轮机，功率为 12 MW，新蒸汽压力为 3.43 MPa，高压抽汽压力为 0.98 MPa，低压抽汽压力为 0.118 MPa。

1.4 热力循环和汽轮机的基本结构

1.4.1 热力循环

为了提高汽轮机工质热力循环的热效率，现代电厂凝汽式汽轮机装置采用了各种复杂的热力循环系统，这些热力循环系统都是以简单的朗肯循环为基础发展而来的。图 1－10 是简单蒸汽热力循环(朗肯循环)装置示意图。在汽轮机装置中，有四个最主要的设备：

(1)锅炉。锅炉是产生高温高压蒸汽的设备，水或蒸汽在锅炉中是等压吸热过程，由未饱和水最终变为过热蒸汽，这一过程中工质与外界无技术功的交换。

(2)汽轮机。汽轮机是利用蒸汽膨胀而对外做功的设备，蒸汽在汽轮机中是膨胀过程。

(3)凝汽器。凝汽器是使工质向外界冷源放热的设备，汽轮机的排汽进入凝汽器内对冷却介质放热并凝结成凝结水，是等压放热过程。

(4)给水泵。给水泵消耗一部分功将凝结水压力提高并再次送入锅炉，完成热力循环中的压缩过程。

汽轮机装置中的其它机械设备，基本上都是服务于锅炉、汽轮机和凝汽器三大设备的。

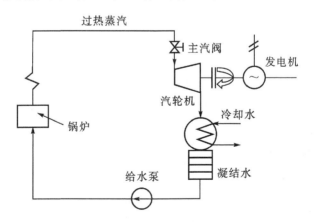

图 1－10 简单蒸汽热力循环装置示意图

1.4.2 汽轮机的基本结构

一台完整的汽轮机包含许多零部件，如汽轮机的主汽阀、调节阀、进汽部分、通流部分和排汽部分，调节系统和保安系统，轴承及轴承箱，汽封装置，支架，盘车装置，辅助系统等。

图 1-11 是汽轮机的结构示意图。图中的主要零部件在汽轮机中有各自的作用和功能,下面以一台冲动式汽轮机为例,简要介绍汽轮机的基本零部件名称及含义。

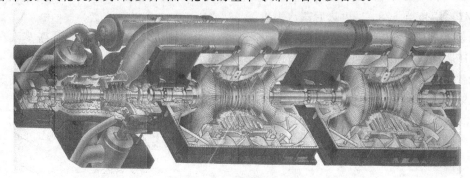

图 1-11　汽轮机的结构图

(1)叶片。汽轮机中的叶片包含喷管叶片(或叫静叶片)和工作叶片(动叶片)。叶片的作用是构成叶栅,形成特殊几何形状流道并使蒸汽能够进行能量转换,如图 1-12 所示。

(2)汽轮机级。汽轮机的基本工作单元叫作级。在多级汽轮机中,喷管调节汽轮机的第一个级既对外做功,也用来调节汽轮机的流量和功率,称为调节级;汽轮机最后一个级称为末级,其排汽通过排汽道进入凝汽器凝结成凝结水或引入其它用汽地方;调节级和末级以外的其它所有汽轮机级的统称为中间级。

(3)汽轮机通流部分。它是指蒸汽流动和进行能量转换的区域,由若干个汽轮机级组成。

(4)静止部分。汽轮机在工作时,所有静止不动的部分统称为静止部分(或静子)。

(5)转动部分。汽轮机在工作时,所有旋转的部分称为转动部分(或转子)。

汽轮机的静子部分主要包含汽缸、喷嘴箱、隔板和支持轴承、推力轴承等。

汽缸的形状呈圆柱型或圆锥型,是结构形状非常复杂的部件,如图 1-13 所示,其作用是构成一个与大气隔开的封闭空间。汽缸一般具有水平中分面,分为上汽缸和下汽缸。汽轮机总装时,在汽轮机内部的零部件安装调整完成后,在上、下汽缸的法兰处用螺栓固紧形成一个完整的汽缸。

图 1-12　不同结构的单个叶片　　　图 1-13　上汽缸和下汽缸

在汽轮机调节级中,喷嘴叶栅一般不是直接安装在汽缸上,而是装在一个与汽缸分开制造的弧形喷嘴箱上,喷嘴箱安置在汽缸上的专用孔口中,如图 1-14 所示。采用单独的喷嘴箱,可以使高压高温新蒸汽先进入喷嘴箱的汽室,而不与汽缸直接接触,经第一级喷嘴膨胀后,使蒸汽压力和温度降低才进入汽缸。优点是可以减小汽缸所受的热应力;减薄汽缸的厚度或降低汽缸的使用材料性能要求;减少汽轮机高压端的漏汽。

隔板的作用是把汽缸所围成的封闭空间,沿主轴方向分成若干个相互串联、不同压力的汽室。通常隔板本身则是由隔板体、静叶栅、隔板外环以及隔板汽封组成,如图 1-15 所示。为了总装的需求,隔板也分为上隔板和下隔板。上隔板安装在上汽缸上,下隔板安装在下汽缸上。

图 1-14 安置了喷嘴箱的汽缸照片图

图 1-15 半个隔板照片图

支持轴承和推力轴承也是静止部分的部件。其中,支持轴承用来承受转子的重量和部分进汽时作用在转子的附加力,以保持转子与静子之间的相对位置;推力轴承则用来承受汽轮机转子轴向载荷,以保持转子的轴向位置。

汽轮机的转动部分主要包含主轴、轮盘、动叶片、推力环、联轴节等与主轴相连接的零部件。按不同的分类标准,汽轮机转子有许多种。按照结构,汽轮机转子可分为轮盘式转子和鼓筒式转子;按制造方法,汽轮机转子可分为整锻式转子、焊接式转子和组合式转子;按转速,汽轮机转子可分为刚性转子和柔性转子。图 1-16 是汽轮机组合式转子的示意图。

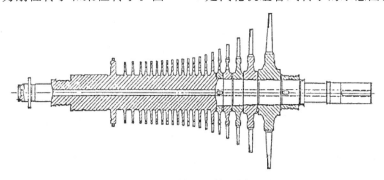

图 1-16 汽轮机的转子剖面图

轮盘包含轮缘、轮毂和轮辐。轮毂是轮盘与主轴相接的部分;轮辐是连接轮缘与轮毂的部分;动叶片安装在轮盘外缘部分的轮缘上。

图 1-17 是汽轮机的总装图,从图中大体可以看出各零部件的相互位置与关系。

图 1-17　汽轮机转子与总装图

第2章 汽轮机级的工作原理

2.1 概　　论

一台完整的汽轮机,通常包含进汽部分、通流部分和排汽管道等,其中通流部分是汽轮机的主体。在通流部分中,交替排列着一系列静叶栅(或喷管叶栅)和动叶栅。静叶栅安装在隔板上并且与汽缸相连,在工作中是静止不动的部分;动叶栅安装在叶轮或轮毂上并与主轴相连,在工作中是转动的部分。

从通流部分结构上看,所有静叶栅(或喷管叶栅)的结构大体上是一样的,所有动叶栅的结构大体也是一样的,从排列上看,一列静叶栅＋一列动叶栅＋一列静叶栅＋一列动叶栅……从工作过程上看,当具有一定压力和温度的蒸汽通过通流部分时,汽流首先进入静叶栅中膨胀加速,将部分热能转化为动能,然后流入动叶栅中将动能及部分热能转化为机械功,从而完成汽轮机利用蒸汽热能对外做功的任务。由此可以看出,一列静叶栅和一列动叶栅组成的通流部分以及相应的部件就构成了汽轮机做功的基本单元,这个基本工作单元称为汽轮机级,如图2-1所示。

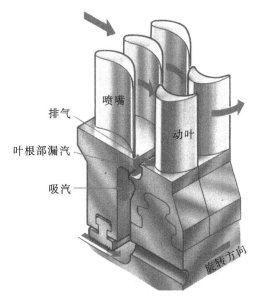

图 2-1　汽轮机级的组成示意图

汽轮机通流部分是由若干个汽轮机级串联而成的,它是实现汽流流动和能量转换的部分,如图 2-2 所示。

汽轮机级的工作过程在一定程度上代表了整个汽轮机的工作过程,所以对汽轮机工作原理的研究总是从汽轮机级开始的。

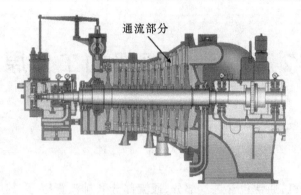

图 2-2　汽轮机通流部分示意图

2.1.1　级的分类

当具有一定压力和温度的蒸汽流经汽轮机级通流部分时,所产生的周向力推动叶轮旋转,从而实现对外做机械功。按不同的分类方法,汽轮机级可以分为多种类型。

根据蒸汽由级进口到出口总的流动方向分类,可以将汽轮机级分为轴流式和径流式两种。在实际应用的汽轮机中,绝大多数是轴流式。按蒸汽在静叶栅和动叶栅中的能量转换情况分类,轴流式级又可以分为纯冲动级、反动级、带反动度的冲动级和双列复速级。四种汽轮机级的含义如下。

(1)纯冲动级(或称为冲击式级):蒸汽在通过汽轮机级时,由于压力下降所释放的热能全部在喷管中转化为蒸汽的动能;在动叶栅中蒸汽不再膨胀加速,只是改变汽流的流动方向,这种级叫作纯冲动级。

汽流在流过动叶栅并改变流动方向的过程中,由于动量的改变对动叶栅产生沿叶轮圆周方向的作用力,也叫冲动力。冲动级依靠冲动力来推动动叶栅旋转并对外做机械功。冲动级的特点是动叶栅流道横截面积沿流向近似不变,且动叶片的截面形状也是对称的(见图 2-3(a))。

(2)反动级(或称为反击式级):蒸汽在通过汽轮机级时,蒸汽热能向动能的转化过程先后在喷管叶栅和动叶栅中大体上各完成一半,即蒸汽在喷管叶栅和动叶栅中都膨胀加速,这种级叫作反动级。

汽流在动叶栅中改变流动方向,会产生冲动力;同时汽流的膨胀加速会对动叶栅施加反作用力,这个作用力叫作反动力。在冲动力和反动力的共同作用下,动叶栅旋转并对外输出机械功。反动级的特点是喷管叶栅和动叶栅的叶形相同,且叶栅流道横截面积沿流向都是收缩的(见图 2-3(b))。

(3)带反动度的冲动级:蒸汽在通过汽轮机级时,蒸汽热能向动能的转化过程大部分是在喷管叶栅中完成的,小部分在动叶栅中完成,这种级叫作带反动度的冲动级。

同样,蒸汽在级的喷管叶栅和动叶栅中都膨胀,并且在流动过程中对动叶栅施加冲动力和反动力。在这两种力的共同作用下,汽轮机级完成对外的做功(见图 2-3(c))。

(4)双列复速级:蒸汽在通过汽轮机级时,蒸汽的热能主要在喷管叶栅中转化为动能,从喷管叶栅出来的高速蒸汽要在同一个叶轮上的两列动叶栅中进行功的转化,这种级叫作双列复速级。

　　双列复速级有四排叶栅,即喷管叶栅、第一列动叶栅、导向叶栅和第二列动叶栅(图 2 - 3 (d)),其中导向叶栅的作用是改变汽流的方向,使之与第二列动叶栅的进汽方向相符。通常在一个级要承担很大比焓降时才采用双列复速级。双列复速级的做功能力比单列级要大,但能量转换的效率较低。

　　图 2 - 3 是四种轴流式汽轮机级的叶栅通道和蒸汽压力与绝对速度的变化示意图。

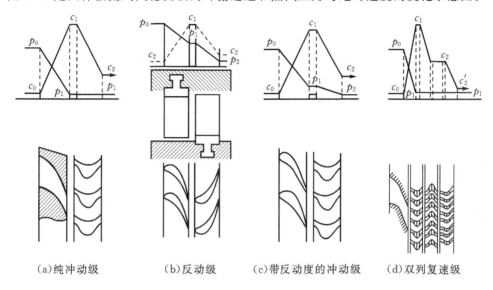

|(a)纯冲动级|　　(b)反动级|　　(c)带反动度的冲动级|　　(d)双列复速级|

图 2 - 3　四种轴流式汽轮机级叶栅通道示意图

　　按照工作特性,还可以将汽轮机级分为速度级和压力级。速度级是以利用蒸汽速度为主的级,其特点是级的焓降较大,喷管出口的汽流速度也较大,为了在一级内充分利用蒸汽热能,通常采用双列或多列复速级的型式。压力级是以利用级组中合理分配的压力降或焓降为主的级,效率较高,又称作单列级。压力级可以是冲动级,也可以是反动级。

　　此外,按级通流面积是否随负荷大小而变化,将汽轮机级分为调节级和非调节级。在采用喷管配汽方式的汽轮机中,第一级的通流面积是随着负荷的变化而改变的,所以喷管配汽的汽轮机第一级又称为调节级。调节级可以是复速级,也可以采用单列级。调节级之外的其它级就是非调节级。

2.1.2　级的主要问题与研究方法

　　汽轮机是将蒸汽热能转化为机械功的能量转换设备,它的工作原理主要包括三个方面问题:

　　(1)蒸汽在通流部分中的流动过程与能量转换和通流能力问题;

　　(2)蒸汽的流动效率问题;

　　(3)变工况特性问题。

　　汽轮机级既然是汽轮机的基本工作单元,当然也有同样的三个方面问题需要研究。这三个主要问题彼此之间有密切的联系。例如,蒸汽在通流部分中的流动效率对级的能量转换效果有很大的直接影响,也直接影响到级的通流能力;而变工况特性则反映了能量转换和通流能力以及流动效率等在不同工况条件下的变化规律。本章将依次介绍第一和第二个问题,第三个方面问题将在第 6 章中介绍。

对汽轮机级的研究方法有两种。一是理论方法,工程中通常采用一元流动分析法,来研究汽轮机级内的流动过程与能量转换、通流能力和变工况特性。一元分析方法可以很好地反映级的流动与能量转换过程、通流能力以及变工况的实质。对于通流部分相对叶高较小的高压级,一元流动分析方法还可以提供足够精确的计算结果。当然,对于通流部分相对叶高较大的中、低压级,则必须采用二元或三元流动分析方法来研究级内的流动过程与能量转换以及通流能力,这种较大相对叶高汽轮机级的相关内容将在第 4 章中讨论。二是实验方法,即采用二元或三元的实验方法来研究蒸汽通过叶栅时的能量损失,并用能量损失来分析叶栅的流动效率等问题。

2.1.3　级的分析区域和研究内容

图 2-4 是汽轮机级的通流部分示意图。采用一元流动理论来分析轴流式汽轮机级时,通常采用级通流部分纵剖面示意图(见图 2-4(a))和径向视图(见图 2-4(b))来说明问题。图中的 $Z-Z$ 表示汽轮机级的主轴;d_m 表示级通流部分的平均直径;0—0、1—1 和 2—2 是三个垂直于主轴的横截面($Z=$ 常数),分别表示级的进口截面(0—0 截面)、轴向间隙截面(1—1 截面)和出口截面(2—2 截面);S 代表级的轴向距离(即 0—0 截面到 2—2 截面的距离);p、T、c 分别表示蒸汽的压力、温度和速度。

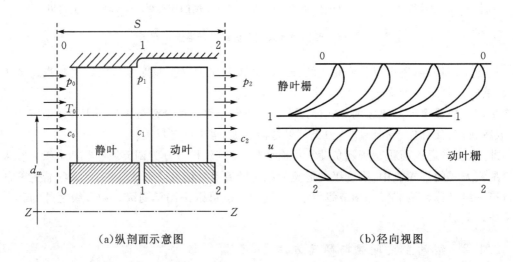

(a)纵剖面示意图　　　　　　　　　　(b)径向视图

图 2-4　汽轮机级的通流部分示意图

本章所分析的级的区域是 0—0 截面和 2—2 截面之间的的通流部分,并且着重分析上述三个特征截面上气流参数的相互关系。研究内容就是分析一定的蒸汽流量 G,流过 S 距离时的热力状态、气动参数的变化规律和做功情况。

2.2　叶栅通道中的流动过程与通流能力

汽轮机级叶栅通道中的蒸汽流动是非常复杂的,它是一种三元黏性可压缩非定常流动,并且伴随有能量的转换;在低压级中还存在湿蒸汽两相流动(干饱和蒸汽和水滴的混合物流动);另外,当激波存在时,流场中会出现间断面,气体参数在激波前后将不连续地变化。对这样一种复杂的流动过程进行完全是数学方程求解非常困难,甚至是不可能的。然而在许多实际的工程问题中,完全可以将汽轮机内的复杂流动根据情况进行适当的简化,以得到相应的简化流动模型。

下面讨论气体在叶栅通道中作一元流动时的基本假设和所遵循的气体动力学基本方程。

2.2.1 一元流动模型和基本方程

为了反映出汽轮机级内蒸汽流动与能量转换的主要规律,对级内的流动作以下几个假定。

(1)蒸汽在叶栅通道中的流动是定常流动。这个假定意味着汽轮机内空间任何一点的蒸汽参数不随时间而变化。当汽轮机的运行工况维持不变时,级的蒸汽流量是定值,级内空间各点的蒸汽状态和气动参数不再随时间而变化,符合假设条件。

(2)蒸汽在叶栅通道中是一元轴对称流动。即认为汽流参数在径向、周向是不变的,汽流参数仅仅沿轴向发生变化。对短叶片汽轮机级而言,也基本符合假设条件。在分析问题和计算时,各径向截面的参数均用平均直径处的数值表示。

(3)蒸汽在叶栅通道中的流动是绝热流动。实际上,蒸汽在叶栅通道内的流速很高,通过叶栅通道所需时间很短,完全可以忽略蒸汽与外界的热量交换。

在上述假设条件下,汽轮机级叶栅通道中的蒸汽流动为一元定常绝热流动,可以用下面几个方程来描述。

1. 状态方程

状态方程描述在任何一个平衡状态下,气体状态参数之间的关系,表达式为

$$p = z\rho RT \tag{2-1}$$

式中,p 是气体的绝对压力,Pa;R 是气体常数,J/(kg·K);ρ 是气体密度,kg/m³;T 是气体的绝对温度,K;z 是压缩因子,理想气体 $z=1$,实际气体 $z=z(p,T)$。

水蒸气是实际气体,状态方程比较复杂。目前,已有根据复杂的水蒸气状态方程编制的计算机程序来计算各种状态下的蒸汽物性,计算的精度也比较高,但采用程序计算物性的过程不利于对问题的说明。因此,在本书后面章节的阐述中,主要采用根据试验数据绘制的焓-熵图或者水蒸气性质表来说明蒸汽各状态参数之间的关系以及蒸汽在叶栅中的膨胀过程。

2. 连续方程

连续方程描述流体在流动过程中的质量守恒规律。对定常流动的一元流管来说,通过流管任何截面的质量流量保持不变。图 2-5 是推导连续方程和动量方程用的一元流管示意图。

连续方程的积分形式为

$$\rho_1 A_1 c_1 = \rho_2 A_2 c_2 = G = \text{const} \tag{2-2}$$

微分形式为

$$\frac{\mathrm{d}A}{A} + \frac{\mathrm{d}c}{c} + \frac{\mathrm{d}\rho}{\rho} = 0 \tag{2-3}$$

式中,A 是一元流道的截面积,m²;ρ 是流体密度,kg/m³;c 是流体速度,m/s;G 代表通过一元流管的流体质量流量,kg/s。

3. 动量方程

动量方程也称运动方程,它是反映流体速度变化与受力情况之间的关系(即牛顿第二定律)。如图 2-5 所示,取一元流管中的微元段 dx,相邻的两个截面分别为 1—1 和 2—2,其它参数见图 2-5。

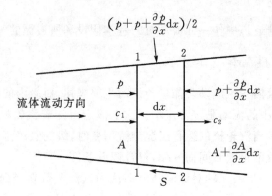

图 2-5　推导连续方程和动量方程用图

如果不考虑微元段内的重力作用,一元流动的动量方程(以流动方向为正)可以表示为

$$Ap - \left(p + \frac{\partial p}{\partial x}dx\right)\left(A + \frac{\partial A}{\partial x}dx\right) + \frac{p + p + \frac{\partial p}{\partial x}dx}{2}\left(A + \frac{\partial A}{\partial x}dx - A\right) - S = \rho A\,dx\,\frac{dc}{dt}$$

$$(2-4)$$

式中,S 表示黏性流体在从截面 1 向截面 2 的流动过程中,流管侧面存在的流动摩擦阻力。

对方程式(2-4)进行展开并略去高次项,一元定常流动的动量方程简化为

$$-\frac{dp}{\rho} - S\,dx = c\,dc$$

如果再忽略流管侧面的黏性阻力 S,则有

$$c\,dc + \frac{dp}{\rho} = 0 \qquad\qquad (2-5)$$

对于绝热的理想流动,将等熵过程方程 $\frac{p}{\rho^\kappa} = pv^\kappa = \text{const}$ 代入式(2-5)中,可以推导出

$$c_{2s} = \sqrt{\frac{2\kappa}{\kappa-1}\frac{p_1}{\rho_1}\left[1 - \left(\frac{p_2}{p_1}\right)^{\frac{\kappa-1}{\kappa}}\right] + c_1^2} = \sqrt{\frac{2\kappa}{\kappa-1}RT_1\left[1 - \left(\frac{p_2}{p_1}\right)^{\frac{\kappa-1}{\kappa}}\right] + c_1^2} \qquad (2-6)$$

4. 能量方程

能量方程反映流动过程中的能量守恒规律,图 2-6 是推导能量方程的系统示意图。

根据热力学理论,对定常流动系统,流体进入系统的能量必须等于离开系统的能量。

如果忽略摩擦力做功和势能的变化等因素,系统的能量方程为

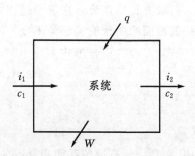

图 2-6　推导能量方程用图

$$i_1 + \frac{c_1^2}{2} + q = i_2 + \frac{c_2^2}{2} + W \tag{2-7}$$

式中，i_1 和 $\frac{c_1^2}{2}$ 分别表示 1 kg 流体进入系统的比焓值和动能；i_2 和 $\frac{c_2^2}{2}$ 分别表示 1 kg 流体离开系统的比焓值和动能；q 代表 1 kg 流体通过系统时从外界吸收的热量；W 则表示 1 kg 流体通过系统时对外界做的机械功。

对于绝热流动，有 $q=0$，能量方程式(2-7)简化为

$$i_1 + \frac{c_1^2}{2} = i_2 + \frac{c_2^2}{2} + W \tag{2-8}$$

对绝热流动和不做功过程(如喷管叶栅中的流动)，有 $q=0$ 和 $W=0$，能量方程式(2-7)简化为

$$i_1 + \frac{c_1^2}{2} = i_2 + \frac{c_2^2}{2} \tag{2-9}$$

由于燃气比较接近理想气体，因此式(2-6)适用于燃气轮机透平的喷管叶栅计算。对蒸汽轮机喷管叶栅的计算，采用式(2-9)则更为方便。

5. 补充方程和热力学关系式

在汽轮机级的计算中，除了上述的基本控制方程外，还需要一些补充方程。主要用到的补充方程有等熵膨胀过程方程和气体特性关系式。

等熵膨胀过程方程的表达式为

$$\frac{p}{\rho^\kappa} = \text{const} \tag{2-10}$$

式中，κ 是绝热指数(空气：$\kappa=1.4$；过热蒸汽：$\kappa=1.3$；湿蒸汽：$\kappa=1.035+0.1x$)。

音速的定义式为 $a=\sqrt{\frac{\mathrm{d}p}{\mathrm{d}\rho}}$。对于等熵过程，由式(2-10)可推导出音速为 $a=\sqrt{\kappa\frac{p}{\rho}}=\sqrt{\kappa RT}$。

马赫数的定义式为 $Ma=\frac{c}{a}$($Ma<1$：亚音速流动；$Ma=1$：音速流动；$Ma>1$：超音速流动)。

对于完全气体，定压比热 c_p、定容比热 c_V、比焓值和绝对温度存在下列关系：

$$c_p - c_V = R; \quad \frac{c_p}{c_V} = \kappa; \quad i = c_p T \tag{2-11}$$

式中，R 是特定气体常数，对于空气 $R=287.06$ J/(kg·K)；κ 是比热比(对完全气体来说，κ 就是等熵指数)。完全气体的比热和比热比仅是温度的函数，在进行理论分析及近似计算时，常常假设气体的比热和比热比是常数。

2.2.2　蒸汽在喷管叶栅通道中的流动过程与能量转换

汽轮机中采用的喷管叶栅通道有两种类型，即收缩喷管和缩放喷管(拉伐尔喷管)。图 2-7 是两种类型喷管的示意图。两种喷管的流道一般都是弯曲的，且都有一个斜切部分。喷管叶栅的作用就是实现蒸汽热能向动能的转换，同时也对汽流的流动方向进行控制。收缩喷管流道出口截面处的汽流速度可以小于或等于音速；缩放喷管流道出口截面处的汽流速度在设计工况下是大于音速的。

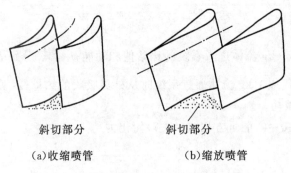

斜切部分 　　　　　 斜切部分

(a)收缩喷管 　　　　　 (b)缩放喷管

图 2-7　收缩喷管和缩放喷管示意图

2.2.2.1　蒸汽在喷管中实现能量转换的条件

使蒸汽在汽轮机级喷管叶栅中进行流动的目的就是要实现蒸汽热能向动能的转换,但能否实现这一过程是需要一定的力学条件和几何条件的。

1. 力学条件

前面推导出的动量方程式(2-5)的表达式为

$$c\mathrm{d}c + \frac{\mathrm{d}p}{\rho} = 0$$

可以看出,要想实现蒸汽动能的增大($\mathrm{d}c > 0$),蒸汽在通过喷管叶栅时就要加速流动,这就意味着汽流压力必须降低($\mathrm{d}p < 0$),而压力的降低则表明蒸汽热能的减小,减小的热能转变成动能。所以,蒸汽在喷管中的流动是一个膨胀过程,在理想无损失情况下则是一个等熵膨胀过程。

2. 几何条件

蒸汽在喷管叶栅中流动时,蒸汽的流速以及状态参数均发生变化,相应的喷管通流面积也需要变化,三者之间的关系可以从等熵流动的基本方程组推导出。

将等熵过程方程式(2-10)进行微分,可得 $\mathrm{d}p = \kappa p \dfrac{\mathrm{d}\rho}{\rho}$,将该式代入动量方程式(2-5)中,得到

$$\frac{\mathrm{d}\rho}{\rho} = -\frac{c\mathrm{d}c}{\kappa \dfrac{p}{\rho}} = -Ma^2 \frac{\mathrm{d}c}{c} \qquad (2-12)$$

将式(2-12)代入连续方程的微分形式(2-3)中,再利用音速和马赫数的定义式,就可以推导出喷管截面积与汽流速度以及马赫数三者之间的关系式为

$$\frac{\mathrm{d}A}{A} = (Ma^2 - 1)\frac{\mathrm{d}c}{c} \qquad (2-13)$$

式(2-13)适用于喷管的任何一个截面。

从式(2-13)可知,汽流速度的变化 $\mathrm{d}c$(也就是压力的变化 $\mathrm{d}p$)和流动马赫数 Ma 就决定了喷管截面积的变化 $\mathrm{d}A$,如用一个直喷管来表示,就如图 2-8 所示。因此,当蒸汽在喷管内膨胀加速流动时,除了需要满足 $\mathrm{d}p < 0$ 的力学条件外,还需要满足以下的几何条件:

(1)当喷管内的汽流为亚音速流动时($Ma < 1$),膨胀汽流的压力降低($\mathrm{d}p < 0$),速度增大

（dc＞0），则喷管流道的截面积就需要逐渐减小（dA＜0），这种喷管就是收缩喷管（见图 2-8 (a)）。

（2）当喷管内的汽流为超音速流动时（Ma＞1），膨胀汽流的压力降低（dp＜0），速度增大（dc＞0），则喷管流道的截面积就需要逐渐增大（dA＞0），这种喷管就是渐扩喷管（见图 2-8(b)）。

（3）当喷管内的汽流为音速流动时（Ma＝1），膨胀汽流的压力降低（dp＜0），速度增大（dc＞0），但喷管流道截面积的变化为零（dA＝0），这个截面称为临界截面或称喉部截面。

显然，如果想通过喷管将汽流从亚音速增加到超音速，则喷管截面积就需要沿流动方向先逐渐收缩至最小，然后再逐渐增大，这种形式的喷管称为缩放喷管或拉伐尔喷管（见图 2-8(c)）。

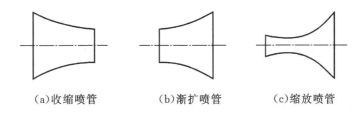

　　（a)收缩喷管　　　　　　　（b)渐扩喷管　　　　　　　（c)缩放喷管

图 2-8　直喷管截面积的变化

2.2.2.2　喷管叶栅中的理想流动

蒸汽在喷管中的流动过程计算（即热力计算）总是在一定条件下进行的，通常需要给出下面几个基本参数：

（1）喷管进口的蒸汽流量 G；

（2）喷管进口的蒸汽状态参数（p_0，t_0 或 p_0，i_0）和汽流速度 c_0；

（3）喷管出口的蒸汽压力 p_1。

根据给定的参数，通过计算来确定喷管出口截面的蒸汽状态参数（i_1 或 t_1……），喷管出口截面积 A_1 和汽流速度 c_1。如果是缩放喷管，还需要确定喷管的临界面积 A_{cr} 和临界速度 c_{cr}。

蒸汽在汽轮机级喷管叶栅中的流动是定常流动，流动过程中既没有对外做功（W＝0），也没有与外界进行热量交换（q＝0）。对于理想流动，黏性产生的摩擦阻力 S＝0。这样，汽流在喷管叶栅中的流动就是等熵绝热流动过程。

1. 喷管出口状态参数的计算

在理想流动的前提下，喷管出口的状态参数可以通过等熵过程方程来计算。按照本章1.1节约定的符号，将等熵过程方程应用到级前的 0—0 截面和喷管出口的 1—1 截面，有

$$\frac{p_0}{\rho_0^{\kappa}} = \frac{p_1}{\rho_{1s}^{\kappa}} \tag{2-14}$$

则喷管出口的理想汽流密度为

$$\rho_{1s} = \rho_0 \left(\frac{p_1}{p_0}\right)^{\frac{1}{\kappa}} \tag{2-15}$$

根据给定的喷管出口汽流压力 p_1 和计算得到的理想密度 ρ_{1s}，利用状态方程就可以确定出喷管出口截面所有的状态参数，如比焓值 i_{1s}，温度 t_{1s} 以及比熵值 s 等。

如果工质是水蒸气，更为简便的方法则是利用水蒸气焓-熵图来确定喷管的出口状态，即根据给定的级前压力 p_0 和温度 t_0，在焓-熵图上确定出级的进口蒸汽状态点（点 0）。按照热

力学中的滞止概念和能量方程,将级的进口初速度 c_0 等熵滞止,可以确定出级的进口滞止状态点(点 0^*)以及进口滞止压力 p_0^* 和滞止温度 t_0^*。蒸汽从级进口的滞止状态等熵膨胀到喷管的出口压力 p_1,在 $i-s$ 图上可以画出等熵膨胀过程线(0^*-0-1s),等熵膨胀过程线与 p_1 压力线的交点(点 $1s$)就是喷管出口的蒸汽状态点,点 $1s$ 所对应的参数值即是喷管出口的蒸汽状态参数值。图 $2-9$ 是汽轮机级的通流部分示意图和焓-熵图上的等熵膨胀过程线及各状态点。

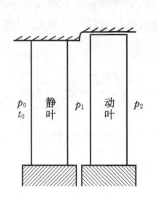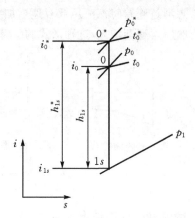

(a)级的通流部分示意图　　　(b)焓-熵图上的等熵膨胀线和状态点

图 $2-9$　级通流部分示意图和焓-熵图上的等熵膨胀过程线

2.喷管出口气动参数的计算

将能量方程($2-9$)应用到喷管叶栅进口的 $0—0$ 截面和出口的 $1—1$ 截面,有

$$i_0^* = i_0 + \frac{c_0^2}{2} = i_{1s} + \frac{c_{1s}^2}{2} \tag{2-16}$$

根据式($2-16$),可以得到喷管叶栅出口的理想汽流速度为

$$c_{1s} = \sqrt{2(i_0 - i_{1s}) + c_0^2} = \sqrt{2h_{1s} + c_0^2} = \sqrt{2(i_0^* - i_{1s})} = \sqrt{2h_{1s}^*} \tag{2-17}$$

式中,c_{1s} 是喷管出口的理想汽流速度;i_0 和 i_0^* 分别是喷管进口的汽流比焓值和滞止比焓值;c_0 是喷管进口汽流速度;i_{1s} 是喷管出口的汽流比焓值;$h_{1s}=i_0-i_{1s}$,是喷管等熵焓降;$h_{1s}^*=i_0^*-i_{1s}$,是喷管等熵滞止焓降,如图 $2-9$(b)所示。

对于理想气体(如空气或燃气),根据热力学关系式,有

$$i = c_p T = \frac{\kappa}{\kappa-1}RT = \frac{\kappa}{\kappa-1} \times \frac{p}{\rho} \tag{2-18}$$

将式($2-18$)代入式($2-17$)中,有

$$c_{1s} = \sqrt{\frac{2\kappa}{\kappa-1}(RT_0^* - RT_1)} = \sqrt{\frac{2\kappa}{\kappa-1}\left(\frac{p_0^*}{\rho_0^*} - \frac{p_1}{\rho_1}\right)}$$

$$= \sqrt{\frac{2\kappa}{\kappa-1}\frac{p_0^*}{\rho_0^*}\left[1-\left(\frac{p_1}{p_0^*}\right)^{\frac{\kappa-1}{\kappa}}\right]} = \sqrt{\frac{2\kappa}{\kappa-1}\frac{p_0^*}{\rho_0^*}\left[1-\varepsilon_1^{\frac{\kappa-1}{\kappa}}\right]} \tag{2-19}$$

式中,$\varepsilon_1 = \frac{p_1}{p_0^*}$,是喷管的压比;$\kappa$ 是气体绝热指数。

对于缩放喷管，气流在喷管喉部达到临界，且喷管喉部有 $\dfrac{\mathrm{d}A}{A}=0$。

将过程方程、连续方程和运动方程的微分表达形式应用到喷管喉部，有

$$\frac{\mathrm{d}p_{\mathrm{cr}}}{\rho_{\mathrm{cr}}}+\kappa\,\frac{\mathrm{d}v_{\mathrm{cr}}}{v_{\mathrm{cr}}}=0 \tag{2-20}$$

$$\frac{\mathrm{d}c_{\mathrm{cr}}}{c_{\mathrm{cr}}}=\frac{\mathrm{d}v_{\mathrm{cr}}}{v_{\mathrm{cr}}} \tag{2-21}$$

$$c_{\mathrm{cr}}\mathrm{d}c_{\mathrm{cr}}+v_{\mathrm{cr}}\mathrm{d}p_{\mathrm{cr}}=0 \tag{2-22}$$

联立式(2-20)~式(2-22)，得到喷管喉部的气流临界速度为

$$c_{\mathrm{cr}}=\sqrt{\frac{2\kappa}{\kappa-1}p_0^*\,v_0^*}=\sqrt{\frac{2\kappa}{\kappa-1}\frac{p_0^*}{\rho_0^*}} \tag{2-23}$$

气流的临界密度为

$$\rho_{\mathrm{cr}}=\rho_0\left(\frac{p_{\mathrm{cr}}}{p_0}\right)^{\frac{1}{\kappa}} \tag{2-24}$$

喷管的临界压比为

$$\varepsilon_{\mathrm{cr}}=\frac{p_{\mathrm{cr}}}{p_0^*}=\left(\frac{2}{k+1}\right)^{\frac{\kappa}{\kappa-1}} \tag{2-25}$$

对于空气，$\varepsilon_{\mathrm{cr}}=0.528$；对于过热蒸汽，$\varepsilon_{\mathrm{cr}}=0.546$。

3. 喷管出口截面积 A_1 和喉部截面积 A_{cr} 的计算

将一元流动的连续方程式(2-2)分别应用到喷管叶栅的出口截面和喉部截面，就可以计算出喷管的出口截面积和喉部截面积。

喷管出口截面积为

$$A_1=\frac{G}{\rho_{1s}c_{1s}} \tag{2-26}$$

喷管的喉部截面积为

$$A_{\mathrm{cr}}=\frac{G}{\rho_{\mathrm{cr}}c_{\mathrm{cr}}} \tag{2-27}$$

2.2.2.3　喷管叶栅中的实际流动

实际蒸汽是有黏性的，而黏性汽流在喷管中的流动过程存在流动阻力。这样蒸汽将消耗一部分能量来克服流动阻力，这部分能量转变为热量并被气体吸收。因此，喷管中的流动不再是等熵流动，但还是绝热流动。

在理想的等熵流动过程中(见图 2-9(b))，蒸汽的膨胀过程线为 0^*-0-1s，膨胀的终点为点 $1s$，相应的焓值为 i_{1s}；等熵滞止焓降是 $h_{1s}^*=i_0^*-i_{1s}$；喷管出口理想汽流速度为 $c_{1s}=\sqrt{2(i_0^*-i_{1s})}=\sqrt{2h_{1s}^*}$。

在实际的绝热流动过程中，由于蒸汽要消耗一部分能量用来克服流动阻力，其结果将导致以下几个方面的变化。

1. 焓值增加，整个过程线向熵增方向偏移。

在蒸汽实际膨胀过程中，流动阻力所产生的热量使喷管内各截面的汽流在等压下受热而焓值增加，因此整个膨胀过程线向熵增方向偏移。如图 2-10 所示，蒸汽在喷管叶栅中的实际

膨胀过程线为 $0^* - 0 - 1$，膨胀终点为点 1，相应的焓值为 i_1；绝热滞止焓降为 $h_1^* = i_0^* - i_1$。

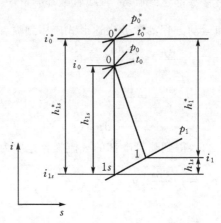

图 2-10　焓-熵图上的蒸汽膨胀过程线

2. 喷管出口的实际汽流速度减小

由于一部分蒸汽的热能用于克服流动阻力，这样喷管每一个截面上的汽流速度都比相应的理想速度有所减小。将能量方程式（2-9）应用到喷管叶栅内的实际流动过程，则方程的表达式为

$$i_0^* = i_0 + \frac{c_0^2}{2} = i_1 + \frac{c_1^2}{2} \tag{2-28}$$

可以推导出

$$c_1 = \sqrt{2(i_0^* - i_1)} = \sqrt{2h_1^*} \tag{2-29}$$

式中，c_1 是喷管出口的实际汽流速度；i_0 和 i_0^* 分别是喷管进口的汽流比焓值和滞止比焓值；c_0 是喷管进口汽流速度；i_1 是喷管出口的汽流比焓值；$h_1^* = i_0^* - i_1$，称为喷管实际绝热滞止焓降。

对比式（2-29）和式（2-17）并结合图 2-10，可以看出 $h_1^* < h_{1s}^*$，说明喷管叶栅出口的实际汽流速度小于理想汽流速度。

式（2-29）虽然给出了喷管出口实际汽流速度的计算式，但由于喷管出口的实际状态点 1 的位置与流动阻力有关（见图 2-10），目前无法直接确定，因此焓-熵图上的点 1 所对应的比焓值 i_1 也就无法得到。实际上是无法直接应用式（2-29）来计算喷管出口的实际汽流速度。

为了表征流动损失对能量转换的影响，引入一个喷管叶栅速度系数为 $\varphi = c_1/c_{1s}$，其含义就是喷管叶栅出口实际汽流速度与理想汽流速度的比值。喷管叶栅的速度系数与很多因素（如叶型、叶高、压比、冲角、马赫数等）有关，需要通过实验来确定。图 2-11 是喷管叶栅速度系数 φ 与喷管高度 l_1 的经验关系，阴影区域是 φ 的大致变化范围。

根据喷管叶栅速度系数的定义，可以得到

$$c_1 = \varphi c_{1s} = \varphi \sqrt{2h_{1s}^*} \tag{2-30}$$

需要说明，既然实际汽流中的摩擦阻力使喷管各个截面上的汽流速度都减小，当然也会影响到临界截面的流动情况。理论上，喷管临界截面之前一段流程中的摩擦阻力使临界截面上的汽流速度减小，音速增大，汽流在理论临界截面上并未达到临界状态。喷管中的实际临界截面（即出现汽流速度等于当地音速的截面）将发生在理论临界截面的下游，但这一点在缩放喷管设计时不需要特别考虑。对于缩放喷管,虽然流动损失系数较大,但临界截面之前的收缩段比后面的扩张段短得多(见图 2-7(b)),可以认为流动阻力主要存在于喷管临界截面之后的一段流程中,因而对临界截面上的汽流状态的影响就可以忽略。换句话说,在计算缩放喷管的临界截面面积时,应用理论流动公式就行了。即使实际临界截面略微后移到喷管的扩张部分中去,也完全不妨碍缩放喷管的正常工作。

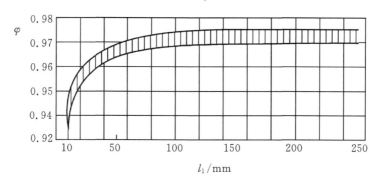

图 2-11 喷管叶栅速度系数 φ 的变化范围

3. 蒸汽在喷管中的流动将产生能量损失 h_n

从能量转换方面说,理想膨胀过程中有 h_{1s}^* 的热能转化为汽流动能,但在实际膨胀过程中仅有 h_1^* 的热能转化为汽流动能,两者的差值就代表了喷管叶栅在能量转化过程中产生的损失,称为喷管能量损失。损失的大小为

$$h_n = h_{1s}^* - h_1 = i_1 - i_{1s} = \frac{c_{1s}^2}{2} - \frac{c_1^2}{2} = (1 - \varphi^2)\frac{c_{1s}^2}{2} \qquad (2-31)$$

根据喷管叶栅的能量损失 h_n 和理想膨胀过程的终点(点 $1s$),就可以在等压线上确定喷管叶栅出口的实际蒸汽状态点 1(见图 2-10)。

4. 喷管的实际出口截面面积要大于理想出口截面面积

根据连续方程,喷管实际出口面积为

$$A_1 = \frac{G}{\rho_1 c_1} \qquad (2-32)$$

对比式(2-32)和式(2-26),由于 $c_1 < c_{1s}$,$\rho_1 < \rho_{1s}$,所以 $A_1 > A_{1s}$。

2.2.2.4 喷管热力设计步骤

综合前面对喷管叶栅中的蒸汽理想流动和实际流动过程的论述,喷管的热力设计与计算主要有如下几个步骤(见图 2-10)。

1. 确定喷管叶栅进口的蒸汽状态参数和滞止状态参数

对水蒸气,根据喷管叶栅给定的进口参数 p_0、t_0、c_0,利用水蒸气的 i-s 图确定叶栅进口状态点(点 0)的各参数值(如 i_0、s_0、ρ_0 等),利用热力学中的滞止概念,计算并确定叶栅进口滞止状态点(点 0^*)的各参数值(如 p_0^*、t_0^*、i_0^*、ρ_0^* 等)。

对理想气体,也可以利用状态方程、热力学关系式和过程方程,计算进口的各参数值。

2. 计算喷管压比 ε_1,判别喷管内的流动是否达到临界

根据喷管的进口滞止压力 p_0^* 和出口压力 p_1,计算喷管叶栅的压比为

$$\varepsilon_1 = \frac{p_1}{p_0^*}$$

将喷管压比 ε_1 与临界压比 ε_{cr} 进行比较。对收缩喷管,如果 $\varepsilon_1 > \varepsilon_{cr}$,则喷管实际出口截面压力为 p_1;如果 $\varepsilon_1 \leqslant \varepsilon_{cr}$,则喷管实际出口压力为 $p_1 = p_{cr} = \varepsilon_{cr} p_0^*$。

根据叶栅出口截面的实际压力(p_1 或 p_{cr}),在 i-s 图上找出 p_1(或 p_{cr})的等压线,并查出理想等熵膨胀过程线与叶栅出口等压线的交点(点 $1s$),然后再查出该交点上的出口截面状态参数(如 i_{1s}、ρ_{1s} 等)。

对理想气体,则利用等熵膨胀过程方程与热力学关系式,计算叶栅出口截面的各状态参数。

3.计算喷管出口汽流速度

根据能量方程和速度系数的定义,计算喷管出口截面的理想汽流速度和实际汽流速度为

$$c_{1s} = \sqrt{2(i_0^* - i_{1s})} = \sqrt{2h_{1s}^*}, \quad c_1 = \varphi c_{1s}$$

采用一元流方法设计喷管叶栅时,在一般情况下,喷管斜切部分出口截面(即叶栅出口截面)上的汽流速度等于喷管出口截面上的汽流速度。

4.计算喷管叶栅能量损失

根据喷管叶栅的能量损失定义,有

$$h_n = \frac{c_{1s}^2}{2} - \frac{c_1^2}{2} = (1 - \varphi^2)h_{1s}^*$$

5.确定喷管叶栅出口的实际蒸汽状态参数

根据喷管出口理想状态点的焓值 i_{1s} 和喷管能量损失 h_n,可以计算出喷管出口的实际焓值为

$$i_1 = i_{1s} + h_n$$

根据叶栅出口实际压力 p_1(或 p_{cr})和实际比焓值 i_1,在 i-s 图上就能确定出口实际状态点(点 1),并查出喷管出口的各实际状态参数值(i_1、ρ_1、t_1 等)。对理想气体,同样可以利用状态方程、热力学关系式计算出叶栅出口的状态参数。

6.确定喷管出口面积

根据连续方程 $G = \rho_1 A_1 c_1$,确定喷管出口面积为

$$A_1 = \frac{G}{\rho_1 c_1}$$

对缩放喷管,(1)～(6)的计算步骤相同,但还需计算如下内容。

7.确定喷管喉部的临界参数

根据喷管的临界压比 ε_{cr},计算喉部截面的临界压力 p_{cr} 和临界速度 c_{cr},在 i-s 图上确定出各临界参数(如 t_{cr}、ρ_{cr}、i_{cr} 等)。对理想气体,可以根据前面推导出的临界速度 c_{cr} 表达式和热力学关系式来计算并确定喉部的各临界参数。

8.确定喉部面积 A_{cr}

将连续方程应用到喷管喉部截面上,可以得到喉部截面积为

$$A_{cr} = \frac{G}{\rho_{cr} c_{cr}}$$

2.2.2.5　喷管中汽流各参数的变化规律

图 2-12 是蒸汽在缩放喷管中等熵膨胀时,蒸汽的各项参数和喷管的截面积沿流动方向的变化规律。由图可见,从喷管进口至出口,蒸汽的压力和密度是逐渐降低的,相应的音速也是逐渐减小的,但速度则是逐渐增大的。音速线与速度线的交点即为临界点($Ma=1$),临界点处的所有参数称为临界参数。在临界点之前,喷管截面积是逐渐缩小的;在临界点处,截面积最小;在临界点之后,喷管截面积是逐渐增大的。

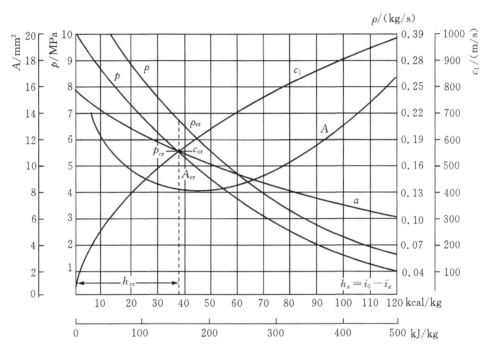

图 2-12　喷管中的汽流参数沿汽流通道的变化规律

2.2.3　喷管斜切部分中的汽流膨胀和偏转

如图 2-7 所示,汽轮机中所采用的喷管流道(包括收缩喷管和缩放喷管)都是由两个相邻的静叶片和上下两块端板组成的,它用于使汽流的热能转换为动能,并使汽流获得一定方向。将喷管叶栅沿平均半径圆周截面展开,就得到图 2-13 所示的展开图。喷管流道由两部分组成:一部分是形成流道截面积变化的收缩或缩放部分;另一部分是斜切部分 ABC(图 2-13 中的阴影线部分)。

收缩喷管中的 BC 线通常是接近于直线的弧线,有时为了制造方便,也将低压级喷管中的 BC 线作成直线状。缩放喷管斜切部分的 BC 段基本上是一条直线,且平行于汽流方向。喷管斜切部分的作

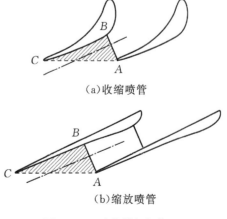

（a）收缩喷管

（b）缩放喷管

图 2-13　喷管斜切部分

用是辅助控制喷管出口汽流的方向。下面仅讨论一元定常等熵条件下的流动情况。

1. 斜切部分对喷管的流动与通流特性的影响

斜切部分对喷管的流动与通流特性的影响主要涉及到喷管的变工况运行特性,可分为几种情况:

(1)无论是收缩喷管还是缩放喷管,斜切部分的存在对喷管 AB 截面前流道内的流动与通流特性没有影响,前面关于直喷管的分析结果全部适用于带斜切部分的喷管。

(2)如果收缩喷管压比 $\varepsilon_{cr} \leqslant \varepsilon_1 < \varepsilon_{1设}$,那么喷管出口截面($AB$ 截面)的汽流速度小于或等于临界速度,斜切部分对流动没有影响,汽流在斜切部分中也无膨胀,此时,喷管出口截面压力等于喷管的运行背压 p_1,AC 截面上的汽流速度等于喷管出口截面的速度。汽流出口角度近似按下式计算:

$$\alpha_1 = \arcsin \frac{a_1}{t_1} \tag{2-33}$$

式中,$a_1 = \overline{AB}$,是喷管通道出口截面宽度;$t_1 = \overline{AC}$,是喷管叶栅节距。

(3)如果收缩喷管压比 $\varepsilon_1 < \varepsilon_{cr}$,则汽流在喷管出口截面($AB$ 截面)达到临界速度,压力为临界压力且大于喷管背压,即 $p_{cr} > p_1$。正是喷管出口截面临界压力与运行背压之间的压差 $(p_{cr} - p_1)$,导致汽流在斜切部分继续膨胀,汽流压力从喷管出口截面的临界压力 p_{cr} 降低到喷管背压 p_1,如图 2-14 所示。由于点 A 的汽流压力突然从 p_{cr} 降至 p_1,成为一个扰动源,自点 A 将产生一组膨胀波,该膨胀波在相邻叶片背弧(BC)段发生反射,而汽流经过波组将产生加速和偏转。

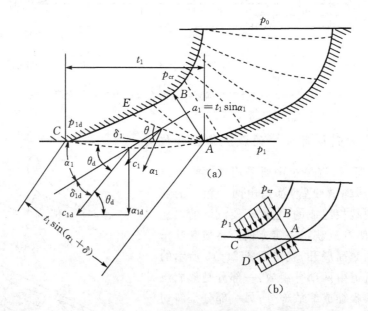

图 2-14　汽流膨胀波示意图

(4)对缩放喷管,喷管背压的设计值 $p_{1设}$ 本来就小于临界压力,喷管出口截面汽流是超音速流动。如果喷管的运行背压 p_1 小于设计背压 $p_{1设}$,同样在斜切部分发生膨胀波,产生汽流偏转。

　　总之,两种喷管斜切部分中的汽流膨胀都是发生在喷管变工况运行情况下。当收缩喷管的运行背压小于 AB 截面上可能出现的最低压力 p_{cr},或者缩放喷管的运行背压小于 AB 截面上的设计压力 $p_{1设}$ 时,汽流就发生偏转。偏转的根本原因在于:汽流从 AB 截面向 AC 截面继续膨胀时,压力从 AB 截面的临界压力 p_{cr}(收缩喷管)或设计压力 $p_{1设}$(缩放喷管)逐渐降低到运行背压 p_1 过程中,汽流比容的增大就需要相应较大的通流面积以满足连续方程所规定的参数关系,但喷管的高度不变且斜切部分一侧有叶片固体壁面的阻挡,汽流只有偏向另一侧才能扩大通流面积。图 2-14(a) 中的 α_1 表示未发生汽流偏转时的汽流方向,$\alpha_1+\delta$ 表示汽流偏转之后的实际汽流方向,δ 称为汽流的偏转角。

　　汽流在喷管斜切部分中的偏转角可利用连续方程近似求出。以图 2-14 的收缩喷管为例,假定汽流在斜切部分中是定常流动,将连续方程分别用到 AB 截面和 AC 截面上。

　　通过喷管喉部 AB 截面的汽流流量为

$$G = \rho_{cr}A_{cr}c_{cr} = \rho_{cr}c_{cr}l_1 t_1 \sin\alpha_1 \qquad (2-34(a))$$

　　通过喷管叶栅出口 AC 截面的汽流流量为

$$G' = \rho_1 A_1 c_1 = \rho_1 c_1 l'_1 t_1 \sin(\alpha_1 + \delta) \qquad (2-34(b))$$

式中,l_1 和 l'_1 分别是喷管喉部截面和叶栅出口截面的叶片高度;A_{cr} 和 A_1 分别是喷管喉部和叶栅出口的截面积。在一般情况下,有 $l_1 \approx l'_1$。另外,定常流动有 $G = G'$,联立上面两式可得

$$\sin(\alpha_1 + \delta_1) \approx \frac{\rho_{cr}c_{cr}}{\rho_1 c_1}\sin\alpha_1 \qquad (2-35)$$

　　利用等熵过程方程并经过推导,偏转角的近似计算公式(贝尔公式)为

$$\frac{\sin(\alpha_1 + \delta)}{\sin\alpha_1} = \frac{\left(\dfrac{2}{\kappa+1}\right)^{\frac{1}{\kappa-1}}\sqrt{\dfrac{\kappa-1}{\kappa+1}}}{\left(\dfrac{p_1}{p_0^*}\right)^{\frac{1}{\kappa}}\sqrt{1-\left(\dfrac{p_1}{p_0^*}\right)^{\frac{\kappa-1}{\kappa}}}} \qquad (2-36)$$

2. 喷管斜切部分的膨胀极限与极限压力

　　根据前面的分析可知,喷管斜切部分可以起到汽流加速的作用,但汽流的膨胀是有限度的。对收缩喷管来说,当喷管出口压力 $p_1 \geqslant p_{cr}$ 时,斜切部分只起导流作用;当喷管出口压力 $p_1 < p_{cr}$ 时,斜切部分发生膨胀,膨胀特性线向下游扩展;当喷管出口压力 p_1 等于某一极限压力 p_{1d} 时,点 A 发出的膨胀波组的最后一条特性线与静叶出口边 AC 重合;当喷管出口压力 $p_1 < p_{1d}$ 时,汽流在斜切部分外发生膨胀,汽流不再受到斜切部分壁面上作用力的影响,汽流的圆周向速度 c_u 不再增加,达到最大值 c_{umax}。图 2-15 是汽流速度和偏转角在喷管斜切部分中的变化。

　　显然,在极限膨胀情况下,出口边 AC 成为斜切部分中最后一条膨胀特性线(马赫线)。马赫线与汽流流动方向所成的夹角 $\theta = \alpha_1 + \delta_{max}$ 称为马赫角,有

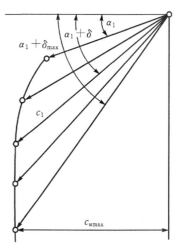

图 2-15　汽流速度和偏转角在斜切部分中的变化

$$\sin(\alpha_1 + \delta_{max}) \approx \frac{\rho_{cr} c_{cr}}{\rho_{1d} c_{1d}} \sin\alpha_1 = \frac{1}{Ma_{1d}} = \frac{a_{1d}}{c_{1d}} \qquad (2-37)$$

或

$$\sin\alpha_1 = \frac{a_{1d} \rho_{1d}}{c_{1d} \rho_{cr}} \qquad (2-38)$$

式中，Ma_d 是对应喷管极限膨胀工况下的出口马赫数；a_{1d} 是汽流在极限压力 p_{1d} 下的音速，m/s；c_{1d} 是极限压力 p_{1d} 下喷管出口的汽流速度，m/s；ρ_{1d} 是极限压力下的汽流密度，kg/m³。

利用等熵过程关系式，可得

$$\frac{\rho_{1d}}{\rho_{cr}} = \left(\frac{p_{1d}}{p_{cr}}\right)^{\frac{1}{\kappa}} = \varepsilon_{1d}^{\frac{1}{\kappa}} \times \varepsilon_{cr}^{-\frac{1}{\kappa}}$$

$$\frac{a_{1d}}{c_{cr}} = \frac{\sqrt{\kappa \dfrac{p_{1d}}{\rho_{1d}}}}{\sqrt{\dfrac{2\kappa}{\kappa+1} \dfrac{p_0^*}{\rho_0^*}}} = \sqrt{\frac{\kappa+1}{2} \varepsilon_{1d}^{\frac{\kappa-1}{\kappa}}}$$

代入式(2-38)，整理后得到斜切部分的膨胀极限压比为

$$\varepsilon_{1d} = \frac{p_{1d}}{p_0^*} = \left(\frac{2}{\kappa+2}\right)^{\frac{\kappa}{\kappa-1}} (\sin\alpha_1)^{\frac{2\kappa}{\kappa+1}} \qquad (2-39)$$

斜切部分的膨胀极限压力为

$$p_{1d} = \varepsilon_{cr} (\sin\alpha_1)^{\frac{2\kappa}{\kappa+1}} p_0^* \qquad (2-40)$$

从上述讨论可知，收缩喷管也可以在一定条件下用来产生超音速汽流，根据极限压力的限制，收缩喷管的最小设计压比 ε_1 一般大于 0.3。所以在汽轮机的喷管设计中，如果喷管压比 $0.3 < \varepsilon_1 < \varepsilon_{cr}$，既可以采用缩放喷管，也可以采用收缩喷管。

2.2.4　动叶通道中的流动过程与能量转换

在汽轮机中，动叶流道形状与喷管流道形状是相似的，因此可以将动叶栅看成是一个旋转的喷管。动叶栅也包括收缩叶栅和缩放叶栅两种类型，这两种动叶栅的流道都是弯曲的，也都有一个斜切部分，如图 2-4(b)所示。动叶栅的作用是使汽流的热能和动能转换为机械能，并且还对汽流的流动方向进行控制。

对纯冲动级而言，动叶栅前后没有压差（$p_1 = p_2$），汽流在动叶栅中没有膨胀，动叶栅中的能量转换是汽流动能向机械能的转换。对带反动度的冲动级和反动级来说，动叶栅前后有一定的压差（$p_1 > p_2$），汽流在动叶栅中就有一定的膨胀，存在汽流热能向动能的转换过程和动能向机械能的转换过程。

1. 级的反动度

为了衡量汽流在动叶栅中的膨胀程度，引入级的反动度概念。如图 2-16 所示，在单列汽轮机级中，与压差 $p_0^* - p_2$ 对应的理论绝热焓降 $h_s^* = i_0^* - i_{2s}'$ 称为级的等熵滞止焓降；与动叶栅前后压差 $p_1 - p_2$ 对应的理论绝热焓降 $h_{2s} = i_1 - i_{2s}$ 称为动叶栅的等熵焓降。一般情况下，喷管叶栅的能量损失较小，出口实际状态点 1 很接近等熵状态点 1s，因此，可以近似地认为 $h_{2s} \approx h_{2s}'$。

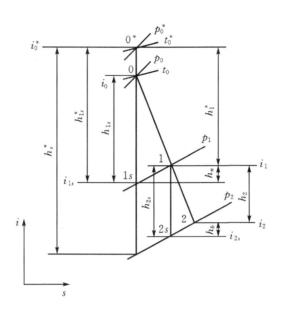

图 2-16　级内蒸汽在焓-熵图上的膨胀过程线

级的压力反动度是指动叶栅进出口压差 $p_1 - p_2$ 与汽轮机级的总压差 $p_0^* - p_2$ 的比值,用希腊字母 Ω_p 表示,即

$$\Omega_p = \frac{p_1 - p_2}{p_0^* - p_2} \qquad\qquad (2-41(a))$$

级的热力反动度是指动叶栅中的等熵焓降 h_{2s} 占整个汽轮机级总等熵滞止焓降 h_s^* 的百分比,用希腊字母 Ω 表示,即

$$\Omega = \frac{h_{2s}}{h_s^*} \approx \frac{h_{2s}}{h_{1s}^* + h_{2s}} \qquad\qquad (2-41(b))$$

在汽轮机级的设计中,更多采用热力反动度的概念,后面章节涉及到的内容将统一为热力反动度。需要说明,实际汽流参数沿叶高是变化的,在动叶栅不同直径截面上的等熵焓降也是不同的,因此,反动度沿叶高也是变化的。对一元流动的短叶片级,通常用平均直径截面的反动度来表示级的反动度。对于长叶片级,当计算不同直径截面的流动过程时,需用相应截面的反动度。

按照汽轮机级的反动度定义,纯冲动级的 $\Omega = 0$;反动级的 $\Omega \approx 0.5$;带反动度的冲动级在 $0 < \Omega < 0.5$ 之间。一般 $\Omega = 0.02 \sim 0.20$。

双列复速级比较特殊,它有四排叶栅。为了获得较高的流动效率,通常采用汽流在导向叶栅和两列动叶栅中都适当膨胀的方式。为了描述汽流在双列复速级各列叶栅中的膨胀程度,除了级的反动度指标之外,还需要给出反动度在各列叶栅中的分配。

图 2-17 是双列复速级叶栅通道中的流动过程图,研究对象有五个特征截面,即级进口 0—0 截面、喷管出口 1—1 截面、第一列动叶栅出口 2—2 截面、导向叶栅出口 1′—1′ 截面和级出口 2′—2′ 截面。图 2-18 是双列复速级流道内的汽流在焓-熵图上的膨胀过程线。可以看出,双列复速级的进、出口压差($p_0^* - p'_2$)对应的等熵滞止焓降为 h_s^*,第一列动叶栅前后压差($p_1 - p_2$)对应的等熵焓降为 h_{2s},导向叶栅前后压差($p_2 - p'_1$)对应的等熵焓降为 h'_{1s},第二

列动叶栅前后压差$(p'_1-p'_2)$对应的等熵焓降为h'_{2s}。

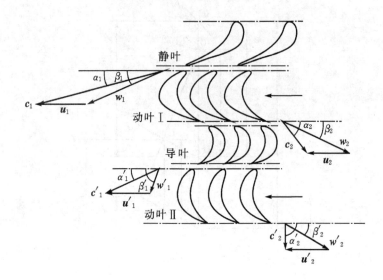

图 2-17　双列复速级叶栅通道中的流动过程

第一列动叶栅中的等熵焓降 h_{2s} 占整个复速级总等熵滞止焓降 h_s^* 的百分比为

$$\Omega_1=\frac{h_{2s}}{h_s^*}$$

导向叶栅中的等熵焓降 h'_{1s} 占整个复速级总等熵滞止焓降 h_s^* 的百分比为

$$\Omega_2=\frac{h'_{1s}}{h_s^*}$$

第二列动叶栅中的等熵焓降 h'_{2s} 占整个复速级总等熵滞止焓降 h_s^* 的百分比为

$$\Omega_3=\frac{h'_{2s}}{h_s^*}$$

两列动叶栅和导向叶栅中的等熵焓降之和 $(h_{2s}+h'_{1s}+h'_{2s})$ 占整个双列复速级总等熵滞止焓降 h_s^* 的百分比为

$$\Omega=\Omega_1+\Omega_2+\Omega_3 \qquad (2-42)$$

其中,Ω 称为双列复速级的反动度,Ω_1、Ω_2 和 Ω_3 分别为各列叶栅所分配到的反动度。

2.动叶栅通道内的流动过程

图 2-19 是汽流在汽轮机级叶栅通道内的流动过程示意图。汽流在喷管叶栅内膨胀加

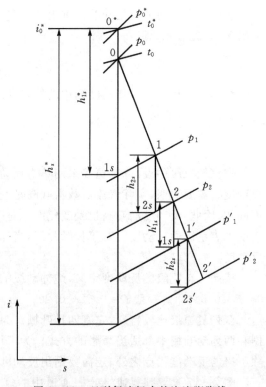

图 2-18　双列复速级内的汽流膨胀线

速,从喷管出来的高速汽流以绝对速度 c_1 和一定方向 α_1 流向动叶栅通道;动叶栅以转速 n 进行旋转,相应就有一个圆周速度 u,短叶片级的圆周速度通常用平均直径截面的速度来表

示,即

$$u = \frac{\pi d_\mathrm{m} n}{60} \quad (2-43)$$

如果将观察点设在旋转的动叶栅上（即相对坐标），从相对坐标上看，汽流以一个相对速度 w_1 进入动叶栅，将部分汽流的动能转换为机械能，然后以相对速度 w_2 离开动叶栅。另外，相对坐标是旋转的，动叶栅也是旋转的，动叶栅相对于相对坐标是静止的。因此，相对坐标上的动叶栅通道内的流动过程与喷管内的流动过程完全一样。在相对坐标上描述动叶栅中的汽流流动（类似喷管叶栅中的流动），也需要三个独立方程，即连续方程、过程方程和能量方程。

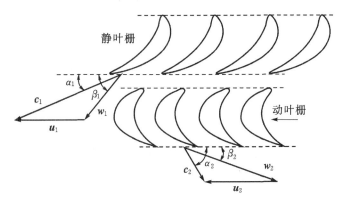

图 2-19 汽轮机级叶栅通道中的流动过程

根据参考文献[2]的推导，相对坐标上能量方程的一般表达式为

$$i + \frac{w^2}{2} - \frac{u^2}{2} = 常数 \quad (2-44)$$

与绝对坐标的能量方程相比，相对坐标上的能量方程有一个明显的特点，即由于动叶栅相对于相对坐标是静止的，因此相对坐标上的汽流对动叶栅并不做功，能量方程式(2-44)中不包含轴功项。

将式(2-44)应用到动叶栅的进、出口截面，有

$$i_1 + \frac{w_1^2}{2} - \frac{u_1^2}{2} = i_2 + \frac{w_2^2}{2} - \frac{u_2^2}{2} \quad (2-45)$$

式中，u_1 和 u_2 分别是动叶栅进、出口平均直径处的圆周速度。

对叶片较短的轴流式汽轮机级，有 $u_1 = u_2 = u$，则动叶栅内理想流动的能量方程为

$$i_1 + \frac{w_1^2}{2} = i_{2s} + \frac{w_{2s}^2}{2} \quad (2-46)$$

类似喷管叶栅内的讨论内容和过程，并参见图 2-16 中汽流在动叶栅中的膨胀过程线，动叶栅出口截面的理想相对汽流速度为

$$w_{2s} = \sqrt{2(i_1 - i_{2s}) + w_1^2} = \sqrt{2h_{2s} + w_1^2} \quad (2-47)$$

实际相对汽流速度为

$$w_2 = \psi w_{2s} \quad (2-48)$$

式中，$\psi = w_2 / w_{2s}$，称为动叶栅速度系数，它的大小与很多因素（如叶型、叶高、压比、冲角、速度等）有关，需要通过实验来确定。图 2-20 是动叶栅速度系数 ψ 与级的反动度和 w_{2s} 的经验关

系曲线。

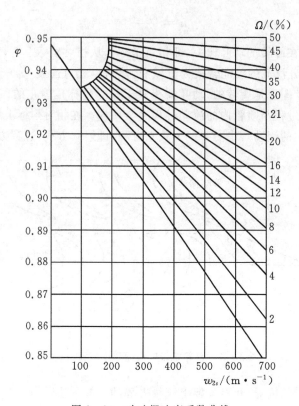

图 2 - 20　动叶栅速度系数曲线

动叶栅中的能量损失为

$$h_b = \frac{w_{2s}^2}{2} - \frac{w_2^2}{2} = (1 - \psi^2) \frac{w_{2s}^2}{2} \tag{2-49}$$

动叶栅流道的出口截面积为

$$A_2 = \frac{G}{\rho_2 w_2} \tag{2-50}$$

2.2.5　喷管和动叶通道中的通流能力及流量系数

1. 喷管的理论通流能力 G_s

喷管的通流能力就是指对一个已经设计加工好的喷管叶栅,在一定的参数下所能通过的蒸汽流量。喷管流量的计算需要给定如下一些参数:喷管进口蒸汽的状态参数(p_0, t_0)和初速度 c_0;喷管流道出口截面的蒸汽压力 p_1 以及出口截面积 A_1。

在讨论喷管的通流能力时,为简化起见,将蒸汽看作理想气体。

根据连续方程

$$G_s = \rho_{1s} c_{1s} A_1$$

能量方程

$$c_{1s} = \sqrt{\frac{2\kappa}{\kappa - 1} \frac{p_0^*}{\rho_0^*} \left[1 - \varepsilon_1^{\frac{\kappa-1}{\kappa}}\right]}$$

过程方程

$$\rho_{1s} = \rho_0^* \left(\frac{p_1}{p_0^*} \right)^{\frac{1}{\kappa}}$$

可以得到喷管理想流量的表达式为

$$G_s = A_1 \sqrt{\frac{2\kappa}{\kappa - 1} p_0^* \rho_0^* \left(\varepsilon_1^{\frac{2}{\kappa}} - \varepsilon_1^{\frac{\kappa+1}{\kappa}} \right)} \tag{2-51}$$

从式(2-51)可以看出,影响喷管的理想通流能力的因素有工质物性、进口滞止参数(p_0^*、ρ_0^*)和喷管压比(ε_1)。对特定的工质及在进口滞止参数一定的条件下,通过喷管的流量仅是压比的函数,即 $G_s = G_s(\varepsilon_1)$。当 $\varepsilon_1 = 0$ 和 $\varepsilon_1 = 1$ 时,$G_s = 0$;当 $0 < \varepsilon_1 < 1$ 时,$G_s > 0$。表明函数 $G_s = G_s(\varepsilon_1)$ 存在一个极大值,此时流量达到最大(称为临界流量 $G_{smax} = G_{cr}$)。流量极大值所对应的压比(也就是临界压比)可以利用数学上的求极值方法得到。

对式(2-51)求导并令 $\dfrac{dG}{d\varepsilon_1} = 0$,可以得到

$$\varepsilon_1 = \varepsilon_{cr} = \left(\frac{2}{\kappa + 1} \right)^{\frac{\kappa}{\kappa-1}}$$

此时,汽流速度达到音速。这种情况只能发生在收缩喷管的出口截面或缩放喷管的喉部截面。将临界压比代入式(2-51)中,则喷管的临界流量为

$$G_{smax} = G_{cr} = A_{min} \sqrt{\kappa p_0^* \rho_0^* \left(\frac{2}{\kappa + 1} \right)^{\frac{\kappa+1}{\kappa-1}}} \tag{2-52}$$

表达式(2-52)表明,喷管的临界流量仅与喷管的进口滞止参数有关。

将过热蒸汽的 $\kappa = 1.3$ 和湿蒸汽的 $\kappa = 1.135$ 分别代入式(2-52)中,可得过热蒸汽

$$G_{cr} = 0.667 A_{min} \sqrt{p_0^* \rho_0^*} \tag{2-53a}$$

饱和蒸汽

$$G_{cr} = 0.636 A_{min} \sqrt{p_0^* \rho_0^*} \tag{2-53b}$$

将式(2-51)绘制成 G_s-ε_1 的关系曲线,得到流量随压比的变化规律,如图 2-21 中的 OBC 曲线。

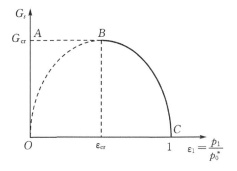

图 2-21　收缩喷管流量与压比的关系曲线

从图 2-21 中可以清楚看出,当压比 $\varepsilon_1 = 1$ 时,喷管前后没有压差,通过喷管的流量 $G_s = 0$;随着喷管压比 ε_1 的减小,喷管前后压差增大,通过喷管的流量也逐渐增大,变化规律如 CB 线所示;当压比减小到某一临界值(即 $\varepsilon_1 = \varepsilon_{cr}$)时,通过喷管的流量达到最大临界流量值($G_s = G_{cr}$)。

当喷管压比继续减小($\varepsilon_1 < \varepsilon_{cr}$),通过喷管的流量从最大临界流量开始逐渐减小,至 $\varepsilon_1 = 0$ 时的流量为 0,变化如 BO 线。实际上,只要喷管前后存在压差,通过喷管的流量就不会为 0,所以 BO 曲线反映的不是真实的过程,这种现象是采用数学模型来描述物理过程中带来的问题。

真实的过程是当 $\varepsilon_1 < \varepsilon_{cr}$ 时,喷管的流量始终保持临界流量不变,流量与压比的关系如 BA 所示。

综上所述,收缩喷管的流量与压比的关系为图 2-21 中的 ABC 曲线。

一般情况下，喷管通流能力的表达式可分为两种情况来描述。

当 $\varepsilon_1 > \varepsilon_{cr}$ 时，有

$$G_s = A_1 \sqrt{\frac{2\kappa}{\kappa-1} p_0^* \rho_0^* (\varepsilon_1^{\frac{2}{\kappa}} - \varepsilon_1^{\frac{\kappa+1}{\kappa}})} \qquad (2-54(a))$$

当 $\varepsilon_1 \leqslant \varepsilon_{cr}$ 时，有

$$G_s = G_{cr} = A_{min} \sqrt{\kappa p_0^* \rho_0^* (\frac{2}{\kappa+1})^{\frac{\kappa+1}{\kappa-1}}} \qquad (2-54(b))$$

对收缩喷管，$A_{min} = A_1$；对缩放喷管，$A_{min} = A_{cr}$。

2. 喷管的实际通流能力 G

与喷管的理想流动相比，实际流动的出口汽流速度和状态参数均发生了变化，喷管的实际流量也是根据连续方程来计算的，有

$$G = \rho_1 c_1 A_1$$

上式可以改写为

$$G = A_1 \rho_{1s} c_{1s} \cdot \frac{\rho_1}{\rho_{1s}} \cdot \frac{c_1}{c_{1s}} = \varphi \frac{\rho_1}{\rho_{1s}} \cdot G_s = \mu_1 G_s \qquad (2-55)$$

式中，$\mu_1 = \varphi \rho_1 / \rho_{1s}$，是喷管流量系数。由此可见，实际流量与理论流量之比并不一定等于实际流速与理论流速之比，还取决于密度比 ρ_1 / ρ_{1s} 的值。

在气体喷管中（如燃气喷管或空气喷管），绝热过程的流动阻力加热了气体，使实际密度 ρ_1 总是小于理论密度 ρ_{1s}，即 $\rho_1 / \rho_{1s} < 1$，因此，流量系数 $\mu_1 < \varphi$。

在蒸汽喷管中，随着进口蒸汽过热度或湿度的改变，比值 ρ_1 / ρ_{1s} 可以小于、等于或者大于 1。很明显，速度系数 φ 本身对 ρ_1 / ρ_{1s} 也有影响。同时，在不同的喷管进口压力 p_0^* 和不同的压比 $\varepsilon_1 = p_1 / p_0^*$ 下，ρ_1 / ρ_{1s} 与上述各因素的关系也不是固定的，造成流量系数 μ_1 与密度比 ρ_1 / ρ_{1s} 之间的关系曲线呈现出复杂的形状。因此，流量系数很难用理论方法准确计算，通常采用实验方法得到。

图 2-22 是不同反动度汽轮机级的喷管叶栅和动叶栅流量系数经验曲线，图中横坐标是喷管或动叶栅进口蒸汽的过热度或湿度，纵坐标是叶栅的流量系数。当叶栅进口的蒸汽过热度足够大时，整个叶栅都在过热区工作，根据等熵条件（$\kappa = 1.3$）计算出来的理论密度 ρ_{1s} 总是大于根据熵增过程计算出的实际密度 ρ_1，所以喷管流量系数 $\mu_1 < \varphi$。

当叶栅进口是干饱和蒸汽或湿度很小的湿蒸汽（湿度小于 3.5%~4%）时，理论上叶栅中应该发生湿蒸汽的膨胀过程，理论密度 ρ_{1s} 应该按照 $\kappa = 1.135$ 的等熵条件来计算。但由于过饱和现象或过冷现象（简单来说，过饱和现象就是随着饱和蒸汽或湿蒸汽的膨胀，在汽流中应该不断地分离出水珠，但由于蒸汽的流动速度大，通过叶栅流道所需的时间很短，有一部分应凝结成水珠的饱和蒸汽来不及凝结，未能释放出汽化潜热，而蒸汽仍旧保留其过热蒸汽性质的一种现象）的存在，实际的膨胀过程基本是按照过热蒸汽的规律进行的（κ 很接近于 1.3，但远大于 1.135），由于蒸汽未吸收部分蒸汽凝结所释放的汽化潜热，蒸汽温度低于湿蒸汽的温度（即发生过冷现象），因此就造成 $\rho_1 / \rho_{1s} > 1$ 的结果，使叶栅流量系数 $\mu_1 > \varphi$。

过饱和状态是热力学上的不平衡状态，膨胀到了一定的程度（对应的湿度为 3.5%~4%），就会发生蒸汽的自发凝结，这种不平衡的过饱和状态就变成热力学上平衡的湿蒸汽状态，而湿蒸汽的膨胀则基本按照 $\kappa = 1.135$ 的规律进行。因此，在平衡湿蒸汽的膨胀过程中，

ρ_1/ρ_{1s}略小于 1。

叶栅流量系数与汽流性质、叶栅流道形状等有关。一般来说,对过热蒸汽,取 $\mu_1 = 0.96 \sim 0.98$;对湿蒸汽,取 $\mu_1 = 1.02 \sim 1.04$。

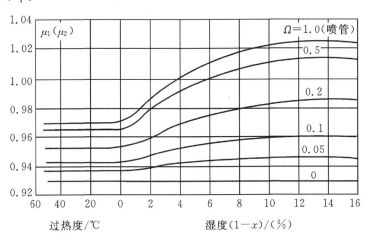

图 2 - 22　喷管和动叶栅的流量系数曲线

显然,通过喷管叶栅的实际流量:

当 $\varepsilon_1 > \varepsilon_{cr}$ 时,

$$G = \mu_1 A_1 \sqrt{\frac{2\kappa}{\kappa-1} p_0^* \rho_0^* (\varepsilon_1^{\frac{2}{\kappa}} - \varepsilon_1^{\frac{\kappa+1}{\kappa}})} \qquad (2-56(a))$$

当 $\varepsilon_1 \leqslant \varepsilon_{cr}$ 时,

$$G = \mu_1 A_{min} \sqrt{\kappa p_0^* \rho_0^* (\frac{2}{\kappa+1})^{\frac{\kappa+1}{\kappa-1}}} \qquad (2-56(b))$$

3. 动叶栅通道中的通流能力

如果忽略汽轮机级内的隔板汽封漏汽和动叶叶顶漏汽所造成的流量差异(见图 2 - 4 (a)),则通过动叶栅的蒸汽流量等于喷管叶栅的蒸汽流量。所以设计时要求动叶栅的通流能力与喷管叶栅的通流能力相等,用能量方程表示为

$$G = \rho_1 A_1 c_1 = \rho_2 A_2 w_2$$

一般情况下,有 $c_1 > w_2$,$\rho_1 > \rho_2$,所以 $A_1 < A_2$。$f = \dfrac{A_2}{A_1}$,称为汽轮机级的面积比。

动叶栅流道出口截面积的计算式为

$$A_2 = \frac{G}{\rho_2 w_2} = \frac{G}{\mu_2 \rho_{2s} w_{2s}} \qquad (2-57)$$

式中,μ_2 称为动叶栅的流量系数,如图 2 - 22 所示。

2.2.6　级内流动公式归纳

根据前面的分析讨论和公式推导,本小节对汽轮机级的热力计算所用到的基本公式作一整理和归纳,主要公式有:

(1)级的反动度: $\Omega = \dfrac{h_{2s}}{h_s^*} = \dfrac{h_{2s}}{h_{1s}^* + h_{2s}}$

(2)动叶等熵焓降: $h_{2s} = \Omega h_s^*$

(3)喷管等熵滞止焓降: $h_{1s}^* = (1 - \Omega) h_s^*$

(4)喷管出口汽流速度: $c_{1s} = \sqrt{2h_{1s}^*} = \sqrt{2(1 - \Omega) h_s^*}$

$c_1 = \varphi c_{1s} = \varphi \sqrt{2(1 - \Omega) h_s^*}$

(5)喷管能量损失: $h_n = \dfrac{c_{1s}^2}{2} - \dfrac{c_1^2}{2} = (1 - \varphi^2) \dfrac{c_{1s}^2}{2}$

(6)动叶出口汽流速度: $w_{2s} = \sqrt{2h_{2s} + w_1^2} = \sqrt{2\Omega h_s^* + w_1^2}$

$w_2 = \psi w_{2s} = \psi \sqrt{2\Omega h_s^* + w_1^2}$

(7)动叶损失: $h_b = \dfrac{w_{2s}^2}{2} - \dfrac{w_2^2}{2} = (1 - \psi^2) \dfrac{w_{2s}^2}{2}$

(8)喷管出口面积: $A_1 = \dfrac{G}{\rho_1 c_1}$

(9)动叶出口面积: $A_2 = \dfrac{G}{\rho_2 w_2}$

2.3 级的速度三角形

2.3.1 速度三角形定义

前面几节讨论了级喷管叶栅和动叶栅通道内的汽流流动与能量转换过程,并给出了相应的计算公式。但讨论中所采用的坐标是不同的,喷管叶栅采用的是绝对坐标,而描述动叶栅中的流动与能量转换则采用相对坐标。因此,在研究整个汽轮机级的流动与能量转换时,就存在着坐标转换的问题。具体来说,就是在两个坐标上的汽流速度和方向的关系问题。

汽轮机在工作时,对一个级而言(见图 2 - 19),从喷管出来的高速汽流有一个绝对速度 c_1(绝对坐标),高速汽流进入动叶栅并推动动叶转动,动叶进口沿圆周方向有一个圆周速度 u_1(牵连速度);从旋转的动叶栅上来看,进入动叶通道的汽流有一个相对速度 w_1(相对坐标)。同样,汽流以相对速度 w_2 从动叶栅中流出;动叶出口有一个圆周速度 u_2;从绝对坐标看,动叶栅流出的汽流有一个绝对速度 c_2。

在动叶栅进口,存在三个速度,即绝对汽流速度 c_1、圆周速度 u_1 和相对汽流速度 w_1。这三个速度都是矢量,有大小和方向,数学上应该满足矢量相加原则,即

$$c_1 = w_1 + u_1$$

将上式用图形表示出来就是一个三角形,称为动叶的进口速度三角形。

在动叶栅出口,同样存在绝对汽流速度 c_2、圆周速度 u_2 和相对汽流速度 w_2,这三个速度也都是矢量并满足矢量相加原则,即

$$c_2 = w_2 + u_2$$

将上式用图形表示出来也是一个三角形,称为动叶的出口速度三角形。

如图 2 - 19 所示,将动叶的进、出口绝对汽流速度(c_1、c_2),圆周速度(u_1、u_2)和相对汽流速

度（w_1、w_2），按一定的比例和矢量相加规则绘在一起，就构成了级的速度三角形。

2.3.2　单列级的速度三角形计算与画法

在计算和绘制级的速度三角形时，需要借助前面推导出的有关喷管叶栅和动叶栅的汽流速度计算公式，另外还需确定两个基准线。对轴流式汽轮机级来说，一个基准线的方向为圆周速度 $\boldsymbol{u}$ 的方向，一个基准线的方向为轴向 z。将两基准线的交点作为基准，计算并画出速度三角形。

1. 动叶的进口速度三角形

按表 2-1 给出的公式计算出进入动叶栅的绝对汽流速度 c_1、圆周速度 u_1 和相对汽流速度 w_1，选定或计算出各速度的方向，然后按一定的比例和矢量相加原则画出级的动叶进口速度三角形，如图 2-23 所示。绝对速度的方向用 α_1 表示，相对速度的方向用 β_1 表示，α_1 和 β_1 的定义见图 2-23。圆周速度 u_1 的方向与基准线一致，故不用计算和标出。

表 2-1　动叶进口速度三角形的计算公式汇总表

速度名称	速度/$(\mathrm{m \cdot s^{-1}})$	方向/$(°)$
绝对汽流速度 c_1	$c_1 = \varphi \sqrt{2(1-\Omega)h_s^*}$	设计人员取定，一般取值范围： $\alpha_1 = 12° \sim 16°$
圆周速度 u_1	$u_1 = \dfrac{\pi d_\mathrm{m} n}{60}$	
相对汽流速度 w_1	$w_1 = \sqrt{c_1^2 + u_1^2 - 2u_1 c_1 \cos\alpha_1}$	$\tan\beta_1 = \dfrac{c_1 \sin\alpha_1}{c_1 \cos\alpha_1 - u_1}$

2. 动叶的出口速度三角形

按表 2-2 给出的公式计算出动叶栅出口的相对汽流速度 w_2、圆周速度 u_2 和绝对汽流速度 c_2，选定或计算出各个速度的方向，按一定的比例和矢量相加原则画出级的动叶出口速度三角形，如图 2-23 所示。绝对速度的方向用 α_2 表示，相对速度的方向用 β_2 表示，α_2 和 β_2 的定义见图 2-23。圆周速度 u_2 的方向与基准线一致，也不用计算和标出。

表 2-2　动叶出口速度三角形的计算公式汇总表

速度名称	速度/$(\mathrm{m \cdot s^{-1}})$	方向/$(°)$
相对汽流速度 w_2	$w_2 = \psi \sqrt{2\Omega h_s^* + w_1^2}$	设计人员取定，一般取值范围： $\beta_2 = \beta_1 - (2° \sim 4°)$
圆周速度 u_2	$u_2 = \dfrac{\pi d_\mathrm{m} n}{60}$	
绝对汽流速度 c_2	$c_2 = \sqrt{w_2^2 + u_2^2 - 2u_2 w_2 \cos\beta_2}$	$\tan\alpha_2 = \dfrac{w_2 \sin\beta_2}{w_2 \cos\beta_2 - u_2}$

3. 级的速度三角形

以两基准线的交点作为基准，将动叶的进、出口速度三角形绘在一起，就是级的速度三角形，如图 2-23 所示。

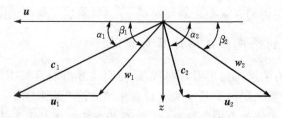

图 2 - 23　单列级的速度三角形

2.3.3　双列复速级的速度三角形计算与画法

双列复速级有四列叶栅,即一列喷管叶栅,同一个叶轮上安装的两列动叶栅,两列动叶栅之间还有一列导向叶栅。类似单列级的情况,每列动叶栅的进、出口都有绝对汽流速度、圆周速度和相对汽流速度,这三个速度也满足矢量相加原则,同样可以用速度三角形来表示(见图 2 - 17)。这样,两列动叶栅就有两个速度三角形,将两个速度三角形合在一起就构成双列复速级的速度三角形。

双列复速级的速度三角形的计算方法与画法也类似单列级,表 2 - 3 是双列复速级的速度三角形计算公式汇总表,图 2 - 24 是双列复速级的速度三角形。

表 2 - 3　双列复速级的速度三角形计算公式汇总表

	速度名称	速度/$(\mathrm{m \cdot s^{-1}})$	方向/$(°)$
第一列动叶	绝对汽流速度 c_1	$c_1 = \varphi \sqrt{2(1-\Omega)h_s^*}$	设计人员取定,一般取值范围: $\alpha_1 = 12° \sim 16°$
	圆周速度 u_1	$u_1 = \pi d_m n/60$	
	相对汽流速度 w_1	$w_1 = \sqrt{c_1^2 + u_1^2 - 2u_1 c_1 \cos\alpha_1}$	$\tan\beta_1 = \dfrac{c_1 \sin\alpha_1}{c_1 \cos\alpha_1 - u_1}$
	相对汽流速度 w_2	$w_2 = \psi \sqrt{2\Omega_1 h_s^* + w_1^2}$	设计人员取定,一般取值范围: $\beta_2 = \beta_1 - (2° \sim 4°)$
	圆周速度 u_2	$u_2 = \pi d_m n/60$	
	绝对汽流速度 c_2	$c_2 = \sqrt{w_2^2 + u_2^2 - 2u_2 w_2 \cos\beta_2}$	$\tan\alpha_2 = \dfrac{w_2 \sin\beta_2}{w_2 \cos\beta_2 - u_2}$
第二列动叶	绝对汽流速度 c'_1	$c'_1 = \varphi' \sqrt{2\Omega_2 h_s^* + c_2^2}$	设计人员取定:α'_1
	圆周速度 u'_1	$u'_1 = \dfrac{\pi d'_m n}{60}$	
	相对汽流速度 w'_1	$w'_1 = \sqrt{c'^2_1 + u'^2_1 - 2u'_1 c'_1 \cos\alpha'_1}$	$\tan\beta'_1 = \dfrac{c'_1 \sin\alpha'_1}{c'_1 \cos\alpha'_1 - u'_1}$
	相对汽流速度 w'_2	$w'_2 = \psi' \sqrt{2\Omega_3 h_s^* + w'^2_1}$	设计人员取定:β'_2
	圆周速度 u'_2	$u'_2 = \dfrac{\pi d'_m n}{60}$	
	绝对汽流速度 c'_2	$c'_2 = \sqrt{w'^2_2 + u'^2_2 - 2u'_2 w'_2 \cos\beta'_2}$	$\tan\alpha'_2 = \dfrac{w'_2 \sin\beta'_2}{w'_2 \cos\beta'_2 - u'_2}$

汽流在流过双列复速级四列叶栅的过程中,也存在能量损失,计算式如下。

(1)喷管叶栅能量损失:　　$h_n = \dfrac{c_{1s}^2}{2} - \dfrac{c_1^2}{2} = (1-\varphi^2)\dfrac{c_{1s}^2}{2}$

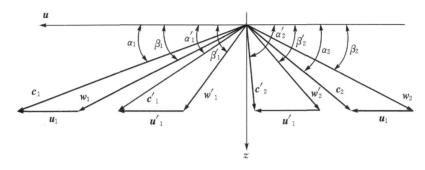

图 2 - 24　双列复速级的速度三角形

（2）动叶 I 能量损失：　　　　　$h_b = \dfrac{w_{2s}^2}{2} - \dfrac{w_2^2}{2} = (1 - \psi^2)\dfrac{w_{2s}^2}{2}$

（3）导向叶栅能量损失：　　　$h'_n = \dfrac{c'^2_{1s}}{2} - \dfrac{c'^2_1}{2} = (1 - \varphi'^2)\dfrac{c'^2_{1s}}{2}$

（4）动叶 II 能量损失：　　　　$h'_b = \dfrac{w'^2_{2s}}{2} - \dfrac{w'^2_2}{2} = (1 - \psi'^2)\dfrac{w'^2_{2s}}{2}$

上式中，φ' 是导向叶栅的速度系数；ψ' 是第二列动叶栅的速度系数。

2.4　级的轮周功率与轮周效率

在汽轮机级中，是利用动叶栅将汽流的动能与热能转换成机械功的，但动叶栅进口的汽流动能则是经过喷管叶栅中汽流热能的转换而得到的。所以，虽然是动叶栅做出的轮周功，但却体现出了汽流在整个汽轮机级中的能量转换过程。本节首先分析汽流流过动叶栅时对动叶片产生的作用力，然后再讨论级的轮周功率和轮周效率的定义和计算过程。

2.4.1　汽流作用在动叶片上的力

从喷管叶栅出来的高速汽流进入动叶栅通道，对动叶片产生冲动力和反动力，在冲动力和反动力的合力作用下，动叶栅旋转并对外做功，同时汽流的动量也发生相应的变化。因此，要想计算汽轮机级的轮周功率，就需要分析和计算动叶栅的受力情况。

1.控制体与受力分析

如图 2 - 25 所示，在流过汽轮机级动叶栅的汽流中，取一个流动汽流的控制体 $abcd/a'b'c'd'$。该控制体由六个面组成，即两个侧面 $aba'b'$ 和 $cdc'd'$，它们分别是通过两个相邻流道汽流的中心流面，在这两个流面上，无汽流进入和流出；上下两个端面 $abcd$ 和 $a'b'c'd'$（右图中 $abcd$ 面与 $a'b'c'd'$ 面重叠）分别是叶片根部和顶部截面处的汽流流面，在这两个流面上也无汽流进入和流出；动叶流道的进、出口两个平面 $aca'c'$ 和 $bdb'd'$，与叶栅的额线平行，汽流参数沿圆周方向是均匀分布的。另外，该控制体内还包含一个动叶片，因此，控制体的内界面是叶片壁面。

从图 2 - 25 可以看出，在所选取的控制体中，汽流只能从 $aca'c'$ 表面流入控制体，从 $bdb'd'$ 表面流出控制体。控制体中的流动汽流将受到以下外界的作用力：

（1）质量力。控制体内的汽流受重力作用产生的力，一般很小，可以忽略不计。

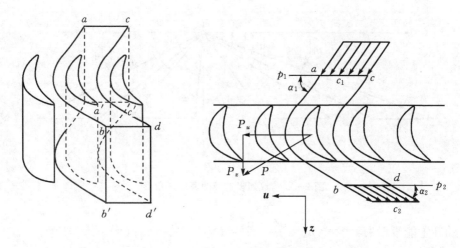

图 2-25　动叶栅受力分析控制体

（2）黏性力。实际汽流在运动中受到的黏性阻力。汽流的黏性力主要产生在靠近物体表面（例如叶片表面）的边界层中，在边界层以外的主流区，黏性力表现不十分明显。由于黏性力的影响已反映在汽流速度 c_2 上，所以在分析作用于控制体中汽流上的力时，不再考虑黏性力。

（3）作用在两个侧面 $aba'b'$ 和 $cdc'd'$ 上的表面力。由于 $aba'b'$ 和 $cdc'd'$ 分别是两个相邻流道的中心流面，流动情况完全相同，作用在 $aba'b'/cdc'd'$ 表面上的压力相等，方向相反。因此，两个侧面所受的作用力相互抵消。

（4）作用在上下两个端面 $abcd$ 和 $a'b'c'd'$ 上的表面力。在一元流动的条件下，汽流参数沿叶高方向不变，上下两个端面的压力相等，方向相反，作用力相互抵消。

（5）作用在进、出口截面 $aca'c'$ 和 $bdb'd'$ 上的表面力。外界作用在进口截面上的表面力为 $A'_2 p_1$，作用在出口截面上的表面力为 $A'_2 p_2$。

（6）叶片对汽流的作用力。汽流在流经控制体时，将对动叶片产生一个作用力 P，可以将这一作用力 P 分解为沿圆周方向的周向力 P_u 和沿汽轮机主轴方向的轴向力 P_z。反过来，叶片对汽流有一个反作用力 P'，且 $P'=-P, P'_u=-P_u, P'_z=-P_z$。

根据上面对控制体内汽流受力情况的分析，分别以主轴方向 z 和圆周方向 u 为正值（见图 2-25），将汽流受到的合力分解到轴向和周向，则轴向分力为 $(p_1-p_2)A'_2+P'_z$，周向分力为 P'_u。其中，A'_2 是控制体的进（出）口截面的面积。

2. 汽流对动叶片的作用力

在上述合力的作用下，通过动叶栅流道的汽流动量发生变化（以图 2-23 的单列级为例）。根据动量定律，某一物体运动时，它的动量变化等于作用于该物体上的冲量。动量等于物体的质量与运动速度的乘积，而冲量则等于作用于物体上的合力乘以该力作用的时间。

同样，分别以主轴方向 z 和圆周方向 u 为正值，用 m 表示 Δt 时间间隔内流入 $aca'c'$ 截面的汽流流量，因为是定常流动，所以流出 $bdb'd'$ 截面的流量亦为 m。轴向和周向的动量变化分别为

$$m(c_2\sin\alpha_2 - c_1\sin\alpha_1) = m(c_{2z} - c_{1z}) \quad （轴向）$$
$$-m(c_2\cos\alpha_2 + c_1\cos\alpha_1) = -m(c_{2u} + c_{1u}) \quad （周向）$$

轴向和周向的动量方程表达式分别为

$$[(p_1 - p_2)A'_2 + P'_z] \cdot \Delta t = m(c_{2z} - c_{1z}) \quad （轴向）$$
$$P'_u \cdot \Delta t = -m(c_{1u} + c_{2u}) \quad （周向）$$

经推导,得到叶片对控制体中的汽流产生的作用力为

$$P'_z = G'(c_{2z} - c_{1z}) - (p_1 - p_2)A'_2 \quad （轴向）$$
$$P'_u = -G'(c_{1u} + c_{2u}) \quad （周向）$$

式中,$c_{1z} = c_1 \sin\alpha_1$ 和 $c_{2z} = c_2 \sin\alpha_2$ 分别是汽流进入和流出控制体时绝对速度在轴向的分速度;$c_{1u} = c_1 \cos\alpha_1$ 和 $c_{2u} = c_2 \cos\alpha_2$ 分别是汽流进入和流出控制体时绝对速度在周向的分速度;$G' = m/\Delta t$ 是通过控制体的质量流量。

反过来,单个动叶片受到汽流的作用力为

$$P_z = -P'_z = G'(c_{1z} - c_{2z}) + (p_1 - p_2)A'_2 \quad （轴向）$$
$$P_u = -P'_u = G'(c_{1u} + c_{2u}) \quad （周向）$$

对整个动叶栅来说,有多少个动叶片,就有多少个相同的控制体。因此,整个动叶栅受到的汽流作用力是所有动叶片受力之和。

轴向分力为

$$\sum P_z = G(c_{1z} - c_{2z}) + (p_1 - p_2)A_2 \tag{2-58}$$

周向分力为

$$\sum P_u = G(c_{1u} + c_{2u}) \tag{2-59}$$

式中,$\sum P_z$ 和 $\sum P_u$ 分别代表整个汽流对动叶栅的作用力在轴向和周向的分力;G 代表通过动叶栅的流量;A_2 代表整个动叶栅的出口面积。

轴向分力 $\sum P_z$ 方向与动叶栅旋转方向垂直,并不做功。在该分力的作用下,汽轮机转子沿轴向有运动的趋势,是汽轮机轴向推力的组成之一。周向分力 $\sum P_u$ 与动叶栅旋转方向一致,是推动叶轮转动做功的力。

2.4.2　级的轮周功率与轮周效率

1.轮周功率 N_u 的基本表达式

级轮周功率 N_u 的定义是单位时间内汽流对动叶片做的有效功。对等转速汽轮机来说,圆周速度不变,则轮周功率的基本表达式为

$$N_u = \sum P_u \cdot u = Gu(c_{1u} + c_{2u}) \tag{2-60}$$

双列复速级有两列动叶栅,类似上面的受力分析,可以得到双列复速级的轮周功率表达式为

$$N_u = \sum P_u \cdot u = Gu(c_{1u} + c_{2u} + c'_{1u} + c'_{2u}) \tag{2-61}$$

2.轮周功率 N_u 表达式的变换形式 I

利用单列级的速度三角形函数关系式(见图 2-23),有

$$w_1^2 = c_1^2 + u_1^2 - 2u_1 c_1 \cos\alpha_1 = c_1^2 + u_1^2 - 2u_1 c_{1u}$$
$$w_2^2 = c_2^2 + u_2^2 + 2u_2 c_2 \cos\alpha_2 = c_2^2 + u_2^2 + 2u_2 c_{2u}$$

短叶片汽轮机级动叶进出口的圆周速度相同,即 $u_1 = u_2 = u$,代入上式有

$$u(c_{1u} + c_{2u}) = \frac{1}{2}(c_1^2 - c_2^2 + w_2^2 - w_1^2)$$

轮周功率 N_u 表达式的变换形式 I 为

$$N_u = G\left(\frac{c_1^2 - c_2^2}{2} + \frac{w_2^2 - w_1^2}{2}\right) \tag{2-62}$$

式中　$G \cdot \dfrac{c_1^2}{2}$ —— 进入动叶栅的汽流动能；

　　　$G \cdot \dfrac{w_2^2 - w_1^2}{2}$ ——汽流在动叶栅中继续膨胀，从热能 h_{2s} 转化的能量；

　　　$G \cdot \dfrac{c_2^2}{2}$ ——汽流离开动叶栅时所带走的能量。

从能量转化角度看，$\dfrac{c_2^2}{2}$ 实际上也是一种能量损失，称为余速能量损失，用符号 h_{c_2} 表示，即 $h_{c_2} = \dfrac{c_2^2}{2}$。

式(2-62)中的每一项都代表能量，因此式(2-62)也是一种能量方程的表达形式。显然，级的轮周功率是以上三部分能量的代数和。

3. 轮周功率 N_u 表达式的变换形式 II

将式(2-62)中的各项再进行变换，轮周功率表达式可以表示为

$$
\begin{aligned}
N_u &= G\left[\frac{c_1^2}{2} + \frac{w_2^2 - w_1^2}{2} - \frac{c_2^2}{2}\right] \\
&= G\left[\frac{c_{1s}^2}{2} - \frac{c_{1s}^2}{2} + \frac{c_1^2}{2} + \frac{w_{2s}^2}{2} - \frac{w_{2s}^2}{2} + \frac{w_2^2 - w_1^2}{2} - \frac{c_2^2}{2}\right] \\
&= G\left[\frac{c_{1s}^2}{2} + \frac{w_{2s}^2 - w_1^2}{2} - \frac{c_{1s}^2 - c_1^2}{2} - \frac{w_{2s}^2 - w_2^2}{2} - \frac{c_2^2}{2}\right] \\
&= G[h_{1s}^* + h_{2s} - h_n - h_b - h_{c_2}] \\
&= G[h_s^* - h_n - h_b - h_{c_2}] = Gh_u
\end{aligned} \tag{2-63}
$$

式中　$\dfrac{c_{1s}^2}{2} = h_{1s}^*$ ——喷管叶栅的等熵滞止焓降；

　　　$\dfrac{w_{2s}^2 - w_1^2}{2} = h_{2s}$ ——动叶栅的等熵焓降；

　　　$\dfrac{c_{1s}^2 - c_1^2}{2} = h_n$ ——喷管叶栅中的能量损失；

　　　$\dfrac{w_{2s}^2 - w_2^2}{2} = h_b$ ——动叶栅中的能量损失；

　　　$\dfrac{c_2^2}{2} = h_{c_2}$ ——级的余速能量损失（余速损失）；

　　　$h_u = h_s^* - h_n - h_b - h_{c_2}$ ——单列级的有效焓降。

同样，双列复速级的轮周功率可以表示为

$$N_u = G[h_s^* - h_n - h_b - h_n' - h_b' - h_{c_2}] = Gh_u \tag{2-64}$$

式中，$h_u = h_s^* - h_n - h_b - h_n' - h_b' - h_{c_2}$，是双列复速级的有效焓降。

4. 轮周效率 η_u

汽轮机级轮周效率 η_u 定义为单位时间内流过级的蒸汽在叶轮上所做轮周功与蒸汽在级中所具有的理想能量 E_0 之比,即

$$\eta_u = \frac{N_u}{E_0} = \frac{N_u}{Gh_s^*} \tag{2-65}$$

轮周效率反映了蒸汽在叶栅中的能量损失与余速能量损失对级的能量转换效率的影响,是衡量级的设计热力性能的一个重要指标。将轮周功率的表达式(2-63)和式(2-64)分别代入式(2-65)中,有:

单列级的轮周效率为

$$\eta_u = \frac{G(h_s^* - h_n - h_b - h_{c_2})}{Gh_s^*}$$

$$= 1 - \frac{h_n}{h_s^*} - \frac{h_b}{h_s^*} - \frac{h_{c_2}}{h_s^*}$$

$$= 1 - \xi_n - \xi_b - \xi_{c_2} \tag{2-66(a)}$$

双列复速级的轮周效率为

$$\eta_u = \frac{G(h_s^* - h_n - h_b - h'_n - h'_b - h_{c_2})}{Gh_s^*}$$

$$= 1 - \frac{h_n}{h_s^*} - \frac{h_b}{h_s^*} - \frac{h'_n}{h_s^*} - \frac{h'_b}{h_s^*} - \frac{h_{c_2}}{h_s^*}$$

$$= 1 - \xi_n - \xi_b - \xi'_n - \xi'_b - \xi_{c_2} \tag{2-66(b)}$$

式中　　$\xi_n = \dfrac{h_n}{h_s^*}$ ——喷管叶栅的能量损失系数;

$\xi_b = \dfrac{h_b}{h_s^*}$ ——第一列动叶栅的能量损失系数;

$\xi'_n = \dfrac{h'_n}{h_s^*}$ ——导向叶栅的能量损失系数;

$\xi'_b = \dfrac{h'_b}{h_s^*}$ ——第二列动叶栅的能量损失系数;

$\xi_{c_2} = \dfrac{h_{c_2}}{h_s^*}$ ——级的余速能量损失系数;

$h_n + h_b + h_{c_2}$ ——单列级的轮周损失;

$h_n + h_b + h'_n + h'_b + h_{c_2}$ ——双列复速级的轮周损失。

5. 各项焓降和损失在焓-熵图上的表示方法

本章在对汽轮机级内的流动与能量转换过程的分析与讨论中,给出了各项焓降和损失的含义。这些焓降的名称有级的等熵滞止焓降、喷管等熵滞止焓降、喷管实际焓降、动叶等熵焓降、动叶实际焓降和级的有效焓降。能量损失有喷管叶栅能量损失、动叶栅能量损失和余速能量损失。对双列复速级,还有导向叶栅等熵焓降和实际焓降,第二列动叶栅等熵焓降和实际焓降以及导向叶栅能量损失,第二列动叶栅能量损失。

这些焓降和能量损失在水蒸气的焓-熵图上的正确表示对汽轮机的热力设计与计算具有

重要作用。图 2-26 是三种典型汽轮机级在 $i-s$ 的膨胀过程线和主要焓降以及能量损失的表示方法。

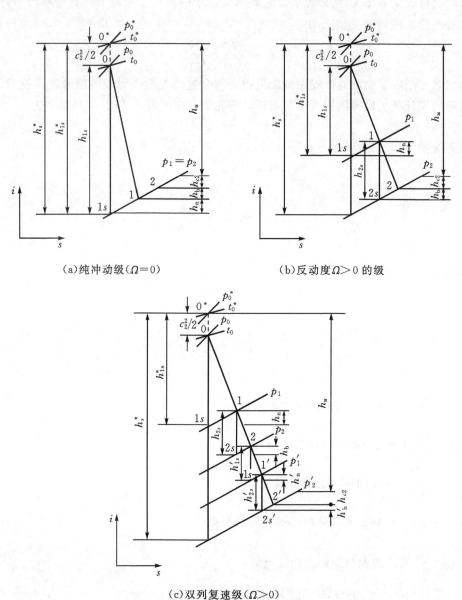

（a）纯冲动级（$\Omega = 0$）　　　　　　　　（b）反动度 $\Omega > 0$ 的级

（c）双列复速级（$\Omega > 0$）

图 2-26　各项焓降和损失在 $i-s$ 图上的表示方法

2.5　轮周效率与速比的关系

　　轮周效率是衡量汽轮机级工作经济性的一个重要指标。从式（2-66）可以看出，影响单列级轮周效率 η_u 的大小有三个因素，即喷管叶栅能量损失 h_n、动叶栅能量损失 h_b 和余速能量损失 h_{c_2}。双列复速级除上述三项损失外，还存在导叶能量损失 h'_n 和第二列动叶能量损失 h'_b。

为了提高级的轮周效率,就必须尽可能地减小这几项损失。

在上述各项损失中,叶栅的能量损失(包括喷管能量损失、第一列动叶能量损失、导叶能量损失和第二列动叶能量损失)大小取决于叶栅的速度系数(φ、ψ、φ' 和 ψ'),而速度系数则反映了汽流在叶栅通道中的流动效率,它与叶栅几何参数和气动参数有关。汽流在叶栅通道中的能量损失统称为流动损失,如何降低因流动而产生的能量损失将在后面章节的"叶栅气动特性"中加以详细介绍。余速能量损失的大小则直接与汽轮机级的排汽速度 c_2 有关。

本节讨论在流动损失(h_n、h_b、h'_n、h'_b)一定条件下,如何才能减小汽轮机级的余速能量损失 h_{c_2}(也就是如何减小排汽速度 c_2),以使级的轮周效率 η_u 达到最大。

由于不同类型汽轮机级的工作特性不相同,下面分别分析使纯冲动级、反动级、带反动度的冲动级和双列复速级的轮周效率达到最大的条件。

2.5.1　纯冲动级($\Omega = 0$)

根据前面推导出的能量方程和速度系数定义式,有如下计算公式:

$$c_{1s} = \sqrt{2(1-\Omega)h_s^*} = \sqrt{2h_s^*}$$

$$c_1 = \varphi c_{1s}$$

$$w_{2s} = \sqrt{2\Omega h_s^* + w_1^2} = w_1$$

$$w_2 = \psi w_{2s} = \psi w_1$$

轮周效率的表达式为

$$\eta_u = \frac{N_u}{Gh_s^*} = \frac{u(c_{1u} + c_{2u})}{h_s^*}$$

级的等熵滞止焓降 h_s^* 可以表示为

$$h_s^* = \frac{c_{1s}^2}{2} = \frac{c_1^2}{2\varphi^2}$$

根据级速度三角形中的速度关系式(见图 2-23),可以将 $c_{1u}+c_{2u}$ 进行变换,有

$$
\begin{aligned}
c_{1u} + c_{2u} &= c_1\cos\alpha_1 + c_2\cos\alpha_2 \\
&= c_1\cos\alpha_1 + (w_2\cos\beta_2 - u) \\
&= c_1\cos\alpha_1 - u + \psi w_1\cos\beta_1 \frac{\cos\beta_2}{\cos\beta_1} \\
&= c_1\cos\alpha_1 - u + \psi \frac{\cos\beta_2}{\cos\beta_1}(c_1\cos\alpha_1 - u) \\
&= \left(1 + \psi\frac{\cos\beta_2}{\cos\beta_1}\right)(c_1\cos\alpha_1 - u)
\end{aligned}
$$

将 h_s^* 和 $c_{1u}+c_{2u}$ 代入轮周效率的表达式中,得到

$$\eta_u = 2\varphi^2\left(1 + \psi\frac{\cos\beta_2}{\cos\beta_1}\right)\times\frac{u}{c_1}\times\left(\cos\alpha_1 - \frac{u}{c_1}\right) \tag{2-67}$$

从式(2-67)可以看出,影响纯冲动级轮周效率的因素有三个方面的参数,下面逐一分析。

1. 速度系数 φ 和 ψ 对级轮周效率的影响

速度系数 φ 和 ψ 反映出汽流在级通流部分中的流动损失大小。φ 和 ψ 对级的轮周效率 η_u 有较大的影响,要提高轮周效率,首先应改善喷管叶栅和动叶栅的气动特性。关于这方面的内

容将在后面小节中讨论。本节假定 φ 和 ψ 是一定的,则喷管能量损失和动叶能量损失是一确定的常数。

2. α_1 和 β_2 对级轮周效率的影响

减小喷管出口汽流角度 α_1 和动叶出口汽流角度 β_2,可以提高级轮周效率 η_u。但 α_1 和 β_1 不能减得太小,否则由于汽流折转角太大使流动性能变坏,反而使轮周效率降低。因此,α_1 和 β_1 变化范围不大,对轮周效率的影响也不大。另外,从级速度三角形可以看出,动叶进口汽流角度 β_1 不是独立的变量,也就不必单独讨论 β_1 对 η_u 的影响。

3. 比值 u/c_1 对级轮周效率影响

从式(2-67)看出,η_u 随 u/c_1 的变化成二次抛物线关系。当 $u/c_1=0$ 时,$\eta_u=0$($u=0$,转子不转动,没有对外做功);当 $u/c_1=\cos\alpha_1$ 时,$\eta_u=0$(汽流进入动叶栅的周向分速度等于动叶旋转的速度,对动叶产生的周向作用力 $P_u=0$,因而做功也为零)。这就说明在 $0<u/c_1<\cos\alpha_1$ 范围内,必定存在一个 η_u 的极值点,对应的最大轮周效率为 $(\eta_u)_{\max}$。

级的圆周速度 u 与喷管出口汽流速度 c_1 的比值称为速度比(或速比)x_1,即 $x_1=u/c_1$。另外,在汽轮机发展过程中,速比还有另一种方式,即 $x_a=u/c_a$。其中 $c_a=\sqrt{2h_s^*}$,是一个按级的等熵滞止焓降算得的假想速度。这两个速比的关系为 $x_a=\varphi x_1\sqrt{1-\Omega}$。

对应最大轮周效率 $(\eta_u)_{\max}$ 的速比称为最佳速比 $(x_1)_{\mathrm{opt}}$。下面讨论使纯冲动级的轮周效率达到最大值 $(\eta_u)_{\max}$ 的最佳速比。

在 α_1、β_2 和 φ、ψ 一定的条件下,对式(2-67)进行求导并令 $\dfrac{\mathrm{d}\eta_u}{\mathrm{d}x_1}=0$,得到最佳速比为

$$(x_1)_{\mathrm{opt}}=\left(\frac{u}{c_1}\right)_{\mathrm{opt}}=\frac{\cos\alpha_1}{2} \tag{2-68}$$

一般情况下,汽轮机高压级的喷管出口汽流角 $\alpha_1=12°\sim16°$,低压级的 α_1 在 $20°$ 左右,对应级的最佳速比范围在 $(x_1)_{\mathrm{opt}}=0.45\sim0.49$。将最佳速比表达式(2-68)代入式(2-67)中,可以得到最大轮周效率的表达式为

$$(\eta_u)_{\max}=\frac{1}{2}\varphi^2\cos^2\alpha_1\left(1+\psi\frac{\cos\beta_2}{\cos\beta_1}\right) \tag{2-69}$$

图2-27是纯冲动级在最佳速比 $(x_1)_{\mathrm{opt}}$ 下的速度三角形。可以看出,最佳速比下的出口汽流是轴向排汽,即 $\alpha_2=90°$,表明排汽速度 c_2 最小,相应的余速能量损失 $h_{c_2}=c_2^2/2$ 也最小,级的轮周效率最大。

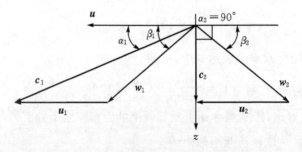

图2-27　纯冲动级排汽速度 c_2 最小的条件

2.5.2 反动级($\Omega=0.5$)

在这种反动级中,喷管叶片和动叶片采用相同的叶型,级的速度三角形是对称的,所以有 $\alpha_1=\beta_2$,$\alpha_2=\beta_1$,$c_1=w_2$,$c_2=w_1$。

在假定 $\varphi=\psi$ 条件下,可以推导出反动级的轮周效率为

$$\eta_u = \frac{2\dfrac{u}{c_1}\left(2\cos\alpha_1 - \dfrac{u}{c_1}\right)}{\dfrac{2}{\varphi^2} - 1 - \left(\dfrac{u}{c_1}\right)^2 + 2\dfrac{u}{c_1}\cos\alpha_1} \tag{2-70}$$

从式(2-70)可以看出,影响反动级轮周效率的大小也有三个方面的因素。除了速度系数 φ 和 α_1 的影响外,对轮周效率影响最大的因素是速比 x_1。η_u 随 x_1 的变化也是二次抛物线关系,当 $u/c_1=0$ 时,$\eta_u=0$;当 $u/c_1=2\cos\alpha_1$ 时,$\eta_u=0$。同样说明在 $0<u/c_1<2\cos\alpha_1$ 范围内,存在一个 η_u 的极值点,对应的最大轮周效率为 $(\eta_u)_{\max}$。

下面讨论使反动级轮周效率达到最大值 $(\eta_u)_{\max}$ 的最佳速比。

在 α_1 和 φ 一定的条件下,对式(2-70)进行求导并令 $\dfrac{\mathrm{d}\eta_u}{\mathrm{d}x_1}=0$,得到反动级的最佳速比和最大轮周效率分别为

$$(x_1)_{\mathrm{opt}} = \left(\frac{u}{c_1}\right)_{\mathrm{opt}} = \cos\alpha_1 \tag{2-71}$$

$$(\eta_u)_{\max} = \frac{2\varphi^2\cos^2\alpha_1}{2-\varphi^2+\varphi^2\cos^2\alpha_1} \tag{2-72}$$

在反动式汽轮机级中,一般 $\alpha_1=18°\sim23°$,对应的最佳速比范围 $(x_1)_{\mathrm{opt}}=0.77\sim0.82$。

图 2-28 是反动级在最佳速比 $(x_1)_{\mathrm{opt}}=\cos\alpha_1$ 条件下的速度三角形。出口汽流是轴向排汽,$\alpha_2=90°$,表明排汽速度 c_2 和相应的余速损失 h_{c_2} 最小,级的轮周效率最大。

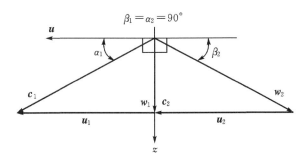

图 2-28 反动级排汽速度 c_2 最小的条件

2.5.3 带反动度的冲动级($0<\Omega<0.5$)

理论上,根据级轮周效率的基本公式,可以推导出带反动度的冲动级的轮周效率与速度系数、出口汽流角度以及速比的一般关系式,并通过求导得到最佳速比的表达形式。因严格的数学推导比较麻烦,故本文不再推导。通过分析得知,带反动度的冲动级的最佳速比应该在 $\dfrac{\cos\alpha_1}{2}$ 和 $\cos\alpha_1$ 之间的范围内,即满足

$$\frac{\cos\alpha_1}{2} < \left(\frac{u}{c_1}\right)_{opt} < \cos\alpha_1$$

用类似方法得到的一个近似公式为

$$(x_1)_{opt} = \left(\frac{u}{c_1}\right)_{opt} = \frac{\cos\alpha_1}{2(1-\Omega)} \qquad (2-73)$$

图 $2-29$ 是带反动度的冲动级在最佳速比 $(x_1)_{opt} = \dfrac{\cos\alpha_1}{2(1-\Omega)}$ 下的速度三角形。出口汽流接近轴向排汽，$\alpha_2 \approx 90°$，排汽速度 c_2 和余速损失 h_{c_2} 最小，级的轮周效率达到最大。

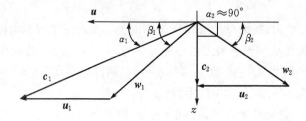

图 $2-29$　带反动度的冲动级排汽速度 c_2 最小的条件

2.5.4　复速级

双列复速级轮周效率与速比关系式的数学推导也很麻烦，本文不予推导。在一定的简化条件(即 $\Omega=0$，$\beta_1=\beta_2$，$\alpha'_1=\alpha_2$，$\psi=1$)下，可以用双列复速级的速度三角形来确定。图 $2-30$ 是在上述条件下，与最大轮周效率 $(\eta_u)_{max}$ 相对应的双列复速级的速度三角形，其中 $\alpha'_2=90°$。从图 $2-30$ 可以看出，$c_1\cos\alpha_1=4u$。在实际的双列复速级中，上述的有些条件并不具备，所以 $c_1\cos\alpha_1$ 应该是近似地等于 $4u$。所以，双列最佳速比的近似表达式为

$$(x_1)_{opt} = \left(\frac{u}{c_1}\right)_{opt} \approx \frac{\cos\alpha_1}{4} \qquad (2-74)$$

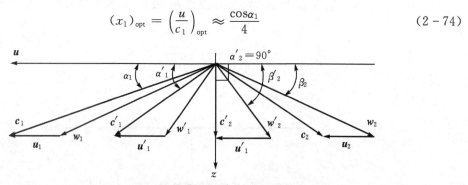

图 $2-30$　双列复速级排汽速度 c_2 最小的条件

同样可以证明，三列复速级的最佳速比为 $(x_1)_{opt} \approx \dfrac{\cos\alpha_1}{6}$，四列复速级的最佳速比为 $(x_1)_{opt} \approx \dfrac{\cos\alpha_1}{8}$。

2.5.5　轮周效率曲线与最佳速比的选择

在式 $(2-67)$ 和式 $(2-70)$ 中，如果速度系数 φ、ψ 以及汽流的进出口角 α_1、β_2 是一定的常数，则纯冲动级和反动级的轮周效率 η_u 与速比 x_1 的关系是二次抛物线。虽然双列复速级的轮周效率与速比的关系式没有推导，但也是二次抛物线关系。

1.轮周效率 η_u 与速比 x_1 的关系曲线

图 2－31 是三种典型汽轮机级（纯冲动级、反动级和双列复速级）的轮周效率与速比的关系曲线。可以看出：

（1）反动级的最佳速比 ＞ 纯冲动级的最佳速比 ＞ 双列复速级的最佳速比。

（2）反动级的 $(\eta_u)_{\max}$ ＞ 纯冲动级的 $(\eta_u)_{\max}$ ＞ 复速级的 $(\eta_u)_{\max}$ 。

原因如下：对反动级，级的等熵滞止焓降在喷管叶栅和动叶栅中的分配基本相同，叶栅出口汽流速度不是太大，喷管能量损失和余速能量损失较小，动叶能量损失虽略大一些，但三项损失之和还是较小的，在其它条件相同的情况下，轮周效率较高。对纯冲动级，级的等熵滞止焓降全部在喷管叶栅中转化为汽流动能，因而喷管出口汽流速度很大，虽然动叶能量损失较小，但喷管能量损失和余速能量损失很大，三项之和也较大，导致轮周效率有所降低。双列复速级因存在四列叶栅的能量损失，故轮周效率最低。

（3）当速比在最佳速比附近时，轮周效率 η_u 曲线平缓，变化很小；但当偏离最佳速比 $(x_1)_{\mathrm{opt}}$ 较大时，级的轮周效率降低很快。

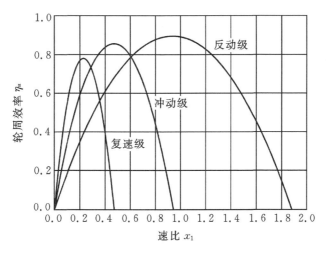

图 2－31 三种汽轮机级的轮周效率与速比关系曲线

2.能量损失系数 ξ_n、ξ_b、ξ_{c_2} 与速比 x_1 的关系曲线

图 2－32 是纯冲动级中三项能量损失系数与速比的关系曲线。图中的横坐标是级的速比 x_1，纵坐标是按累加方法（即 $\eta + \xi_n + \xi_b + \xi_{c_2} = 1$）分别给出了级轮周效率、喷管能量损失系数 ξ_n、动叶能量损失系数 ξ_b 以及余速能量损失系数 ξ_{c_2} 随速比的变化规律。速比对轮周效率的影响规律如上所述，不再讨论，下面着重分析三项损失系数与速比的变化规律。

喷管损失能量系数与速比的关系可以通过前面的公式推导出来（略），即

$$\xi_n = \frac{h_n}{h_s^*} = (1 - \varphi^2)(1 - \Omega)$$

可以看出，在其它条件相同情况下（φ 和 Ω 一定），喷管损失系数不包含速比 x_1 项，即表明与速比 x_1 无关，如图 2－32 中最上方的一条线。

动叶能量损失系数与速比的关系也可以通过前面的公式推导出来，即

$$\xi_b = (1-\psi^2)\left\{\Omega + \varphi^2(1-\Omega)\left[1+\left(\frac{u}{c_1}\right)^2 - 2\left(\frac{u}{c_1}\right)\cos\alpha_1\right]\right\}$$

可以看出，在其它条件相同（φ、ψ 和 α_1、Ω 一定）的情况下，动叶损失系数是速比的二次函数，但在 $0\sim\cos\alpha_1$ 区间内，该函数是单调减函数，说明随着速比 x_1 的增大，动叶损失系数是减小的，如图 $2-32$ 中最中间的一条曲线。

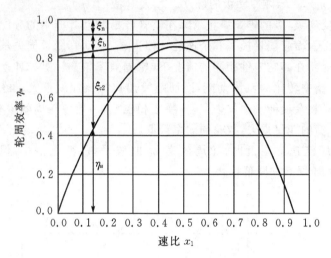

图 $2-32$　损失系数与速比的关系曲线

余速能量损失系数与速比的关系式可以通过 $\xi_{c_2} = 1-\eta-\xi_n-\xi_b$ 求得。在图 $2-32$ 中，动叶能量损失系数曲线与轮周效率曲线的差值就反映了余速能量损失系数 ξ_{c_2} 与速比 x_1 的关系。当速比 x_1 在最佳速比 $(x_1)_{opt}$ 附近时，余速能量损失系数 ξ_{c_2} 变化很小，轮周效率 η_u 随速比的变化也不大；但当速比 x_1 偏离最佳速比 $(x_1)_{opt}$ 较大时，余速能量损失系数 ξ_{c_2} 很大，轮周效率 η_u 迅速降低。

3. 速比的选择

动叶栅的圆周速度 u 受到叶片和叶轮材料强度的限制，不能太大，一般允许的最大圆周速度为 $180\sim300$ m/s。为保证级的最佳速比，以获得最大的级轮周效率，级的理想焓降也就不能选得过大。但在汽轮机设计中，有时为使整机的级数减小，从而简化结构，减少金属消耗量和制造成本，就必须使一级内所能利用的焓降增大，在一定圆周速度的限制下，会导致级的速比和轮周效率的降低。为保证大焓降下级的轮周效率，要采用双列复速级。

为了获得高效率的汽轮机，必须将级的速比选取为最佳速比。但是在实际汽轮机的设计中，速比的选取不仅考虑轮周效率 η_u 的值，还要考虑到级的内效率 η_{oi}、变工况时的效率、回热系统参数以及对外做功能力等情况。在圆周速度 u 一定的条件下，较小的速比对应较大的级理想焓降和做功能力，根据前面的分析，在最佳速比附近的级轮周效率降低很小。因此，速比 x_1 的选取应该在最佳速比 $(x_1)_{opt}$ 附近，但有一定的变动范围。一般选取的范围如下：

冲动级（$0<\Omega<0.1$）　　　$x_1 = \left(\dfrac{u}{c_1}\right)_{opt} = 0.45\sim0.485 \left(<\dfrac{\cos\alpha_1}{2}\right)$

反动级（$\Omega=0.5$）　　　　$x_1 = \left(\dfrac{u}{c_1}\right)_{opt} = 0.75\sim0.85$

双列复速级　　　　　　　　　　$x_1 = \left(\dfrac{u}{c_1}\right)_{\text{opt}} = 0.22 \sim 0.25$

2.6　径流式级的能量转换

2.6.1　径流式级的结构与特点

在径流式级中,气流的运动方向主要是沿着半径方向,气流运动可以朝向中心(称为向心式级),也可以是离开工作叶轮的中心(称为离心式级)。图 2-33 是向心式级的结构示意图,图 2-34 是离心式级的结构示意图,另外,还有一种径流-轴流混合结构,如图 2-35 所示。

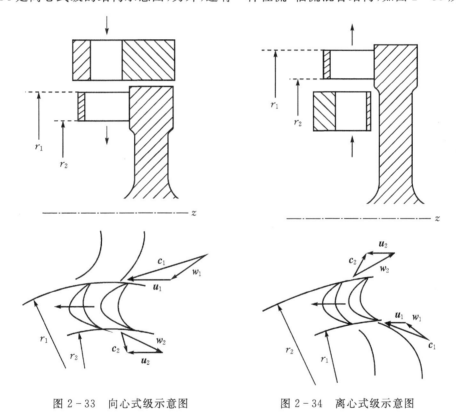

图 2-33　向心式级示意图　　　　　　　图 2-34　离心式级示意图

与轴流式级相比,径流式级有如下几个主要特点:

(1) 喷管与动叶栅的相互配置不同;

(2) 由于实现多级结构困难,目前只能做成单级;

(3) 动叶进、出口的半径 $r_1 \neq r_2$,因而圆周速度 $u_1 \neq u_2$。

径流式级的优点是可以利用较大的焓降,但为保证最佳速比,圆周速度较高,可达 400 ～ 550 m/s,叶片以及整个叶轮都具有较好的强度和刚度。缺点是制造和加工相对复杂一些。径流式级常应用于要求质量轻、尺寸小的燃气透平装置中。

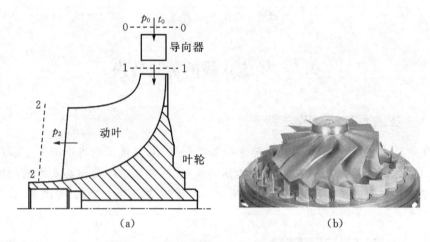

图 2-35　径流-轴流混合级的结构示意图

2.6.2　径流式级的速度三角形和轮周功率

如图 2-35 所示,在径流式级中,压力为 p_0、温度为 t_0 的气流以一定的初速度 c_0 流入透平的环形进气道,然后再进入导向器(等同于静叶栅)流道中进行膨胀加速,随后高速气流进入动叶栅对外做功。气流在级流道内的流动过程和能量转换过程相同于轴流式级,因此,前面分析轴流式级时所用到的控制方程、推导过程以及给出的基本概念和定义也适用于径流式级,但考虑径流式级的结构特点和流动特征,级的速度三角形计算与画法、反动度含义等略有变化。

1. 径流式级的速度三角形

如图 2-34 所示,径流式级的速度三角形同样用来表示动叶栅进、出口绝对气流速度、圆周速度和相对气流速度之间的关系,但基准线有所变化。对径流式级来说,一个基准线的方向为圆周速度 u 的方向,一个基准线的方向为径向 r。将两基准线的交点作为基准点,计算并画出速度三角形,图 2-36 是向心式级的速度三角形表示方法。

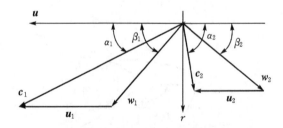

图 2-36　向心式级的速度三角形

2. 径流式级的轮周功率

图 2-37 是分析动量矩方程用的级通流部分示意图和控制体 $abcd$。由流体力学可知,动量矩方程是动量矩定律的数学表达式,它表示作用于物体上的外力对于某转动轴的力矩等于物体对于该轴动量矩的变化率,即

$$M' = \frac{\mathrm{d}K}{\mathrm{d}t} \tag{2-77}$$

式中,M' 为作用于控制体中气流上的力相对于转动轴 z 的力矩;K 为控制体 $abcd$ 中的气流相对 z 轴的动量矩。

根据 2.4 节的分析并结合图 2-36 的速度三角形,得知动叶进、出口的气流动量矩沿周向

的变化率(以圆周方向 u 为正值)为

$$\frac{\mathrm{d}K}{\mathrm{d}t} = -m(r_2 c_{2u} + r_1 c_{1u}) \qquad (2-78)$$

根据动量矩方程,作用于气流上的力矩为

$$M' = -G(r_1 c_{1u} + r_2 c_{2u}) \qquad (2-79)$$

在圆周方向,作用在气流上的力只有叶片对气流的作用力。因此,气流对动叶产生的力矩为

$$M = -M' = G(r_1 c_{1u} + r_2 c_{2u}) \qquad (2-80)$$

式中,G 为通过动叶栅的气流流量;r_1、r_2 分别为动叶进、出口截面的平均半径;c_{1u}、c_{2u} 为气流的周向分速度。

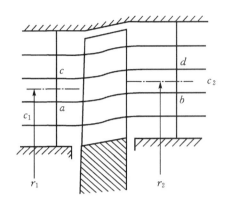

图 2-37　级的通流部分示意图

如果级的旋转角速度为 ω,则级的轮周功率为

$$N_u = M \cdot \omega = G\omega(r_1 c_{1u} + r_2 c_{2u}) = G(u_1 c_{1u} + u_2 c_{2u}) \qquad (2-81)$$

式中,$\omega = \dfrac{2\pi n}{60}$;$u_1 = r_1\omega$;$u_2 = r_2\omega$;且 $u_1 \neq u_2$。

从图 2-36 的速度三角形可得

$$w_1^2 = c_1^2 + u_1^2 - 2u_1 c_1 \cos\alpha_1$$
$$w_2^2 = c_2^2 + u_2^2 + 2u_2 c_2 \cos\alpha_2$$

有

$$u_1 c_{1u} + u_2 c_{2u} = \frac{1}{2}\left[c_1^2 - c_2^2 + w_2^2 - w_1^2 + u_1^2 - u_2^2\right]$$

级的轮周功率为

$$N_u = G\left[\frac{c_1^2}{2} + \frac{w_2^2 - w_1^2}{2} + \frac{u_1^2 - u_2^2}{2} - \frac{c_2^2}{2}\right] \qquad (2-82)$$

式中　$G\dfrac{c_1^2}{2}$——进入动叶栅的气流动能;

$G\dfrac{w_2^2 - w_1^2}{2}$——气流热能在动叶中转化为动能的能量;

$G\dfrac{c_2^2}{2}$——气流离开动叶栅时所带走的能量,$h_{c_2} = \dfrac{c_2^2}{2}$ 称为余速能量损失。

$G\dfrac{u_1^2 - u_2^2}{2}$——科氏力所做的功。

与轴流式级轮周功率的计算公式(2-62)相比,式(2-82)多了一项 $G\dfrac{u_1^2 - u_2^2}{2}$,该项称为科氏力做功,它是气体在径流式级通道流动中,科氏力和离心力做功的结果。在向心式级中,科氏力所产生的功由气体传递给动叶栅,与相对速度和流动损失无关;而在离心式级中,这一能量由动叶栅传递给气体。图 2-38 是说明科氏力做功的示意图。图中的科氏加速度可以表示为

$$\boldsymbol{j}_k = 2\boldsymbol{\omega} \times \boldsymbol{w}$$

式中,$\boldsymbol{\omega}$ 是动叶栅旋转的角速度;$\boldsymbol{w}$ 是气体的相对速度。科氏加速度的方向与相对速度矢量 $\boldsymbol{w}$ 及主轴 z 方向相垂直。

在轴流式级中(见图 2-38(a)),科氏加速度方向为径向,相应的科氏力也为径向,与动叶

栅转动方向垂直,故科氏力做功为零。在向心式级中(见图 2-38(b)),科氏加速度方向与动叶栅转动方向相反,相应的科氏力则与转动方向相同,科氏力做正功。在离心式级中(见图 2-38(c)),科氏力与转动方向相反,因而科氏力做负功。

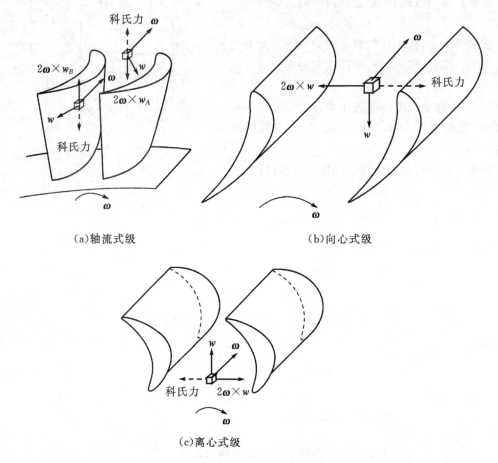

（a)轴流式级　　　　　　　　　　（b)向心式级

（c)离心式级

图 2-38　动叶栅气流的科氏力做功示意图

实际上,式(2-82)是级轮周功率的一般表达式,它适用于各种类型的级。假使向心式级和离心式级的动叶平均半径相同,叶片宽度也相同,则在其它相同的条件下,向心式级的轮周功比离心式级的轮周功大,说明向心式级的做功能力大于离心式级。所以,为了能够产生较大的功率,径流式级应该采用向心式。

2.6.3　反动度和气流速度

与轴流式级相比,径流式级的流动过程和计算公式既有相同点,也有不相同点,不同的地方都是由于 $u_1 \neq u_2$ 而引起的。表现在:

(1)喷管叶栅内的流动过程和计算公式,与轴流式级的完全相同;

(2)动叶栅通道内的流动过程、气流相对速度以及反动度的含义与轴流式级略有不同,多了一项离心绝热焓降,其它形式相同。

下面内容涉及到的符号,如果没有明确解释,就表明与轴流式级的含义相同。

1.反动度 Ω

轴流式级的反动度为 $\Omega = \dfrac{h_{2s}}{h_s^*}$，其中动叶等熵焓降 h_{2s} 全部用来加速气流和对外做功，表现形式为

$$\frac{w_2^2 - w_1^2}{2} = \frac{w_{2s}^2 - w_1^2}{2}（理想做功部分）- \frac{w_{2s}^2 - w_2^2}{2}（流动损失）$$

向心式级和离心式级的反动度也定义为 $\Omega = \dfrac{h_{2s}}{h_s^*}$，但其中动叶等熵焓降 h_{2s} 的用途分为两部分。一部分为科氏力做功对应的焓降（称为离心力绝热焓降）h_{*k}，大小为

$$h_{*k} = \frac{u_1^2 - u_2^2}{2} > 0（科氏力做功）$$

另一部分焓降 $(h_{2s} - h_{*k})$ 则用来加速气流和对外做功，表现形式为

$$\frac{w_2^2 - w_1^2}{2} = \frac{w_{2s}^2 - w_1^2}{2}（理想做功部分）- \frac{w_{2s}^2 - w_2^2}{2}（流动损失）$$

显然，在向心式级中，h_{*k} 没有使气流加速，w_2 相对较小，最终使余速 c_2 和余速损失 h_{c_2} 相对较小，从而增大了级的轮周功率，做功能力最大，且反动度 $\Omega > 0$。反之，离心式级的做功能力最小，反动度 Ω 可能小于 0。

2.气流速度与速度三角形计算

表 2-4 是三种级（轴流式、向心式和离心式）的速度三角形计算公式对照表。

表 2-4　三种级的速度三角形计算公式对照表

计 算 名 称	轴 流 式 级	向 心 式 级 / 离 心 式 级
喷管出口绝对汽流速度 $c_1/(\text{m} \cdot \text{s}^{-1})$	$c_1 = \varphi\sqrt{2(1-\Omega)h_s^*}$	
喷管出口汽流角度 $\alpha_1/(°)$	设计人员取定	
圆周速度 $u_1/(\text{m} \cdot \text{s}^{-1})$	$u_1 = \pi d_m n/60$	$u_1 = \pi d_1 n/60$
动叶进口相对汽流速度 $w_1/(\text{m} \cdot \text{s}^{-1})$	$w_1 = \sqrt{c_1^2 + u_1^2 - 2u_1 c_1 \cos\alpha_1}$	
动叶进口相对汽流角度 $\beta_1/(°)$	$\tan\beta_1 = \dfrac{c_1\sin\alpha_1}{c_1\cos\alpha_1 - u_1}$	
动叶出口相对汽流速度 $w_2/(\text{m} \cdot \text{s}^{-1})$	$w_2 = \psi\sqrt{2\Omega_1 h_s^* + w_1^2}$	$w_2 = \psi\sqrt{2(h_{2s} - h_{*k}) + w_1^2}$ $= \psi\sqrt{2h_{2s} + w_1^2 - (u_1^2 - u_2^2)}$
动叶出口相对汽流角度 $\beta_2/(°)$	设计人员取定	
圆周速度 $u_2/(\text{m} \cdot \text{s}^{-1})$	$u_2 = \pi d_m n/60$	$u_2 = \pi d_2 n/60$
动叶出口绝对汽流速度 $c_2/(\text{m} \cdot \text{s}^{-1})$	$c_2 = \sqrt{w_2^2 + u_2^2 - 2u_2 w_2 \cos\beta_2}$	

计算名称	轴流式级	向心式级 / 离心式级
动叶出口相对汽流角度 $\alpha_2/(°)$	$\tan\alpha_2 = \dfrac{w_2\sin\beta_2}{w_2\cos\beta_2 - u_2}$	
喷管叶栅能量损失 $h_n/(\mathrm{kJ \cdot kg^{-1}})$	$h_n = \dfrac{c_{1s}^2}{2} - \dfrac{c_1^2}{2} = (1-\varphi^2)\dfrac{c_{1s}^2}{2}$	
动叶栅能量损失 $h_b/(\mathrm{kJ \cdot kg^{-1}})$	$h_b = \dfrac{w_2^2}{2} - \dfrac{w_2^2}{2} = (1-\psi^2)\dfrac{w_{2s}^2}{2}$	
余速能量损失 $h_{c_2}/(\mathrm{kJ \cdot kg^{-1}})$	$h_{c_2} = \dfrac{c_2^2}{2}$	

2.6.4 轮周效率 η_u

根据级轮周效率的定义,径流式级的轮周效率 η_u 的表达式可以写为

$$\eta_u = \frac{N_u}{Gh_s^*} = \frac{G(u_1 c_{1u} + u_2 c_{2u})}{G\dfrac{c_a^2}{2}} = \frac{2(u_1 c_{1u} + u_2 c_{2u})}{c_a^2} \qquad (2-83)$$

式中,$c_a = \sqrt{2h_s^*}$,是与级的等熵滞止焓降相对应的假想理论速度。

除了两个速度系数 φ 和 ψ 外,引入下列几个参数:

$B = \dfrac{r_2}{r_1} = \dfrac{u_2}{u_1}$ ——动叶栅进出口处半径比值的结构参数(向心级:$B<1$;轴流级:$B=1$;离心级:$B>1$)。

$x_a = \dfrac{u}{c_a}$ —— 与假想速度对应的速比。

$\Omega' = \dfrac{h_{2s} - h_{sk}}{h_s^*} = \Omega - \dfrac{h_{sk}}{h_s^*} = \Omega - \Omega''$ —— Ω' 称为气动反动度,Ω'' 称为惯性反动度。

在 $\beta_1 = \beta_2$ 和 $\Omega' \leqslant 0.2$ 条件下,将以上五个系数代入式(2-68)中,经过推导可以得出径流式级的轮周效率为

$$\eta_u = 2\varphi(1+\psi B)x_a\cos\alpha_1 \sqrt{1-\Omega'-(1-B^2)x_a^2} - 2B(\psi+B)x_a^2 \qquad (2-84)$$

2.7　叶栅气流特性

前面几节讨论的是汽轮机级叶栅内的蒸汽流动与能量转换问题,也提出了级轮周效率和轮周损失的概念,但研究仅限于三个特征截面(即:级进口 0—0 截面、轴向间隙 1—1 截面和级出口 2—2 截面)上的气流参数计算问题,并没有涉及到喷管和动叶流道内部的实际流动情况。

级的轮周损失包含喷管能量损失、动叶能量损失(双列复速级还存在导叶能量损失与第二列动叶能量损失)和余速能量损失。其中,余速能量损失对轮周效率的影响以及如何减小余速损失在前面 2.5 节中已经讨论过,即在汽轮机级的设计中通过选取最佳速比来最大限度地降低余速损失,使级的轮周效率达到最大。轮周损失中的另外两项损失(即喷管能量损失和动叶能量损失)则是由于黏性气流在叶栅通道内的流动而产生的,因此统称为流动损失,损失的大

小与叶栅速度系数 φ 或 ψ 有关。叶栅速度系数表示黏性力对理想流动和能量转换的影响,是一个总体影响的表征,并没有深入地说明流动损失产生的原因与物理本质以及影响因素。

　　本节的研究内容就是分析叶栅流动损失产生的原因以及影响因素。研究目的是为了改进叶片型线,减小流动损失,提高级的轮周效率。研究方法有理论研究和实验研究:理论研究就是在一定的简化条件下,建立叶栅通道内的流动模型,对叶栅通道内的流动进行大量数值计算,分析流动损失产生的原因、位置、大小和影响因素;实验研究就是在各种工况下对叶栅进行吹风试验,以得到大量试验数据,经过整理来获得叶栅的气体动力特性,并据以分析流动损失产生的原因、位置、大小和影响因素。

　　叶栅的气动特性一般都是通过空气对平面叶栅(二元)或环形叶栅(三元)进行大量吹风试验获得的。试验工质通常采用空气而不是蒸汽的主要原因有两个:一是用蒸汽进行叶栅的吹风试验很不方便,研究成本高且蒸汽参数的测量存在一定的难度;二是按照相似理论将用空气进行吹风试验得到的数据应用到蒸汽叶栅的设计计算中,也能够得到满意的结果。目前,随着科技的发展以及对掌握蒸汽(尤其是湿蒸汽)叶栅的气动特性需求,也采用蒸汽来进行叶栅吹风试验。需要说明的是,叶栅吹风试验是在流动参数变化相当大的条件下进行的,所得试验结果不仅适用于叶栅的设计工况,而且适用于叶栅在各种变工况下的特性计算。

2.7.1　叶型/叶栅的几何参数和气动参数

　　气流在叶栅中的流动特性与叶片型状、几何参数以及叶栅进、出口的气动参数有关,因此,有必要掌握叶型与叶栅的几何参数以及气动参数的表征方法,了解叶栅流动基本参数的定义。

1.叶型的几何参数

　　如图 2 - 39 所示,对单个叶片,主要需要以下几何参数来描述。

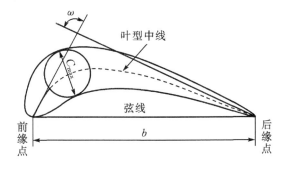

图 2 - 39　叶型几何参数

　　(1)叶型/型线 —— 叶型是指叶片的横剖面形状,它的周线(轮廓线)叫做型线。

　　(2)叶型中线 —— 叶型各内切圆圆心的轨迹线。

　　(3)叶型前/后缘点 —— 叶型中线的前/后端点。

　　(4)叶型弦长 b —— 叶型前缘点与后缘点之间的距离。

　　(5)叶型弦线 —— 叶型前缘点与后缘点的连线。

　　(6)叶型弯曲角 ω —— 叶型中线两端点处切线的夹角。

　　(7)出口边厚度 Δ —— 叶型出口边的厚度(如果出口边型线为圆弧,则厚度就是圆弧的直径)。

(8)等截面叶片 —— 叶片型线沿叶高不变的叶片。

(9)变截面叶片 —— 叶片型线沿叶高变化的叶片。

2. 叶栅的几何参数

在实际汽轮机中,无论是静叶片还是动叶片,都是由相同叶片按一定规律等距离地分布在汽轮机的隔板或叶轮上的。我们把由叶片按一定规律排列形成汽流通道的组合体称为叶栅。

按照不同的分类标准,叶栅可以分为不同的类型。

按叶片的运动状态,分为静叶栅和动叶栅。静叶栅由静叶片组成,在工作时是静止不动的;动叶栅由动叶片组成,在工作时和叶轮一起旋转。

按叶片的排列方式,分为环形叶栅和直列叶栅。环形叶栅是在同一回转面上排列的叶栅,汽轮机中所采用的叶栅都是环形叶栅,如图 2-40(a)所示;当级的径高比(d_m/l)比较大时,除了叶片上下两端部外,气流参数沿叶片高度无显著变化,所以对大径高比的级,可以将其叶栅近似当作直列叶栅看待,如图 2-40(b)所示;图 2-40(c)是直列叶栅平均直径截面展开在一个平面上的示意图。

按气流在叶栅中的膨胀程度,分为反动式叶栅和冲动式叶栅。反动式叶栅是指气流在叶栅通道内不断膨胀加速;冲动式叶栅内的气流不膨胀加速,仅改变流动方向。

另外,按叶栅出口马赫数,有亚音速叶栅(叶栅出口气流马赫数 $Ma<1.0$)、跨音速叶栅(叶栅出口气流马赫数 $1.0<Ma<1.2$)和超音速叶栅(叶栅出口气流马赫数 $Ma>1.2$)。

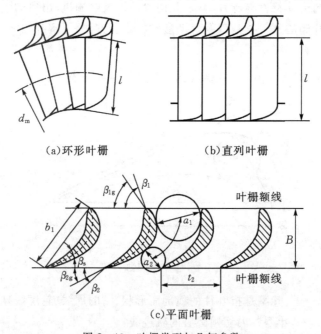

(a)环形叶栅　　　　　　　　(b)直列叶栅

(c)平面叶栅

图 2-40　叶栅类型与几何参数

如图 2-40 所示,叶栅也需要一些参数来描述其几何特征。下面用 α 和 β 分别表示静叶栅与动叶栅的相关参数。叶栅的主要几何参数有:

(1)叶栅额线 —— 各叶片进口边及出口边的公切线分别称为前额线和后额线,额线的方向与叶栅圆周运动的方向相一致。

（2）叶栅节距 t —— 叶栅中相邻两叶片对应点沿额线方向的距离。

（3）叶栅相对节距 $\bar{t}$ —— 叶栅节距与弦长的比值，即 $\bar{t}=t/b$。它表示叶栅中叶片排列的疏密程度，是对叶栅性能有重要影响的参数。

（4）叶栅平均直径 d_m —— 叶片中间截面的直径。

（5）叶片高度 l —— 叶栅通流部分高度。

（6）叶片相对叶高 $\bar{l}$ —— 叶片高度与弦长的比值，即 $\bar{l}=l/b$。

（7）叶片安装角 $\alpha_s(\beta_s)$ —— 叶型弦线与叶栅额线的夹角。

（8）叶片的进口几何角 $\alpha_{0g}(\beta_{1g})$ —— 叶型中心线前端点切线与叶栅额线的夹角。

（9）叶片的出口几何角 $\alpha_{1g}(\beta_{2g})$ —— 叶型中心线后端点切线与叶栅额线的夹角。

（10）叶栅宽度 B —— 叶栅前、后额线之间的垂直距离。

（11）叶栅通道进口与出口处的宽度 a_1、a_2 —— 叶栅通道在进口与出口处内切圆的直径，说明叶栅气流通道的特点。

在上述的参数中，叶片弦长、叶高和型线确定了叶片的大小与形状，叶栅平均直径、节距和安装角确定了叶片的相对位置。

3. 叶栅的气动参数

叶栅的工作特性除了与叶栅的几何参数有关外，还与气流的流动参数有关。

如图 2-40(c)所示，气流的方向分别用气流进气角 $\alpha_0(\beta_1)$ 和出气角 $\alpha_1(\beta_2)$ 来表示，进气角和出气角分别是叶栅进、出口气流方向与叶栅额线的夹角。另外，气流角和几何角不一定相等，气流方向与叶栅几何角的差别通常用下面两个参数来描述。

（1）冲角，表示叶栅进口几何角与进口气流角的差值，即

$$i = \alpha_{0g} - \alpha_0 \qquad 或 \qquad i = \beta_{1g} - \beta_1 \qquad (2-85)$$

（2）落后角，表示叶栅出口几何角与出口气流角的差值，即

$$\delta = \alpha_{1g} - \alpha_1 \qquad 或 \qquad \delta = \beta_{2g} - \beta_2 \qquad (2-86)$$

气流的流动特性用下面的参数来表示：

（1）气流速度 $c(w)$ —— 叶栅进、出口的气流绝对速度或相对速度。

（2）气流马赫数 Ma —— $Ma=\dfrac{c}{a}$（静叶），$Ma=\dfrac{w}{a}$（动叶）。

（3）气流雷诺数 Re —— $Re=\dfrac{cb}{\nu}$（静叶），$Re=\dfrac{wb}{\nu}$（动叶）。

（4）速比 x_1 或 x_a —— $x_1=\dfrac{u}{c_1}$，$x_a=\dfrac{u}{c_a}$（其中，$c_a=\sqrt{2h_s^*}$，是一个假想速度）。

2.7.2　平面叶栅损失及叶栅实验

1. 叶栅能量损失的构成与衡量

前面章节中介绍的喷管能量损失 h_n 和动叶能量损失 h_b 是叶栅流动损失的整体衡量指标。根据平面叶栅通道内部的流动损失产生的位置和原因，可以将总损失划分为型面损失、端部损失和冲波损失三类。型面损失是在叶型表面及附近主要由流体黏性产生的损失；端部损失是在叶栅通道上、下两端部区域由流体黏性额外产生的损失；冲波损失则是在近音速和超音速气流中产生的波损。

衡量叶栅通道内流动损失的大小有两种方法。第一种方法是叶栅能量损失系数，表达式为

$$\zeta_n = \frac{h_n}{h_{1s}^*}(\text{静叶栅}), \quad \zeta_b = \frac{h_b}{h_{2s}^*}(\text{动叶栅}) \tag{2-87}$$

式中，ζ_n 和 ζ_b 分别表示静叶栅和动叶栅的能量损失系数；h_n 和 h_b 分别表示静叶栅和动叶栅中的能量损失；h_{1s}^* 和 h_{2s}^* 分别表示静叶栅和动叶栅中的等熵滞止焓降。

第二种方法是叶栅速度系数，表达式为

$$\varphi = \frac{c_1}{c_{1s}}(\text{静叶栅}), \quad \psi = \frac{w_2}{w_{2s}}(\text{动叶栅}) \tag{2-88}$$

式中，φ 和 ψ 分别表示静叶栅和动叶栅的速度系数；c_1 和 c_{1s} 分别表示绝对坐标下的静叶栅出口实际气流速度和理想气流速度；w_2 和 w_{2s} 分别表示相对坐标下的动叶栅出口实际气流速度和理想气流速度。

既然上述两种方法都是描述叶栅的能量损失大小，那么能量损失系数与速度系数是相互对应且可以互相转换的，转换关系式为

$$\zeta_n = 1 - \varphi^2(\text{静叶栅}), \quad \zeta_b = 1 - \psi^2(\text{动叶栅}) \tag{2-89a}$$

或

$$\varphi = \sqrt{1 - \zeta_n}(\text{静叶栅}), \quad \psi = \sqrt{1 - \zeta_b}(\text{动叶栅}) \tag{2-89b}$$

2. 叶栅实验

叶栅的气动性能一般是对平面叶栅或环形叶栅进行风洞吹风试验而获得的，试验工质通常是空气，图 2-41 是平面叶栅风洞实验台和测量装置示意图。

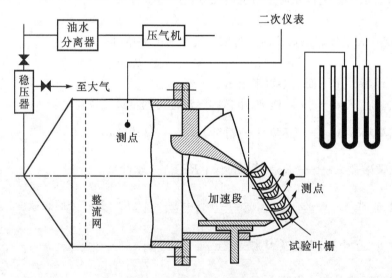

图 2-41　平面叶栅风洞实验台示意图

从压气机出来的压缩空气，经油水分离器将空气中所含的油和水分离出来，然后进入稳压室将气流稳定和均匀，稳定后的气流进入收缩段膨胀加速并流过实验叶栅。在收缩段前，安装有压力测量探针和温度测量探针，用于测量气流的滞止压力和滞止温度。在叶栅出口处，也放置一个静压测量探针，该探针能够沿叶栅节距和高度方向移动。通过压力测量系统测量出每

一测点的压力值,利用伯努力方程,可以计算出叶栅出口各点的气流速度。另外,在实验叶栅中间的叶片表面上开设有许多静压测孔,用于测量叶片表面上的压力分布。

为了保证能够得到真实的叶栅气流,平面叶栅至少由 7～8 个叶片组成。目前,也有采用环形叶栅进行吹风试验的,以便得到气流的三元特征。

表征叶栅气动特性的参数有很多,在平面叶栅或环形叶栅风洞实验台上主要进行以下三个方面的实验任务。

第一是测量叶型的表面压力分布。试验目的是通过叶型表面的压力分布曲线形状来分析叶栅中各项损失产生的原因和位置以及影响损失大小的主要因素,为改进叶型几何结构,减少能量损失,提高叶栅流动效率提供依据。

第二是测量叶栅出口截面各点的气流速度。通过相关参数的测量,确定各流线上的速度值,以得到叶栅通道内各条流线的流动损失和总流动损失。

第三是测量叶栅出口的气流实际方向。目的是确定各种条件下的气流出口角以及出口角随各种参数的变化规律。

2.7.3　叶型表面压力分布曲线

叶型表面压力分布曲线是将叶型表面上各测点实际测量出来的气流静压力换算成相对值后绘制成的分布曲线。图 2-42 和图 2-43 分别给出了反动式叶栅和冲动式叶栅在一定相对节距和进口条件下的压力分布曲线。图中的横坐标为型线展开的直线,数字代表叶型表面各测量点的相对位置;纵坐标是叶型表面压力系数 $\bar{p}$,表达式为

$$\bar{p} = \frac{p_i - p_1}{\rho_{1s}\dfrac{c_{1s}^2}{2}} = \frac{p_i - p_1}{p_0^* - p_1}（静叶） \tag{2-90(a)}$$

$$\bar{p} = \frac{p_i - p_2}{\rho_{2s}\dfrac{c_{2s}^2}{2}} = \frac{p_i - p_2}{p_1^* - p_2}（动叶） \tag{2-90(b)}$$

式中,p_i 是叶型表面上任一测点的静压力;p_1^*(p_2^*)是静叶栅或动叶栅进口的滞止压力;p_1(p_2)是静叶栅或动叶栅出口的静压力;ρ_{1s}、c_{1s} 分别是叶栅出口的等熵密度和等熵速度。$\bar{p}$ 的

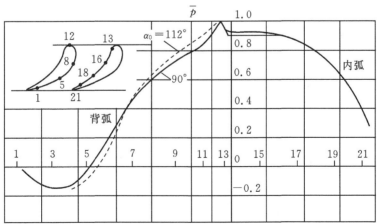

图 2-42　反动式叶栅的压力分布曲线

物理意义是表示测点处的压差占叶栅总压差的百分比。

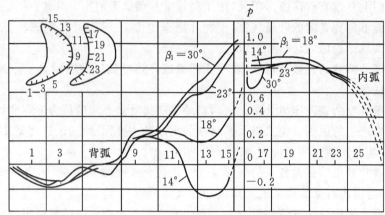

图 2-43　冲动式叶栅的压力分布曲线

在理想情况下(如图 2-42 中的虚线所示),叶栅进口驻点处的气流速度为零,压力为滞止压力 p_0^*,压力系数 $\bar{p}=1$;离开驻点后,气流分别沿叶片的内弧和背弧向出口流动,气流压力沿叶栅内弧和背弧较均匀下降,直到出口压力为 p_1,压力系数 $\bar{p}=0$,而气流速度则逐渐增大。

实际情况下(如图 2-42 和图 2-43 中的实线所示),在叶栅进口驻点处,气流速度为零,压力为滞止压力 p_0^*,压力系数 $\bar{p}=1$;在叶型背弧,由于前驻点附近的表面曲率半径很小,气流一离开驻点,就迅速膨胀,速度增加很快,相应的压力和压力系数下降很快;随后叶型曲率半径变化较小,气流速度增加减缓,压力系数的变化也相应变小;在叶片斜切部分,气流由于不受相邻叶片内弧面的限制,膨胀过快,压力和压力系数降到最低点(压力系数 $\bar{p}<0$);随后气流进入扩压状态,速度减小,压力增大至出口压力 p_1,压力系数升高为 $\bar{p}=0$。在叶片内弧,气流一旦离开驻点,就迅速膨胀,速度增大,压力和压力系数显著降低;随后,气流速度增加得比较缓慢,压力和压力系数变化平缓;在叶片内弧出口,压力显著下降至 $\bar{p}=0$。

图 2-44 是叶型表面压力分布的矢量图。可以清楚看出:叶栅流道内压力分布是不均匀的,在垂直于气流方向的任一截面上,叶片内弧表面上的压力总是大于背弧表面上的压力,即

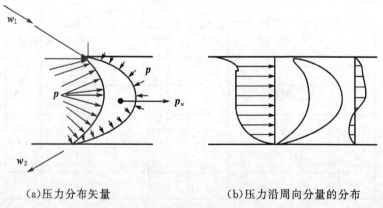

　　(a)压力分布矢量　　　　　　　　　(b)压力沿周向分量的分布

图 2-44　叶栅表面压力分布图

从叶片背弧至内弧的两相应点之间,存在一个压力梯度,这是由于气流在弯曲流道中流动产生的离心力造成的。气流作用在叶片表面上沿圆周方向的分力就是气流对动叶栅做功的力源。对冲动式叶栅来说,气流在进口斜切部分多了一个扩压段,因而流动效率较低。

叶型表面压力分布的特点,将显著影响叶型表面上边界层的流态和边界层流态的转折点,尤其在扩压段,边界层的厚度将会增大并可能导致边界层的分离。

因此,叶型的空气动力特性的好坏,可以直接从叶型表面压力分布曲线的形状来判断。一般来说,整个分布曲线越接近理想曲线,流动损失就越小。

2.7.4　型面损失和冲波损失

由叶片型面边界层中的摩擦、脱离、尾迹的涡流等现象引起的能量损失称为型面损失,型面损失沿叶高方向是不变的。

2.7.4.1　型面损失产生的原因和位置

表面压力分布显著影响叶型表面上边界层的流态和转捩点以及边界层分离点的位置,并进而影响到型面损失的大小。根据产生的原因和位置,可将型面损失细分为叶型表面边界层中的摩擦损失、边界层脱离叶片表面形成的涡流损失,以及叶片出口边尾迹区产生的涡流损失,下面分别讨论。

1.叶型表面边界层中的摩擦损失

从流体力学可知,叶栅通道内的流场可分为主流区和边界层,如图 2-45 所示。边界层中的黏性力较大,流线与流线、气流与固体壁面之间将产生摩擦阻力,造成一定的能量损失。边界层中摩擦损失的大小,一方面决定于叶型表面的粗糙度,另一方面与表面压力分布有密切的关系。若叶型表面某一段沿气流方向压力下降较快,则加速气流使边界层厚度减薄,摩擦损失减小。反之,加速较小的气流就有利于边界层厚度增大和摩擦损失增加。这是冲动式叶栅的摩擦损失大于反动式叶栅摩擦损失的原因之一。冲动式叶栅中采用一定的反动度,就是为了减小边界层中的摩擦损失。

由于边界层在整个叶片表面都存在,因此摩擦损失也分布在整个叶片表面上。

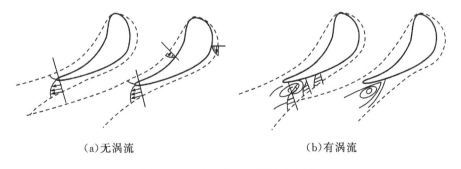

　　　　（a）无涡流　　　　　　　　　　　　　　　　（b）有涡流

图 2-45　叶型表面边界层示意图

2.边界层脱离叶片表面形成的涡流损失

由于叶型的特殊结构,其组成的叶栅流道内存在局部的扩压流动区域(见图 2-42 和图 2-43)。在扩压段中,边界层内气流的动能除了转变为压力能外,还要消耗一部分来克服摩擦损失,所以气流速度迅速降低,到某一截面时速度降为零,边界层厚度较大。在这个截面之后,扩压作用使边界层内产生倒流现象,回流与主流相作用,引起气流脱离固体壁面形成涡流,如图 2-45(b)所示,使流动损失剧增。

这种涡流损失发生在叶栅通道内的扩压区域,主要在叶型背弧靠近出口边处。

3.叶片出口边(尾迹区)产生的涡流损失

气流在叶栅通道内流动时,叶型背弧和内弧的结构不同,致使气流在背弧和内弧的膨胀程度也不同,相应的气流压力和速度相差较大。由于叶片出口边总有一定的厚度,沿着叶型背弧和内弧流动的两股气流在离开叶片时不能立刻均匀汇合,而是在出口边后面形成充满旋涡的涡流区(尾迹区),如图 2-46 所示。两部分气流通过涡流区进行能量交换而逐渐均匀化,造成一定的能量损失。

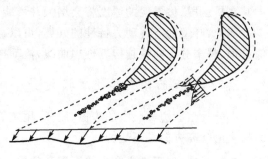

图 2-46　叶栅尾迹区示意图

叶片尾迹区的涡流损失发生在叶片出口后的一段区域内。

4.冲波损失

冲波损失是由于超音速流产生冲波而形成的一种能量损失。在冲动式叶栅的进、出口处,反动式叶栅的出口处以及流道中的个别区域,有时会出现超音速气流,形成局部超音速区,超音速气流在升压区会产生冲波,使气流总压和速度明显下降,造成能量损失。冲波后扩压段的出现,使叶型表面边界层厚度增大,还可能引起边界层脱离,使型面损失剧增。这些统称为冲波损失。

冲波损失产生的原因虽与型面损失不同,但两者关系密切,并且平面叶栅中的冲波损失沿叶高方向也是不变的,一般将冲波损失归入型面损失之中,不单独计算。

2.7.4.2　型面损失的影响因素

影响型面损失的因素有很多,这些因素既包括叶型/叶栅的几何参数(如叶栅类型、叶型的进出口几何角、节距、安装角、出口边厚度等),也包括气动参数(如气流马赫数、冲角等)。另外,叶型表面加工的粗糙度也影响型面损失的大小。总之,凡是对叶型表面压力分布有影响的因素都会直接影响型面损失,型面损失系数 ζ_p 可以用一个复杂的函数来表示,即

$$\zeta_p = \zeta_p(\alpha, \bar{t}, \alpha_s, Ma, Re, \Delta, 粗糙度、叶栅型式等)$$

要用理论分析的方法确定这一函数是不可能的,通常都是通过实验方法来确定型面损失系数与叶栅几何参数和气动参数的关系。

影响型面损失的因素虽然很多,但每个因素的影响大小不同。最主要的影响因素是进口汽流角 $\alpha_0(\beta_1)$、相对节距 $\bar{t}$ 和气流马赫数 Ma。

1.进口汽流角 $\alpha_0(\beta_1)$ 的影响

图 2-47 是叶栅进口气流角对叶型表面压力分布曲线和型面损失系数 ξ_p 的影响。可以看出,较小的气流进口角使叶型背弧进口段出现显著的扩压段,因此,背弧上的边界层将急剧增厚,即使在斜切部分的扩压段内压力梯度不大,也可能使边界层脱离,型面损失增大。随着气

流进口角的增大,叶型背弧的压力分布变得有利于型面损失的减小。对应最小型面损失的气流进口角称为最佳气流进口角。大量实验表明,最佳气流进口角与叶型进口几何角大致相等(即冲角等于零)。当气流进口角大于最佳进口角(即冲角为负值)时,在叶型内弧进口段出现局部扩压段,但内弧其它部分基本还是加速段。这样,冲角为负值时与正值时比较,随着冲角绝对值的增大,型面损失增加得比较缓慢。

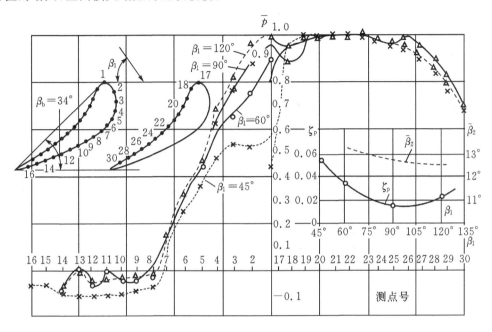

图 2-47　叶型表面压力分布曲线

2.相对节距 $\bar{t}$ 的影响

相对节距的变化直接影响到叶栅通道的形状和气流出口角,同时也影响到叶型表面的压力分布及边界层的发展,所以相对节距 $\bar{t}$ 是影响型面损失的主要几何参数之一。图 2-48 是型面损失系数与相对节距的关系曲线。

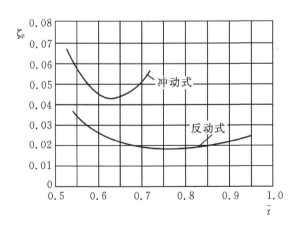

图 2-48　型面损失系数与相对节距的关系

可以看出,不管是冲动级还是反动级,都存在一个最佳相对节距$(\bar{t})_{opt}$,此时的型面损失系数 ζ_p 达到最小值。当 $\bar{t} > (\bar{t})_{opt}$ 时,叶型背弧的相对压力下降,扩压段增大;叶型内弧相对压力升高,导致边界层增厚甚至脱离,型面损失增大。虽然通过叶栅通道中的蒸汽流量也增加,但型面损失增大的幅度大于流量的增加,结果是型面损失系数增大。当 $\bar{t} < (\bar{t})_{opt}$ 时,虽然叶型背弧扩压段减小,使边界层中的摩擦损失和边界层脱离时的涡流损失减小,但是边界层厚度及尾迹区在叶栅通道中所占比例增大,因而叶栅单位气流流量所分配的摩擦损失和尾迹区涡流损失增大,型面损失系数随相对节距的减小而增大。

在汽轮机级的设计中,相对节距 $\bar{t}$ 与型面损失系数 ζ_p 的关系曲线是叶栅设计的重要资料。

3.气流马赫数 Ma 的影响

马赫数对型面损失的影响主要反映气流可压缩性及冲波损失的影响,因此只在一定马赫数时才表现出来。图 2-49 是马赫数对型面损失系数的影响曲线。无论是冲动式叶栅还是反动式叶栅,马赫数的影响基本分为三个区间,从 $Ma > 0.3 \sim 0.4$ 开始,随 Ma 的增大,叶栅背弧压力梯度增大,内弧压力分布形状基本不变,扩压段减少,边界层厚度减薄,型面损失系数逐渐降低至最小值。当 Ma 继续增大时,虽然整个叶栅出口还是亚音速流动,但叶栅通道内局部发生超音速,产生冲波损失,冲波还可能导致边界层脱离,使尾迹区的损失增大,因此型面损失系数急剧增大。当 Ma 增大到一定数值时,冲波后的压力将高于叶栅出口的压力,这时可以大大改善叶型背弧出口边附近的流动,使尾迹区损失减小,因此,随着 Ma 的增大,型面损失也随之下降。

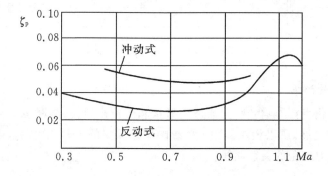

图 2-49　马赫数对型面损失系数的影响

2.7.5　端部损失

在单独讨论型面损失时,为方便起见,一般总是假定叶片为无限高,即将叶栅中的流动看作是二元叶栅流动,不考虑叶栅端部的影响。实际叶栅中的叶片高度是有限的,而且有限高度叶栅的每一个通道都是由叶型的背弧、相邻叶型的内弧、上端面和下端面四个表面共同组成的,如图 2-50 所示。

2.7.5.1　端部损失产生的原因与位置

由于叶栅端壁边界层和二次流的影响,叶栅端部的损失超过型面损失的部分称为端部损失。端部损失包含叶栅通道上、下两端面的边界层中摩擦损失和涡流损失(也称二次流损失)。当气流通过叶栅通道时,由于黏性作用,气流不但在叶型表面产生边界层,而且在叶栅通道上、下两端面也形成边界层,边界层中的黏性摩擦会产生一定能量损失。另外,由于叶栅通道是弯曲的,气流在流过弯曲的叶栅通道时,气体微团将产生离心力,方向是从叶型背弧指向内弧。离心力的作用使气体微团向叶栅内弧运动,导致叶片内弧上的压力大于背弧上的压力,即在叶栅通道内产生一个横向的压力梯度,从叶型内弧指向背弧。在叶栅通道主流区,横向压力梯度与气体微团的离心力相平衡。在叶栅上、下端部,由于叶栅上、下端面存在边界层,而边界层中的气流速度远小于边界层外主流区域的速度,所以边界层中气流产生的离心力不足以抵消叶栅的横向压力梯度。在这种情况下,叶栅上、下两端面边界层内将产生气流从叶型内弧向背弧的横向流动,其结果是背弧上下端部边界层气流向中间排挤,同时内弧上、下端部区气流则流向端壁,从而形成上、下两个旋涡区(见图 2-50)。端部区不同于主流的流动称为二次流,由二次流引起的能量损失称为二次流损失。图 2-51 是叶栅通道内的边界层和压力分布示意图。

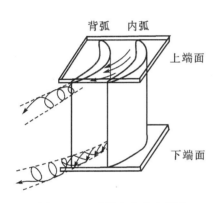

图 2-50　叶栅中的次流图谱

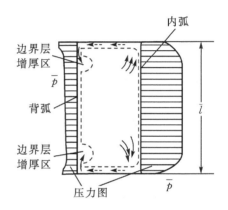

图 2-51　边界层和压力分布示意图

2.7.5.2　端部损失系数的计算

图 2-52 是直列冲动式叶栅中能量损失系数 ζ 沿叶栅高度的分布。可以看出,紧靠叶栅上、下两端壁处,由于气流速度为零,所以能量损失最大。自端壁至叶栅中心,起初能量损失系数下降,这是因为离开叶栅上、下两端壁,边界层速度梯度逐渐变小,能量损失系数急剧减小。随后由于涡流的存在,能量损失系数又急剧增大,随后又重新下降。在叶栅中部,涡流的影响消失,能量损失系数减小至某一定值(即型面损失系数)。

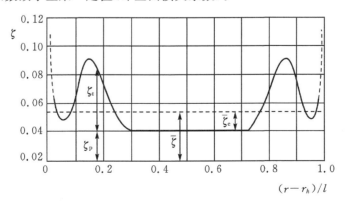

图 2-52　叶栅中能量损失系数沿叶高的分布

由此可以认为,在某一叶片高度的截面上叶栅能量损失系数 ζ 是由沿叶高不变的型面损失系数 ζ_p 和沿叶高变化的端部损失系数 ζ_e 两部分组成,即 $\zeta = \zeta_p + \zeta_e$。

沿叶高的平均能量损失系数为

$$\overline{\zeta} = \frac{\int_0^l \zeta(l)\,\mathrm{d}l}{l}$$

沿叶高的平均端部能量损失系数为

$$\overline{\zeta}_e = \overline{\zeta} - \zeta_p \tag{2-91}$$

2.7.5.3 端部损失系数的影响因素

叶栅的几何参数和气动参数都对端部次流损失有影响,如相对叶高 $\overline{l}$、相对节距 $\overline{t}$、叶栅型式、汽流进口角、马赫数 Ma 等,在诸多影响因素中,最主要的影响因素有以下几个。

1. 相对叶高 $\overline{l}$ 的影响

叶片高度对端部损失系数的影响可以分为两个区域。当叶片为某一极限高度 $l_{极限}$ 时,叶栅上、下两个端部产生的旋涡正好汇合。当 $l > l_{极限}$ 时,端部二次流的结构并不会发生任何变化。此时,端部损失的绝对值保持不变,而端部损失系数(端部损失沿叶高的平均值)则随叶片高度的增大而成反比地减小。当 $l < l_{极限}$ 时,叶栅上、下两端部的旋涡互相重叠、干扰和强化,使整个叶栅通道都充满了旋涡,端部损失的绝对值和平均值都增大。也就是说,在这个区域内端部损失系数随叶片相对高度的减小,非线性地急剧增大。图 2-53 是端部损失系数随相对叶高的变化规律。在汽轮机的设计中,叶片最小的极限高度为 $10 \sim 12$ mm。

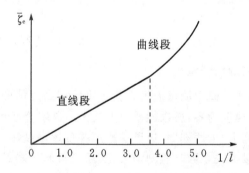

图 2-53 端部损失系数 $\overline{\zeta}_e$ 随 $1/\overline{l}$ 的变化规律

2. 叶栅型式的影响

一般来说,反动式叶栅的端部损失系数小于冲动式叶栅的端部损失系数。其原因是冲动式叶栅的转角和厚度较大,气流产生的离心力强,使叶型内弧压力远大于背弧压力,会造成强烈的二次流和大的涡流损失;而且冲动式叶栅出口扩压段大,边界层厚度增大,气流分离情况严重,相应的能量损失也大。另外,膨胀式叶栅中的气流是加速流动,也可减弱二次流损失。

3. 雷诺数和马赫数的影响

随着雷诺数的增大,端壁的边界层厚度变薄,从而减少了参加边界层中横向运动的气体质量,端部的损失下降。在亚音速条件下,随着叶栅出口马赫数的增大,叶型背弧上压力系数的增加大于内弧上压力系数的增加,流道内的横向压力梯度下降,从而使端部损失减小。雷诺数和马赫数对端部损失的影响如图 2-54 所示。

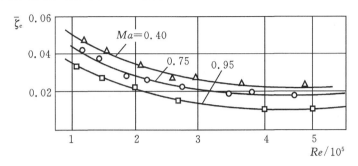

图 2-54 雷诺数和马赫数对端部损失系数 $\bar{\zeta}_e$ 的影响

2.7.6 叶栅出口气流角

前面曾经推荐静叶栅和动叶栅的出口气流角按下式确定：

$$\alpha_1 = \arcsin \frac{a_1}{t_1}, \quad \beta_2 = \arcsin \frac{a_2}{t_2}$$

式中，a_1 和 a_2 分别是喷管叶栅和动叶栅通道出口截面处的宽度（见图 2-14）；t_1 和 t_2 分别是喷管叶栅和动叶栅的节距。

然而大量实验证明，实际气流出口角并不等于叶型的出口几何角，能否准确地确定出口气流角 α_1 和 β_2，将对叶栅通流能力、能量损失大小以及轮周功率有较大的影响。影响出口气流角的因素也有很多，主要影响因素有：

1. 叶栅相对节距 $\bar{t}$ 的影响

随着叶栅相对节距 $\bar{t}$ 的增大，叶栅通道对气流的导向作用减弱，叶片背弧上的扩压段增大，边界层厚度增厚，且可能脱离，致使出口汽流角 $\alpha_1(\beta_2)$ 增大。

2. 叶型安装角 $\alpha_s(\beta_s)$ 的影响

随着叶型安装角 $\alpha_s(\beta_s)$ 的增大，出口汽流角 $\alpha_1(\beta_2)$ 近似成正比增大。

3. 马赫数 Ma 的影响

如图 2-55 所示，在 Ma 小于某一值时，随着 Ma 的增大，边界层的厚度减薄，出口气流角

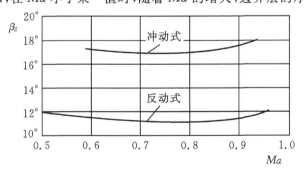

图 2-55 出口气流角 β_2 与马赫数 Ma 的关系曲线

β_2 减小。当 Ma 大于该值时,随着 Ma 的增大,气流在叶栅出口斜切部分中的偏转造成出口气流角 β_2 增大。

2.7.7　环形叶栅及其损失

我们知道,实际汽轮机中采用的叶栅(喷管叶栅和动叶栅)都是环形叶栅。环形叶栅除了前面介绍的型面损失、冲波损失和端部损失外,还有一个环形损失。

1. 环形叶栅的特点及损失

与平面叶栅相比,环形叶栅有两个特点,会带来两个额外损失:

(1)环形叶栅的相对节距 $\bar{t}=t/b$ 不是一个常数,而是随半径成正比地增大。这一特点就产生新问题,即如果在平均直径处的相对节距取为最佳节距 $(\bar{t})_{opt}$,那么在其它各截面的相对节距就会偏离最佳节距 $(\bar{t})_{opt}$,损失系数就增大。增加的损失部分就是环形叶栅带来的额外流动损失。

(2)气流在汽轮机的环形叶栅中是螺旋形运动。螺旋运动将产生一个离心力场,造成叶栅中的气流沿叶高方向存在径向压力梯度,使得各气流参数沿径向发生相应的变化,这种变化也带来额外的能量损失。

2. 环形损失的计算

环形叶栅中产生的额外损失称为环形损失。环形损失系数 ζ_r 的经验公式为

$$\zeta_r = 0.7\left(\frac{l}{d_m}\right)^2 \tag{2-92}$$

式中,l 是叶片的高度;d_m 是叶栅的平均直径;d_m/l 称为径高比。

一般来说,当 $d_m/l \geqslant 10$ 时,ζ_r 在总损失系数中所占比例很小,可以忽略;当 $d_m/l < 10$ 时,ζ_r 在总损失系数中所占比例大,应考虑环形损失的影响。

图 2-56 是环形叶栅中的能量损失系数随径高比的大致变化规律。其中,型面能量损失系数 ζ_p 与径高比无关;沿叶高平均的端部能量损失系数 $\bar{\zeta}_e$ 随径高比的增大而增大;随着径高比的增大,环形能量损失系数 ζ_r 急剧减小。

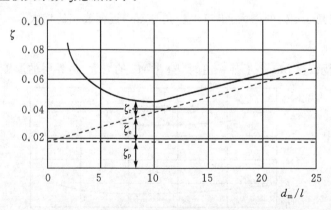

图 2-56　叶栅中损失随径高比的变化曲线

2.8　叶栅试验数据的应用

前面分析讨论了叶栅几何参数和气动参数对叶型表面压力分布、型面损失、冲波损失、端部损失以及气流出口角的影响,但这些分析和讨论着重于定性方面,而不是定量方面。

通过平面叶栅吹风实验,可以得到在各种工况下的叶栅特性大量试验数据。问题在于如何以合理的方式,将这些大量试验数据加以选择、组合与整理,并绘制成便于应用的曲线,这样才能在汽轮机的设计中发挥作用。

2.8.1　试验数据的表达方式

一个平面叶栅的空气动力特性是通过以下几个特性指标来表现的:第一是叶型表面压力分布;第二是型面损失(含冲波损失);第三是端部损失;第四是出口气流角。每一项特性指标又受许多因素的影响,如叶栅型式(反动式或冲动式)、相对节距、相对叶高、安装角、气流进口角或攻角、马赫数等。

采用一幅曲线图来表示叶栅空气动力特性的方法显然是不现实的,如果用许多曲线图分别表示叶栅的各项特性,又不能提供一个简明的整体概念。因此,有必要对叶栅的这些变量以及各种曲线组合进行选择,以便能够用最少的曲线图来清楚地表达出叶栅的最主要空气动力特性。

在上述几个特性指标中,叶型表面压力分布曲线主要是用来分析叶栅中各项能量损失产生的原因和位置的,这类曲线对于分析和改进叶型、减小流动损失、提高流动效率有很大的用途,但常规汽轮机的热力设计一般是选用已经系列化的叶型,对叶型的改进则不作考虑。因此,作为实用叶栅试验数据的应用,它没有直接的重要性。型面损失和端部损失反映的是叶栅中的损失情况,也间接反映了气流速度的分布,而出口气流角则反映了气流的方向。这三项指标对汽轮机的设计是必须的。

在许多影响因素中,有些叶型的几何参数(如叶栅型式,弯曲角、进出口几何角、出口边厚度等)在改进和设计新叶型时起非常重要的作用。在汽轮机设计时,叶型一经选定,叶栅形式和叶型各几何参数就不再变化或按相似理论改变,故不必将这些参数作为影响变量单独列出。但有些参数(如:叶栅相对节距、相对叶高、安装角等)在汽轮机热力设计中是可以变化的,且这几个参数对型面损失、端部损失和气流出口角有较大影响,不可以忽略,需要作为变量加以考虑。

通过上面的分析可以看出,在汽轮机的设计中,需要的叶栅气动特性指标为型面损失、端部损失和气流出口角,主要影响变量有叶栅相对节距、叶栅相对叶高、安装角、马赫数和冲角。

1. 叶栅试验数据表达方法 1

叶栅试验数据可以用三幅主曲线图与二幅修正曲线图来表示。主曲线图有:

叶栅出口气流角曲线图:

$$\alpha_1 = \alpha_1(\bar{t}, \alpha_s) \quad \text{或} \quad \beta_2 = \beta_2(\bar{t}, \beta_s)$$

叶栅型面能量损失系数曲线图:

$$\zeta_p = \zeta_p(\bar{t}, \alpha_s) \quad \text{或} \quad \zeta_p = \zeta_p(\bar{t}, \beta_s)$$

叶栅端部能量损失系数曲线图:

$$\bar{\zeta}_e = \bar{\zeta}_e(\frac{1}{l}, \alpha_s) \quad 或 \quad \bar{\zeta}_e = \bar{\zeta}_e(\frac{1}{l}, \bar{t})$$

辅助曲线有叶栅出口气流马赫数 Ma 对损失系数的修正曲线以及叶栅进口气流角（冲角）对损失系数的修正曲线，后者主要用于变工况的计算。

图 2-57 和图 2-58 分别是我国 HQ-2 型（静叶）和 HQ-1 型（动叶）的叶型以及主要气动特性曲线。

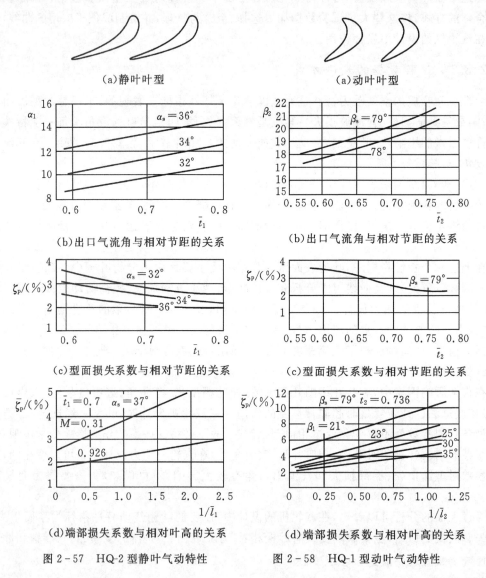

（a）静叶叶型　　　　　　　　　　　　　（a）动叶叶型

（b）出口气流角与相对节距的关系　　　　　（b）出口气流角与相对节距的关系

（c）型面损失系数与相对节距的关系　　　　（c）型面损失系数与相对节距的关系

（d）端部损失系数与相对叶高的关系　　　　（d）端部损失系数与相对叶高的关系

图 2-57　HQ-2 型静叶气动特性　　　　　　图 2-58　HQ-1 型动叶气动特性

2. 叶栅试验数据表达方法 2

图 2-59 是前苏联的叶型及动力特性曲线。叶栅试验数据是采用二幅主曲线图和三幅修正曲线图来表示的。主曲线图有：

叶栅出口气流角曲线图：

$$\alpha_1 = \alpha_1(\bar{t}, \alpha_s) \quad 或 \quad \beta_2 = \beta_2(\bar{t}, \beta_s)$$

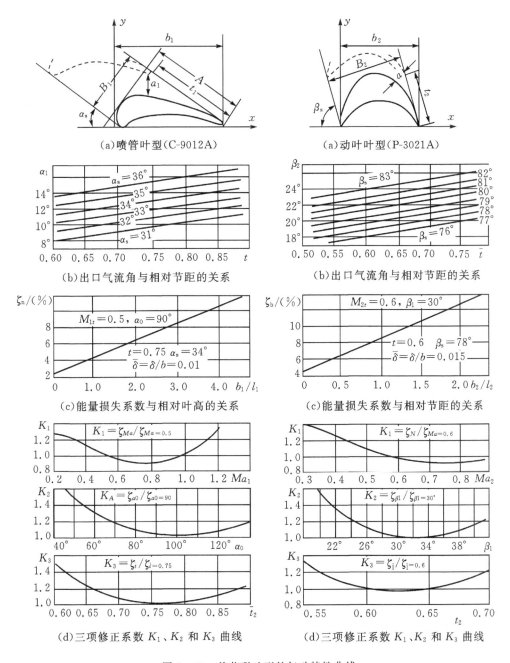

（a）喷管叶型（C-9012A）　　　　　　　（a）动叶叶型（P-3021A）

（b）出口气流角与相对节距的关系　　　　（b）出口气流角与相对节距的关系

（c）能量损失系数与相对叶高的关系　　　（c）能量损失系数与相对节距的关系

（d）三项修正系数 K_1、K_2 和 K_3 曲线　　　（d）三项修正系数 K_1、K_2 和 K_3 曲线

图 2-59　前苏联叶型的气动特性曲线

叶栅能量损失系数曲线图：

$$\zeta_n = \zeta_n\left(\frac{1}{l}, \alpha_s\right) \quad \text{或} \quad \zeta_b = \zeta_b\left(\frac{1}{l}, \beta_s\right)$$

辅助曲线有：

叶栅出口气流马赫数 Ma 对损失系数的修正曲线：$k_1 = k_1(Ma)$；

叶栅进口气流角（攻角）对损失系数的修正曲线：$k_2 = k_2(\alpha_0)$ 或 $k_2 = k_2(\beta_1)$；

叶栅相对节距 $\bar{t}$ 对损失系数的修正曲线：$k_3 = k_3(\bar{t})$。

2.8.2　试验数据的应用

在进行汽轮机级的热力设计中，利用叶栅特性试验数据可以进行两方面的工作：①选择喷管叶栅和动叶栅的型式，并确定两个叶栅的叶片高度；②计算汽轮机级的热力参数与气动参数（包括级速度三角形计算、轮周功率和轮周效率计算等）。

汽轮机级的热力设计和计算，需要叶栅的特性试验曲线作为计算的依据，但叶栅型式的选择又受到级气动参数的影响，所以整个设计计算过程是一个逐次逼近的迭代过程。一开始进行初步计算时可以不考虑叶栅的能量损失，即取速度系数 φ 和 ψ 为1，或者利用图 2-11 和图 2-20 选取近似的速度系数 φ 和 ψ 值，然后进行初步热力计算，根据计算结果选取叶栅型式，再根据选取的叶栅特性试验数据，校核速度系数 φ 和 ψ，不断迭代计算至 φ 和 ψ 满足一定的精度要求即可。

下面详细说明汽轮机级的热力设计过程。

1.级的热力设计参数

汽轮机级的热力设计总是在一定条件下进行的，已知或直接给定的参数有级的进口蒸汽参数（p_0、t_0、c_0）、出口压力 p_2、转速 n 和流量 G 或功率 N。另外，有些参数还需要设计人员自行选定，如级的反动度 Ω、速比 x_1、喷管出口气流角 α_1 和动叶出口气流角 β_2。

通过计算，需要确定的主要参数有级的速度三角形、轮周功率和轮周效率、内功率和内效率等气动参数，喷管和动叶的叶型、级平均直径、喷管和动叶的叶片高度、部分进汽度等几何参数。

2.级的热力设计过程（初步计算）

(1)初步选取喷管叶栅和动叶叶栅的速度系数为 $\varphi=1$，$\psi=1$。即在初步计算时，可以先不考虑叶栅中的流动损失，将级内的流动当成是理想流动过程，当然也可以根据图 2-11 和图 2-20 曲线选取近似的 φ 和 ψ 值。

(2)确定喷管出口汽流速度 c_1。根据给定的参数（p_0、t_0、c_0 和 p_2），在 $i-s$ 图上确定出级的等熵滞止焓降 h_s^*；然后根据能量方程计算喷管出口理想和实际的汽流速度，计算公式为

$$c_{1s} = \sqrt{2(1-\Omega)h_s^*}$$
$$c_1 = \varphi c_{1s}$$

(3)确定级的平均直径 d_m。根据轮周速度和速比的表达式，有

$$u = \frac{\pi d_m n}{60} = c_1 \times \frac{u}{c_1}$$

得到级的平均直径为

$$d_m = \frac{60u}{\pi n}$$

(4)进行级速度三角形的计算。按照本章 2.3 节介绍的内容以及表 2-1 和表 2-2 的计算公式，分别计算和确定级进口三角形的相关参数（c_1、α_1、u、w_1、β_1）和级出口三角形的相关参数（w_2、β_2、u、c_2、α_2）。

(5)初步确定喷管叶栅通流面积 A_1、叶片高度 l_1 和部分进汽度 e。根据连续方程，喷管叶

栅的通流面积为

$$A_1 = \frac{Gv_1}{c_1}$$

根据喷管的几何参数,喷管叶栅的通流面积为

$$A_1 = z_1 l_1 t_1 \sin\alpha_1$$

因此

$$Gv_1 = z_1 l_1 t_1 c_1 \sin\alpha = \pi d_m e l_1 c_1 \sin\alpha_1$$

式中,$z_1 t_1 = \pi d_m e$。e 称为级的部分进汽度,它的定义是蒸汽通过的喷管或静叶栅在平均直径处所占的弧段长度与平均直径处圆周长度之比,即

$$e = \frac{z_1 t_1}{\pi d_m} \quad (0 < e \leqslant 1)$$

如果 $e = 1$,称为全周进汽;如果 $e < 1$,称为部分进汽。

由前式得

$$el_1 = \frac{Gv_1}{\pi d_m c_1 \sin\alpha_1}$$

由于一个公式里包含有两个未知数 e 和 l_1,因此必须取定一个参数,才能计算出另一个参数。选取原则是:

1)保证 $l_1 \geqslant 12 \sim 15$ mm;

2)使部分进汽度 e 尽可能接近 1;

3)部分进汽度 $e > 0.15 \sim 0.2$,以避免过大的鼓风损失。

(6) 初步确定动叶栅通流面积 A_2 和动叶栅高度 l_2。根据连续方程,动叶栅的通流面积为

$$A_2 = \frac{Gv_2}{w_2}$$

根据动叶的几何参数,动叶栅的通流面积为

$$A_2 = z_2 l_2 t_2 \sin\beta_2$$

因此

$$l_2 = \frac{Gv_2}{\pi d_m e w_2 \sin\beta_2}$$

其中,动叶栅的部分进汽度等于喷管叶栅的部分进汽度。

(7) 确定级的超高。超高的定义是 $\Delta l = l_2 - l_1$,合适的 Δl 与叶高有关,对于较短叶片的汽轮机级,一般要求 $\Delta l < 1.5 \sim 4.0$ mm。如果 Δl 不满足要求,可以调整反动度 Ω 来改变 Δl,然后从(2)开始重新计算直到满足。

(8) 选择喷管叶栅和动叶栅型式,并初步确定喷管叶栅和动叶栅的相对节距、安装角。根据初步计算得到的气动参数,选择合适的喷管叶栅和动叶栅的叶型。根据所选用叶栅的气动特性试验曲线及数据,分别初步确定喷管叶栅的相对节距 $\bar{t}_1 = (\bar{t}_1)_{opt}$ 和动叶栅的相对节距 $\bar{t}_2 = (\bar{t}_2)_{opt}$。根据选取的气流角度 $\alpha_1(\beta_2)$ 和相对节距 $\bar{t}_1(\bar{t}_2)$,在叶型特性曲线 $\alpha_1 = \alpha_1(\bar{t}_1, \alpha_s)$ 和 $\beta_2 = \beta_2(\bar{t}_2, \beta_s)$ 中分别查出喷管叶栅安装角 α_s 和动叶栅安装角 β_s。

(9) 初步确定叶栅能量损失系数 $\zeta_n(\zeta_b)$ 和速度系数 $\varphi(\psi)$。利用初步计算得到的叶片高度 $l_1(l_2)$、确定的相对节距 $\bar{t}_1(\bar{t}_2)$ 和安装角 $\alpha_s(\beta_s)$,在叶栅特性曲线上分别查出叶栅的型面损失系数 ζ_p 和端部损失系数 $\bar{\zeta}_e$。

喷管叶栅和动叶栅的能量损失系数分别为

$$\zeta_n = \zeta_p + \bar{\zeta}_e, \qquad \zeta_b = \zeta_p + \bar{\zeta}_e$$

喷管叶栅和动叶栅的速度系数分别为

$$\varphi' = \sqrt{1-\zeta_n}, \qquad \psi' = \sqrt{1-\zeta_b}$$

(10) 将查叶栅试验曲线得到的速度系数 $\varphi'(\psi')$ 与前面假定的速度系数 $\varphi(\psi)$ 进行比较。如果误差不大,则计算完毕。如果误差偏大,需要进行迭代计算。

3. 级的热力设计过程(迭代计算)

(1) 取喷管叶栅和动叶栅的速度系数分别为 $\varphi = \varphi'$, $\psi = \psi'$。

(2) 级的实际速度三角形计算。级的等熵滞止焓降 h_s^* 不变,反动度 Ω、平均直径 d_m 可以不变。在可能的情况下,尽量保持 α_1 和 β_2 角度不变或变化很小。在此基础上,计算级的实际速度三角形相关参数(c_1、u、w_1、α_1、β_1 和 c_2、u、w_2、α_2、β_2)。

(3) 重新确定喷管叶栅和动叶栅的通流面积 A_1、A_2 和叶片高度 l_1、l_2。根据连续方程,有

$$A_1 = \frac{Gv_1}{c_1}, \qquad A_2 = \frac{Gv_2}{w_2}$$

根据几何参数,有

$$A_1 = z_1 l_1 t_1 \sin\alpha_1, \qquad A_2 = z_2 l_2 t_2 \sin\beta_2$$

可以得到

$$l_1 = \frac{Gv_1}{\pi d_m e c_1 \sin\alpha_1}, \qquad l_2 = \frac{Gv_2}{\pi d_m e w_2 \sin\beta_2}$$

核算超高

$$\Delta l = l_2 - l_1 < 1.5 \sim 4.0 \text{ mm}$$

(4) 核算叶栅的相对节距。从叶栅的几何参数看,有

$$z_1 t_1 = \pi d_m e, \qquad z_2 t_2 = \pi d_m e$$

可以得到喷管叶栅的叶片数目为

$$z_1 = \frac{\pi d_m e}{t_1} (\text{取整})$$

动叶栅的有效叶片数目为

$$z_2 = \frac{\pi d_m e}{t_2} (\text{取整})$$

如果是部分进汽的汽轮机级,则动叶栅整圈所需要的叶片数目为

$$z_2 = \frac{\pi d_m}{t_2} (\text{取整})$$

其中,z_1 和 z_2 分别是喷管叶片数目和动叶片数目,都必须是整数。

反过来,喷管叶栅和动叶栅的节距和相对节距分别为

$$t_1 = \frac{\pi d_m e}{z_1}, \qquad t_2 = \frac{\pi d_m e}{z_2}; \qquad \bar{t}_1 = \frac{t_1}{b_1}, \qquad \bar{t}_2 = \frac{t_2}{b_2}$$

计算得到的相对节距 $\bar{t}_1$ 或 $\bar{t}_2$ 不一定与最佳相对节距 $(\bar{t}_1)_{opt}$ 或 $(\bar{t}_2)_{opt}$ 相符。但如果 $\bar{t}_1$ 与 $(\bar{t}_1)_{opt}$、$\bar{t}_2$ 与 $(\bar{t}_2)_{opt}$ 相差较大,则需要重新查出喷管能量损失系数 ζ_n 和动叶能量损失系数 ζ_b,并重新计算速度系数 φ 和 ψ,再进行修正计算。如果相差不大(即在最佳相对节距附近),只修正 $\bar{t}_1$ 和 $\bar{t}_2$,不需修正叶栅的能量损失。

4. 级的轮周功率和轮周效率计算

喷管能量损失：$h_n = \dfrac{c_{1s}^2 - c_1^2}{2}$

动叶能量损失：$h_b = \dfrac{w_{2s}^2 - w_2^2}{2}$

余速能量损失：$h_{c_2} = \dfrac{c_2^2}{2}$

级的轮周功率：$N_u = G(h_s^* - h_n - h_b - h_{c_2})$

级的轮周效率：$\eta_u = \dfrac{N_u}{G h_s^*}$

2.9　计　算　例　题

已知某汽轮机级的转速为 3 000 r/min，绝热焓降 $h_s = 60$ kJ/kg，反动度 $\Omega = 0.07$，平均直径 $d_m = 1\,000$ mm，喷管出口角 $\alpha_1 = 15°$，动叶出口角 $\beta_2 = \beta_1 - 2°$，喷管和动叶的速度系数分别为 $\varphi = 0.985$ 和 $\psi = 0.920$。试求该级的轮周效率，并大体按比例画出该级的速度三角形。

解　认为初速度 $c_0 = 0$ m/s

级的等熵滞止焓降：$h_s^* = h_s = 60$ kJ/kg

轮周速度：$u_1 = u_2 = u = \dfrac{\pi dn}{60} = \dfrac{3.14 \times 1.0 \times 3\,000}{60} = 157.1$ m/s

喷管出口理想汽流速度：$c_{1s} = \sqrt{2(1-\Omega)h_s^*} = \sqrt{2\,000 \times (1-0.07) \times 60} = 334.2$ m/s

喷管出口实际汽流速度：$c_1 = \varphi c_{1s} = 0.985 \times 334.2 = 329.2$ m/s

喷管出口汽流角：$\alpha_1 = 15°$

喷管能量损失：$h_n = \dfrac{c_{1s}^2}{2\,000} - \dfrac{c_1^2}{2\,000} = \dfrac{334.2^2}{2\,000} - \dfrac{329.2^2}{2\,000} = 1.66$ kJ/kg

动叶进口相对汽流速度：

$$w_1 = \sqrt{c_1^2 + u_1^2 - 2c_1 u_1 \cos\alpha_1} = \sqrt{329.2^2 + 157.1^2 - 2 \times 329.2 \times 157.1 \times \cos 15} = 182.05 \text{ m/s}$$

动叶进口汽流角：$\tan\beta_1 = \dfrac{c_1 \sin\alpha_1}{c_1 \cos\alpha_1 - u} = \dfrac{329.2\sin 15}{329.2\cos 15 - 157.1} = \dfrac{85.2}{160.9} = 0.529\,5$

$$\beta_1 = 27.9°$$

动叶出口汽流角：$\beta_2 = \beta_1 - 2° = 27.9 - 2 = 25.9°$

动叶出口理想汽流速度：

$$w_{2s} = \sqrt{2\Omega h_s^* + w_1^2} = \sqrt{2 \times 0.07 \times 60 \times 1\,000 + 182.05^2} = 203.8 \text{ m/s}$$

动叶出口实际汽流速度：$w_2 = \psi w_{2s} = 0.920 \times 203.8 = 187.5$ m/s

动叶能量损失：$h_b = \dfrac{w_{2s}^2}{2\,000} - \dfrac{w_2^2}{2\,000} = \dfrac{203.8^2}{2\,000} - \dfrac{187.5^2}{2\,000} = 3.18$ kJ/kg

动叶出口绝对汽流速度周向分速度：

$$c_{2u} = w_2 \cos\beta_2 - u_2 = 187.5\cos 25.9 - 157.1 = 11.57 \text{ m/s}$$

动叶出口绝对汽流速度轴向分速度：

$$c_{2z} = w_2 \sin\beta_2 = 187.5\sin 25.9 = 81.9 \text{ m/s}$$

动叶出口绝对汽流速度：$c_2 = \sqrt{c_{2u}^2 + c_{2z}^2} = \sqrt{11.56^2 + 81.9^2} = 82.7 \text{ m/s}$

动叶绝对出口汽流角：$\tan\alpha_2 = \dfrac{c_{2z}}{c_{2u}} = \dfrac{81.90}{11.56} = 7.085$

$$\alpha_2 = 81.96°$$

余速能量损失：$h_{c_2} = \dfrac{c_2^2}{2\ 000} = \dfrac{82.7^2}{2\ 000} = 3.42 \text{ kJ/kg}$

级的速度三角形如图 2-60 所示。

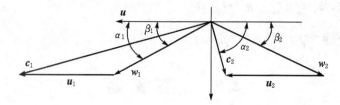

图 2-60 级的速度三角形

轮周功：$h_u = h_s^* - h_n - h_b - h_{c_2} = 60 - 1.66 - 3.18 - 3.42 = 51.74 \text{kJ/kg}$

轮周效率：$\eta_u = \dfrac{h_u}{h_s^*} = \dfrac{51.74}{60} = 0.862\ 3$

2.10 习　　题

2-1　已知收缩喷管前的压力 $p_0 = 8.83$ MPa，温度 $t_0 = 500$ ℃，初速度 $c_0 = 90$ m/s；喷管后的压力 $p_1 = 3.43$ MPa；蒸汽流量 $G = 3$ kg/s。试求喷管出口截面上的汽流速度 c_1 和面积 A_1。（答案：$A_1 = 3.012$ cm^2，$c_1 = 636$ m/s）

2-2　喷管前的蒸汽参数为 $p_0 = 2.75$ MPa，$t_0 = 400$ ℃；喷管出口的压力 $p_1 = 1.74$ MPa；等熵膨胀后从喷管来的汽流速度等于临界速度。试求蒸汽进入喷管时的速度 c_0。（答案：$c_0 = 322.6$ m/s）

2-3　已知喷管前蒸汽参数为 $p_0^* = 0.98$ MPa，温度 $t_0^* = 300$ ℃；喷管后压力为 $p_1 = 0.25$ MPa；蒸汽流量 $G = 0.2$ kg/s。试求缩放喷管的最小面积 $A_{\min}$ 和出口面积 A_1。（答案：$A_{\min} = 1.572$ cm^2，$A_1 = 1.978$ cm^2）

2-4　假设某喷管前的蒸汽参数为 $p_0 = 3.43$ MPa，$t_0 = 435$ ℃，$c_0 \approx 0$ m/s，喷管后的压力分别为 $p_1 = 1.37$ MPa，1.7 MPa，1.96 MPa。请问：在此三种情况下，应选择何种喷管？

2-5　已知级的进口参数为 $p_0 = 3.43$ MPa，$t_0 = 435$ ℃，$c_0 = 0$ m/s，反动度 $\Omega = 0.38$，级后压力 $p_1 = 2.23$ MPa，喷管出口面积 $A_1 = 5.19 \times 10^{-3}$ m^2，流量系数为 $\mu_1 = 0.97$。计算通过喷管的流量是多少。

2-6　已知某一汽轮机级的 $c_1 = 275$ m/s，$w_1 = 125$ m/s，$w_2 = 205$ m/s，$c_2 = 95$ m/s，$\alpha_2 = 90$ ℃，喷管前的初速度不计，$d_{m1} = d_{m2}$，$\varphi = 0.95$，$\psi = 0.90$，计算该级的反动度 Ω 并按比例绘出速度三角形。（答案：$\Omega = 0.302$）

2-7　已知某一汽轮机级的反动度 $\Omega = 0.05$，等熵滞止焓降为 $h_s^* = 80$ kJ/kg，汽流角 $\alpha_1 = 12°$，$\beta_2 = \beta_1 - 2°$，蒸汽流量为 $G = 5.2$ kg/s，$\varphi = 0.98$，$\psi = 0.94$，设计时取速比为 $u/c_1 = 0.5$。试

按比例绘出速度三角形,计算轮周功率和轮周效率,并分析速比选得是否合理。

2-8 设有一台双列复速级单级汽轮机,喷管前蒸汽参数 $p_0 = 1.4$ MPa,$t_0 = 424$ ℃,$c_0 \approx 0$ m/s;动叶出口处压力 $p_2 = 0.25$ MPa;转速 $n = 3\,000$ r/min;流量 $G = 3.6$ t/h;取反动度 $\Omega = 0.05$。试计算该级的轮周功率与轮周效率(注:计算时自行选取合理的反动度分配以及 α_1、β_2、φ 和 ψ)。

2-9 某双列复速级,$\alpha_1 = 16°$,$\beta_2 = 71°$,$\alpha'_1 = 23.3°$,$\beta'_2 = 53.7°$,级平均直径 $d_m = 1\,000$ mm,转速 $n = 3\,000$ r/min,喷管前蒸汽参数为 $p_0 = 12.7$ MPa,$t_0 = 565$ ℃,$c_0 = 98$ m/s,导向叶栅前蒸汽压力为 6.37 MPa,级后压力为 6.2 MPa,流量 $G = 22.2$ kg/s。假定第一列动叶和导向叶栅中没有反动度,速度系数为 $\varphi = \varphi' = 0.98$,$\psi = \psi' = 0.95$。试绘制速度三角形,计算级的轮周功率、轮周效率及余速损失,并在 $i\text{-}s$ 图上画出膨胀过程曲线。

第3章 单级汽轮机

单级汽轮机是具有一个汽轮机级的汽轮机,功率一般在 0.5~3 000 kW 之间。单级汽轮机作为驱动装置广泛应用于动力工业、轻工业、重工业和交通运输业,例如,驱动火力发电厂热力系统中的水泵、汽轮机设备中的辅助油泵、锅炉设备中的引风机,驱动制糖、造纸、印刷、石油和化工等企业中的泵、风机、鼓风机和压缩机,交通运输行业中船舶上的各类泵一般也由单级汽轮机来驱动。

图 3-1 所示是轴流式汽轮机级和单级汽轮机流道结构图。

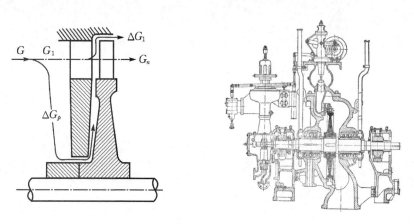

(a) 轴流式汽轮机级   (b) 单级汽轮机

图 3-1 轴流式汽轮机级与单级汽轮机流道结构图

从结构上来看,汽轮机级是汽轮机的基本做功单元,属于汽轮机的一个组成部分;而单级汽轮机是一台完整的机器,它包括汽轮机级、汽缸、转子、进排汽管路、前后轴承箱、汽封装置以及调节、保安系统等。

从流动过程、能量转换损失和做功上来看,汽轮机级的蒸汽流程为:级前→喷管→动叶 1 →导叶→动叶 2→级后。该过程仅涉及到级通流部分(喷管和动叶)的流动情况和能量转换,计算损失时仅考虑级的喷管损失、动叶损失和余速损失,所对应的功率和效率是轮周功率和轮周效率。而单级汽轮机的蒸汽流程为:阀前→主气阀→调节阀→喷管室→级→排汽部分→汽缸。对于单级汽轮机,需要分析汽流从进口到排汽整个过程中的流动情况和能量转换,不仅要考虑喷管损失、动叶损失和余速损失,还要考虑其它能量损失(如进排汽节流损失、叶轮摩擦损失、鼓风损失、弧端损失、漏气损失等)。

3.1　单级汽轮机概述

3.1.1　基本要求和主要特征

单级蒸汽轮机虽然在很多场合中应用,但在每一场合中它都处于辅机的地位。从这种实际情况出发,对这种汽轮机提出的基本要求是:结构简单轻巧,成本低廉,运行方便可靠以及在这些条件下尽可能高的汽轮机效率。

根据这些基本要求,单级汽轮机组一般不采用凝汽式机组,因为凝汽设备将会在很大程度上增加机组结构的复杂性和运行维修的工作量。因此,单级蒸汽轮机的背压一般都高于大气压,例如 0.12 MPa 以上。有些单级汽轮机的排汽由于可以通往主汽轮机的凝汽器(例如在船舶蒸汽轮机装置中),因而选用的背压低于大气压,但一般也只是略低一些,例如 50 kPa,以避免过多增加汽轮机排汽端和排汽管道的尺寸。

单级蒸汽轮机采用双列复速级方案更为合理,所以尽管各种场合实际应用的单级蒸汽轮机的设计背压相差很多,但几乎都无例外地采用复速级。

由于背压高(相对于凝汽式汽轮机的背压而言),单级蒸汽轮机的通流部分出口蒸汽的比容积就比较小。同时相对很大的绝热焓降又决定了这种汽轮机的流量 G 不可能大,所以单级蒸汽轮机的总容积流量 Gv_1 和 Gv_2 是很小的。即使功率达到 1 000～2 000 kW 的等级,并且用小的轮径 d_m 和通流部分高度 l_1、l_2,总容积流量还是不会达到采用全周进汽时所要求的数值。因此,这种汽轮机总是采用部分进汽的结构。

既然绝热焓降比较大而轮径又必须小,那么汽轮机的转速就必须提高,才能得到足够的圆周速度以符合最佳速比的规定值。当然,提高转速也完全符合减小汽轮机尺寸和质量这一基本要求。

总结起来可以说,单级蒸汽轮机的主要特征就是高背压、大焓降、小流量和高转速。

3.1.2　类型及结构

本小节主要介绍单级蒸汽轮机的轴流式复速级结构。第一种是轴流式复速级,大多数是双列的。图 3-1(b)给出了采用双列复速级的单级蒸汽轮机机组的纵剖面图。这台单级蒸汽轮机的工作条件为 $p_0=1.1$ MPa,$t_0=325$℃,$p_2=0.45$ MPa。新鲜蒸汽从主汽阀经过管道引入蒸汽室,再由蒸汽室经过调节阀和喷管室进入喷管。全部喷管都集中在上半汽缸的一个圆弧段内,部分进汽度还不到 0.5。做功之后的蒸汽通过朝下的汽轮机排汽口和排汽管道离开汽轮机,后端通过联轴器和减速齿轮带动发电机。转轴的前后两头有上下汽缸伸出的配合部分,其中都装有曲径式外轴封,以减小漏汽。

3.1.3　损失、功率和效率

蒸汽在单级汽轮机中的工作过程所产生能量损失的范围涉及整台机器,除前一章讨论过的汽轮机级的喷管损失、动叶损失、余速损失以及前述结构损失四项,还存在其它各类损失。如果再考虑这些损失,就相应地引出一些新的功率名称和效率名称,它们的含义不同于轮周功率 N_u 和轮周效率 η_u。

表 3-1 列举了一台双列复速级单级蒸汽轮机的各类损失项目的名称、符号和计算根据；同时也表示了各种派生的损失名称以及功率名称和效率名称。图 3-2 示意地表示了各损失项目在双列复速级汽轮机中产生的位置。图 3-3 在 $i-s$ 图上表示了除结构损失和机械损失以外的各种损失对单级汽轮机工作过程的影响。

表 3-1　双列复速级汽轮机的损失、功率和效率对应表

损失名称及损失项目				符号	计算根据	单位	效率和功率名称					
汽轮机损失	汽轮机级损失	节流损失	进汽节流损失		$0.05p_0$	MPa	轮周效率 η_u	实际轮周功率 N_u	级效率或相对内效率 η_{oi}	汽轮机相对内效率 η_i	汽轮机相对内功率 N_i	汽轮机有用功率 N_e
			排汽节流损失		很小	MPa						
		轮周损失 ξ_u	流动损失	喷管损失	ξ_n, h_n	公式	kJ/kg						
				动叶Ⅰ损失	ξ_b, h_b	公式	kJ/kg						
				导叶损失	ξ'_n, h'_n	公式	kJ/kg						
				动叶Ⅱ损失	ξ'_b, h'_b	公式	kJ/kg						
			……	余速损失	ξ_{c_2}, h_{c_2}	公式	kJ/kg						
		结构损失			$0.025\eta_u$							
		轮面摩擦损失			ξ_f, h_f	公式	kJ/kg						
		部分进汽损失	鼓风损失		ξ_v, h_v	公式	kJ/kg						
			弧端损失		ξ_e, h_e	公式	kJ/kg						
	机械损失				$(1-\eta_m)N_i$	kW						
轴封漏汽损失					$G\delta$	公式	kg/s					

进汽节流损失是指由于进汽阀门和进汽管道引起的能量损失，它与进汽管道直径、长短、阀门型线、汽流速度有关，进汽节流损失一般按照主蒸汽进汽压力的 3%～5% 计算，即 $\Delta p = p_0 - p'_0 = (0.03\sim0.05)p_0$。排汽节流损失主要是指排汽管道中的摩擦损失，它与排汽管的直径、结构和排汽速度 c_2 有关，单级汽轮机由于背压较高，c_2 较小，排汽节流损失一般很小，可以忽略不计。由 $i-s$ 图可以看出，进排汽节流损失使得总的绝热焓降有所减少。

双列复速级的轮周损失由喷管损失 h_n、动叶Ⅰ损失 h_b、导叶损失 h'_n、动叶Ⅱ损失 h'_b 和余速损失组成。结构损失主要是指考虑汽流的不稳定性以及通流部分中（动叶叶顶）漏汽等结构因素产生的损失，结构损失使双列复速级的轮周效率下降约 2.5%，其结构损失系数为 $(1-0.975)\eta_u$。轮盘摩擦损失是指蒸汽与环形轮盘表面产生的摩擦引起的损失。部分进汽损失是指由于部分进汽引起的能量损失，包括鼓风损失和弧端损失。其中，鼓风损失是指不进汽弧段区域的，动叶栅起风扇作用所消耗的能量；而弧端损失是指高速汽流推动动叶中"呆滞"的蒸汽

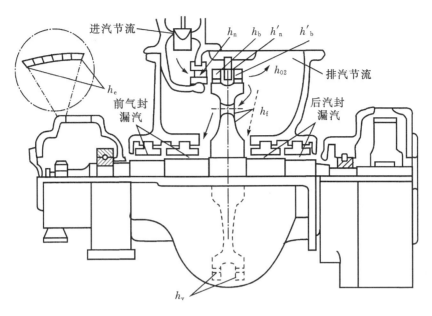

图 3-2　双列复速级蒸汽轮机的损失及轴封漏气

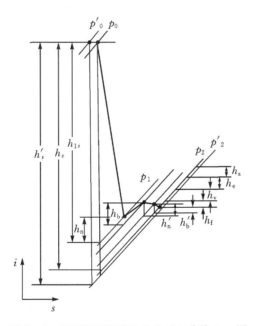

图 3-3　双列复速级蒸汽轮机过程曲线 i-s 图

推动起来所消耗的能量。机械损失是汽轮机的轴承、齿轮箱、调速器、附属油泵等机械设备所消耗的能量。图 3-4 是汽轮机机械效率与有效功率的关系曲线。

评价单级汽轮机的能量转换完善程度的效率主要有以下几种：

（1）级的轮周效率：

$$\eta_u = \frac{h_u}{h_s^*} \qquad\qquad (3-1)$$

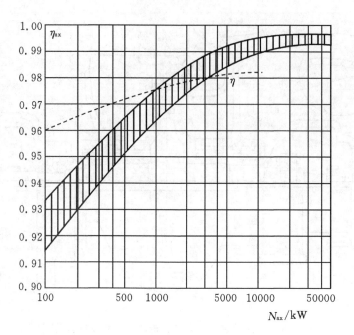

实线：机械效率与有效功率的关系曲线；虚线：变速齿轮箱效率与机组功率的关系曲线

图 3 - 4   汽轮机机械效率与有效功率的关系曲线

所考虑损失：轮周损失（喷管损失 h_n、动叶 I 损失 h_b、导叶损失 h'_n、动叶 II 损失 h'_b、余速损失 h_{c_2}）；

评价对象：级叶栅通流部分能量转换完善程度。

（2）级的相对内效率：

$$\eta_{oi} = \eta'_u - \xi_f - \xi_v - \xi_e \tag{3-2}$$

所考虑损失：轮周损失（喷管损失 h_n、动叶 I 损失 h_b、导叶损失 h'_n、动叶 II 损失 h'_b、余速损失 h_{c_2}）、结构损失、叶轮摩擦损失、鼓风损失、弧端损失；

评价对象：级的能量转换过程完善程度。

（3）汽轮机的相对内效率：

$$\eta_i = \eta_{oi} - \sum \xi_i \tag{3-3}$$

所考虑损失：机组的所有蒸汽流动损失（进排汽节流损失、轮周损失、结构损失、叶轮摩擦损失、鼓风损失、弧端损失等）；

评价对象：汽轮机能量转换过程完善程度。

（4）汽轮机的发电效率：

$$\eta_e = \eta_i \eta_m \eta_k \tag{3-4}$$

所考虑损失：机组的所有蒸汽流动损失 ＋ 机械损失 ＋ 发电机损失；

评价对象：汽轮机组工作完善程度。

3.2   双列复速级的通流部分和轮周效率

本小节重点讨论单级汽轮机通流部分的热力设计和轮周效率的计算分析。

3.2.1 叶栅特性数据

由双列复速级的速度三角形可以看到它的四排叶栅的蒸汽流动速度和角度彼此之间差别很大,因此叶型的几何特性以及气动特性也相应地有很大差别。为了减小整个通流部分中的流动损失,就必须选用四种叶型形成的叶栅来组成双列复速级的通流部分。

虽然单级蒸汽轮机的背压与初压之比一般都远低于临界压比,但由于进汽节流损失的存在和少量反动度的采用,喷管的压比一般不小于 0.45,所以双列复速级的喷管叶栅在一般情况下可以采用收缩喷管叶栅,利用斜切部分形成超音速汽流。

由于速比不同,双列复速级的第一列动叶的进汽角 β_1 一般总比压力级的 β_1 小很多,而转向导叶的进汽角 α_2 则大致与压力级的 β_1 相当或略小一些。所以,双列复速级的转向导叶往往可以采用压力级的动叶栅。

这样只需要为双列复速级新设计两种动叶栅就行了,从而简化了叶栅系列化工作。图 3-5 和图 3-6 所示的就是可以与图 2-59 中的两种叶栅配合起来应用于总压比为 0.60~0.35 的单级汽轮机复速级的两种动叶栅的特性数据。

从所给四列叶栅特性曲线的对比可以看到第一列动叶栅的型面损失约为 4.4%,比导叶的数值略大一些;而第二列动叶栅型面损失为 2.7%,比较接近喷管的型面损失。

3.2.2 通流部分结构参数

目前,双列复速级一般都具有一定的反动度,即两排动叶和转向导叶中都有压降,因此喷管、动叶 I、转向导叶、动叶 II 四排叶栅出口的蒸汽理论比容积 v_{1s}、v_{2s}、v'_{1s}、v'_{2s} 都不相同。相应的四个出口的汽流理论速度为 c_{1s}、w_{2s}、c'_{1s}、w'_{2s},四个流量系数为 μ_1、μ_2、μ'_1、μ'_2。在忽略叶栅之间的微小漏汽的前提下,四排叶栅的流量 G 是相同的,因此喷管叶栅的出口面积 A_1 应等于

$$A_1 = \frac{G v_{1s}}{\mu_1 c_{1s}} \tag{3-5}$$

如果压比小于临界值,$\varepsilon_1 < \varepsilon_{cr}$,则临界截面面积 A_{cr} 为

$$A_{cr} = \frac{G v_{1cr}}{\mu_1 c_{1cr}} \tag{3-6}$$

第一列动叶栅的出口面积计算式为

$$A_2 = \frac{G v_{2s}}{\mu_2 w_{2s}} \tag{3-7}$$

对转向导叶栅,有

$$A'_1 = \frac{G v'_{1s}}{\mu'_1 c'_{1s}} \tag{3-8}$$

对第二列动叶栅,则有

$$A'_2 = \frac{G v'_{2s}}{\mu'_2 w'_{2s}} \tag{3-9}$$

在各排叶栅出口蒸汽都具有过热度的情况下,大致可取 $\mu_2 = 0.90 \sim 0.92$,$\mu_1 \approx \mu'_1 = \mu'_2 = 0.94 \sim 0.96$。

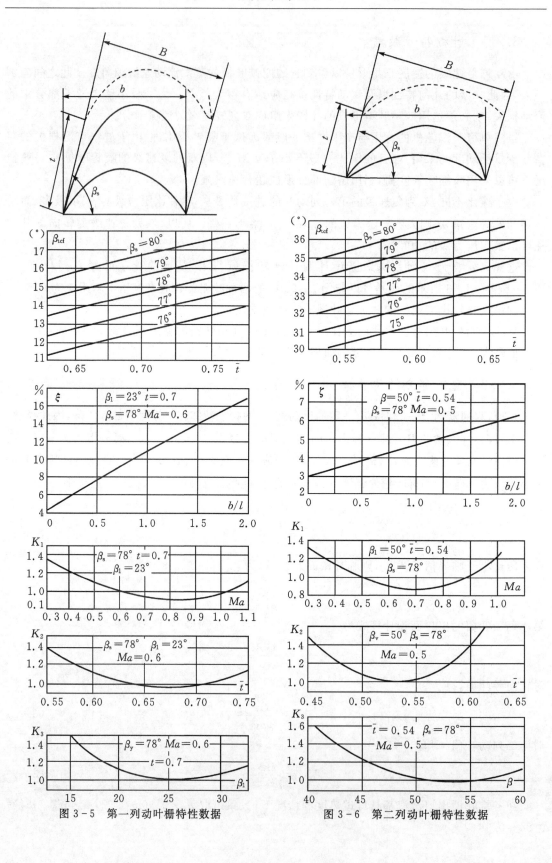

图 3-5   第一列动叶栅特性数据　　　　图 3-6   第二列动叶栅特性数据

当汽轮机级的平均直径 d_m 和部分进汽度 e 以及各排叶栅出汽角度 α_1、β_2、α'_1、β'_2 都确定后,四排叶栅的相应出口高度可由下式计算:

$$\left.\begin{aligned} l_1 &= \frac{A_1}{\pi d_m e \sin\alpha_1} \\ l_2 &= \frac{A_2}{\pi d_m e \sin\beta_2} \\ l'_1 &= \frac{A'_1}{\pi d_m e \sin\alpha'_1} \\ l'_2 &= \frac{A'_2}{\pi d_m e \sin\beta'_2} \end{aligned}\right\} \tag{3-10}$$

为了避免叶栅之间的漏汽,要求后排叶栅比前排稍高一点,即 $l_1 < l_2 < l'_1 < l'_2$。但是,超高太大又会产生相反的作用,使间隙中的漏汽从进口超高部分被吸入后一排叶栅,从而使叶栅效率降低。因此,一般要求 $l_1 \geqslant 12\sim15$ mm;$l_2 - l_1 \leqslant 1.5\sim3.5$ mm;$l'_1 - l_2 \leqslant 1.5\sim3.5$ mm;$l'_2 - l'_1 \leqslant 1.5\sim3.5$ mm。

图 3-7 表示了双列复速级后三排叶栅出汽角的选择对叶栅高度变化的影响。为了提高双列复速级的轮周效率,一般情况下规定 $\beta_2 = \beta_1 - (3°\sim5°)$,$\alpha'_1 = \alpha_2 - (5°\sim10°)$,$\beta'_2 = \beta'_1 - (7°\sim18°)$。所以双列复速级的叶栅高度变化规律大都是图 3-7 中的第二和第三种情况,即后三排叶栅的出口高度大于进口高度。为了避免汽流脱离叶栅上下端面,一般又规定图 3-7 中的 γ 角不大于 $15°\sim20°$。在有些情况下,为了满足 $\gamma \leqslant 15°\sim20°$ 的规定,就不得不采用宽度 B 较大的叶栅,但这不利于减小端部次流损失。

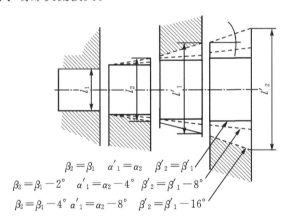

$$\beta_2 = \beta_1 \qquad \alpha'_1 = \alpha_2 \qquad \beta'_2 = \beta'_1$$
$$\beta_2 = \beta_1 - 2° \quad \alpha'_1 = \alpha_2 - 4° \quad \beta'_2 = \beta'_1 - 8°$$
$$\beta_2 = \beta_1 - 4° \quad \alpha'_1 = \alpha_2 - 8° \quad \beta'_2 = \beta'_1 - 16°$$

图 3-7　双列复速级中出汽角对叶栅高度变化的影响

双列复速级的喷管出汽角度一般取 $\alpha_1 = 10°\sim16°$。α_1 的下限值用于容积流量比较小的汽轮机,以便喷管高度 l_1 可以超过一个最小值($12\sim15$ mm),且部分进汽度 e 也不致太小。当 α_1 减小时,β_2、α'_1、β'_2 自然而然也倾向于减小,也就是比较接近于 β_1、α_2 和 β'_1。这时,后三排叶栅的出口高度就容易接近于进口高度。另外,在后三排叶栅中采用一些反动度有助于提高汽流速度而使出口高度减小。

3.2.3　轮周效率

双列复速级的轮周效率 η_u 与速比 u/c_1 是抛物线关系,且 $(\eta_u)_{\max}$ 对应的 $(u/c_1)_{\mathrm{opt}}$ 在 0.25

左右。因为一般双列复速级都有一定的反动度,所以用 u/c_a 代替 u/c_1 更为方便。η_u 对 u/c_a 基本上也是抛物线关系,图 3-8 表示了这种关系,同时也表示出与 η_u 有关的各项损失随 u/c_a 变化的一般规律。可以看出,随速比 u/c_a 的增大,四项损失系数 ξ_n、ξ_b、ξ'_n、ξ'_b 基本上是减小的。在最佳速比 $(u/c_a)_{opt}$ 附近,余速损失系数最小,轮周效率 η_u 最高;当偏离最佳速比 $(u/c_a)_{opt}$ 时,余速损失增大很快,轮周效率 η_u 快速下降。在图中,虚线所示的抛物线代表 $0.975\eta_u$,而两条抛物线之间的垂直距离则代表结构损失 $(1-0.975)\eta_u$。

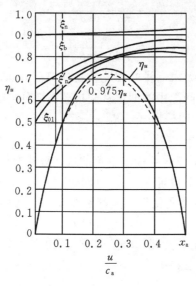

图 3-8　η_u-(u/c_a)曲线

3.3　摩擦损失、鼓风损失和弧端损失

从产生的根源看,鼓风损失和弧端损失是同类的,因为都是来源于部分进汽,而摩擦损失则不是。但是从计算公式看,摩擦损失和鼓风损失又比较接近,因为都是正比于 x_a^3,弧端损失则正比于 x_a。所以,有时将摩擦损失和鼓风损失合称为摩擦鼓风损失,并用一个统一公式来计算,弧端损失则单独用一个公式计算。

3.3.1　叶轮摩擦损失

当汽轮机工作时,汽缸内充满了蒸汽,叶轮在充满蒸汽的汽缸内高速旋转。由于蒸汽的黏性作用,叶轮的两个端面会带动蒸汽微团转动,靠近叶轮端面的蒸汽微团的运动速度与叶轮相应点的圆周速度大致一样,而对应的汽缸壁面上的蒸汽微团则处于静止状态,因此从汽缸壁面到叶轮端面便存在一个速度梯度,如图 3-9 所示。由于蒸汽黏性和汽流速度梯度两个条件的存在,叶轮表面便产生了摩擦阻力。为了克服这个摩擦阻力,就消耗了一部分轮周功。另外,以 $A-A$ 截面为例,由于 $A-A$ 截面上各点蒸汽运动的圆周速度不同,因而各点蒸汽产生的离心力也不同,这样在叶轮两侧就形成了旋涡区,产生涡流,也消耗一部分轮周功。叶轮摩擦损失即是指叶轮克服摩擦阻力和带动涡流所消耗的轮周功。

叶轮摩擦损失产生的位置是叶轮的两个端面,即叶轮前后的两个空间。通常用实验方法

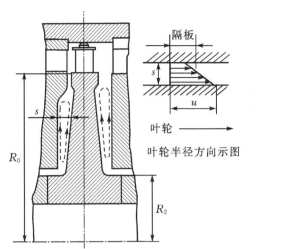
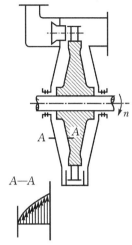

图 3 - 9　叶轮摩擦损失示意图

来确定叶轮摩擦损失功率 N_f 的计算公式。

斯托道拉(Stodola)整理的经验公式为

$$N_f = k_1 \left(\frac{u}{100}\right)^3 d_m^2 \rho \qquad (3-11)$$

式中，k_1 为经验系数，$k_1 = 1.0 \sim 1.3$；u 为圆周速度(平均直径处)，m/s；d_m 为级的平均直径，m；$\rho = (\rho_1 + \rho_2)/2$ 为叶轮前后的平均密度，kg/m^3。

由公式可知影响叶轮摩擦损失的主要因素包括转速 n、级平均直径 d_m 和流体密度 ρ。其中，叶轮摩擦损失与转速的三次方成正比，与平均直径的五次方成正比，与密度的一次方成正比。叶轮摩擦损失系数常采用下面公式计算：

$$\xi_f = N_f / G h_s^* \qquad (3-12)$$

3.3.2　鼓风损失

鼓风损失是部分进汽汽轮机级所特有的一种损失，来源于不进汽的动叶片在蒸汽中运动时的一种风扇作用。当汽轮机级是部分进汽($e < 1$)时，喷管叶栅不是沿全部圆周布置的，而是布置在某一弧段上，从喷管流出的高速蒸汽也仅仅分布在这一弧段上，而动叶却是布置在叶轮的整个圆周上。在这种情况下，动叶通道就不能连续地通过工作蒸汽。对应进汽弧段的动叶栅，有高速汽流进入，汽流相应地膨胀、做功，该部分动叶栅正常工作。而对应非进汽弧段的动叶栅，虽没有汽流进入，但该部分叶栅通道内存在着"基本静止的蒸汽"，因此这部分的动叶栅就像"风扇叶片"一样起鼓风作用，使"基本静止的蒸汽"通过动叶通道。由于非进汽弧段的动叶起了风扇作用，因而消耗了一部分能量，这种损失称为鼓风损失，并用 N_v 表示。

鼓风损失产生的位置是非进汽弧段，一般采用半经验公式计算鼓风损失。

$$N_v = 2.1k(1-e)d_m l_2^{1.5} \left(\frac{u}{100}\right)^3 \rho \times 10^3 \qquad (3-13)$$

式中，k 为比例常数；l_2 为动叶高度；e 为级的部分进汽度；$1-e$ 为非进汽弧段所占比例。

在进行鼓风损失的计算时，需要考虑部分进汽汽轮机级的结构并对其进行修正。对单列

有护罩的汽轮机级(用护罩相当于鼓风区域减小,见图 3 - 10),采用下式进行计算:

$$N_v = 2.1k(1 - e - 0.5e^*)d_m l_2^{1.5} \left(\frac{u}{100}\right)^3 \rho \times 10^3$$

(3 - 14)

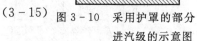

对双列复速级(有护罩),有

$$N_v = 2.1k(1 - e - 0.5e^*)d_m(l_2^{1.5} + l_2'^{1.5}) \left(\frac{u}{100}\right)^3 \rho \times 10^3$$

(3 - 15)

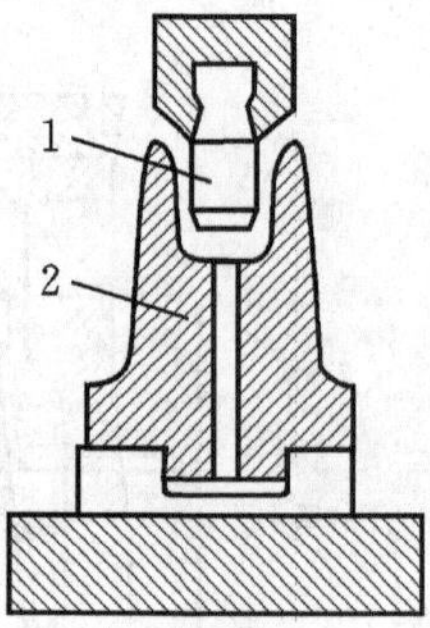

图 3 - 10 采用护罩的部分
进汽级的示意图

鼓风损失系数采用下式进行计算:

$$\xi_v = \frac{N_v}{Gh_s^*}$$

(3 - 16)

因为叶轮摩擦损失和鼓风损失都与转速的三次方成正比,所以通常将叶轮摩擦损失和鼓风损失合称为摩擦鼓风损失,并用 $N_{f \cdot v}$ 表示,其计算公式为

$$N_{f \cdot v} = k_3[Ad_m^2 + B(1 - e - 0.5e^*)d_m l_2^{1.5}] \times \left(\frac{u}{100}\right)^3 \times \rho$$

(3 - 17)

式中,k_3 为考虑工质性质系数(过热蒸汽:$k_3 = 1.0$;饱和蒸汽:$k_3 = 1.2 \sim 1.3$);A、B 为经验系数($A = 1.0$;$B = 0.4$);ρ 为平均密度(单列级:$\rho = \frac{\rho_1 + \rho_2}{2}$;双列级:$\rho = \frac{\rho_1 + \rho_2 + \rho_1' + \rho_2'}{4}$)。

3.3.3 弧端损失

在部分进汽的双列复速级中,动叶总是不断地由不进汽部分移入进汽部分(即喷管组所对应的弧段),然后又移出进汽部分。如图 3 - 11 所示,当动叶从喷管组 B 端刚进入进汽区时,喷管射出的蒸汽在进入动叶栅之前必须先将动叶汽道中被夹带着一块旋转的呆滞蒸汽推出去,并且喷管与动叶的轴向间隙中的蒸汽会被夹带进入流道,这样就消耗了一部分蒸汽动能,引起能量损失;当动叶从喷管组 A 端转出时,喷管射出蒸汽进入动叶汽道,由于流动的不稳定性以及部分蒸汽从喷管与叶轮的间隙中流散也会引起一部分能量损失。这两部分损失就构成了所谓的弧端损失。

有时喷管组不是集中在一段之内而是分成两段或者更多段,每两段喷管之间都有一段不进汽的部分。这样就增加了产生弧端损失的次数,也就成比例地增加了弧端损失 N_{en}。

弧端损失的位置是从非进汽弧段向进汽弧段的过渡区域以及从进汽弧段向非进汽弧段的过渡区域。一般采用半经验公式来计算弧端损失的功率:

$$N_{en} = Gh_s^* \xi_{en}$$

(3 - 18)

式中,ξ_{en} 是弧端能量损失系数,其计算公式为

$$\xi_{en} = k_3 \frac{B_2 l_2}{d_m l_1 e \sin\alpha_1} \cdot \eta_u \cdot n \cdot \frac{x_a}{\sqrt{1 - \Omega}} \quad (\text{单列级})$$

(3 - 19)

$$\xi_{en} = k_3 \frac{B_2 l_2 + 0.6 B_2' l_2'}{d_m l_1 e \sin\alpha_1} \cdot \eta_u \cdot n \cdot \frac{x_a}{\sqrt{1 - \Omega}} \quad (\text{双列复速级})$$

(3 - 20)

其中,k_3 为实验常数,$k_3 = 0.135$;B_2、B_2' 为两排动叶栅的宽度,cm;l_2、l_2' 为两排动叶的叶高,cm;η_u 为级的轮周效率;x_a 为速比,$x_a = u/c_a$;Ω 为透平级反动度;n 为喷管组数(一般情况下,

喷管组不是连续分布在某一弧段上,而是分为几段,每两个喷管组之间都存在一小段非进汽弧段。这样,在每个喷管组都会产生弧端损失)。

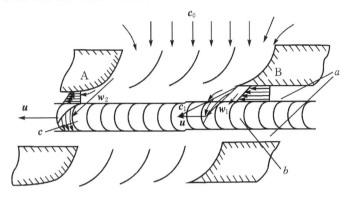

图 3-11　喷管组两端的不稳定汽流

3.4　级的相对内效率

根据定义,级的内效率或称相对内效率 η_{oi} 可以表达如下:

$$
\begin{aligned}
\eta_{oi} &= \frac{G(h_s^* - h_n - h_b - h'_n - h'_b - h_{c_2}) - 0.025G(h_s^* - h_n - h_b - h'_n - h'_b - h_{c_2}) - N_f - N_v - N_{en}}{Gh_s^*} \\
&= \frac{0.975G(h_s^* - h_n - h_b - h'_n - h'_b - h_{c_2}) - N_f - N_v - N_{en}}{Gh_s^*} \\
&= \frac{0.975N_u - N_f - N_v - N_{en}}{Gh_s^*} = 0.975\eta_u - \xi_f - \xi_v - \xi_{en} \tag{3-21}
\end{aligned}
$$

在本节中,我们首先分析 η_{oi} 计算公式中 ξ_f、ξ_v、ξ_{en} 三项对 η_{oi} 的影响,然后介绍一些典型的双列复速级效率的实验数据和曲线,最后讨论 η_{oi} 与部分进汽度 e 的关系以及确定部分进汽度最佳值 e_{opt} 的方法。

3.4.1　级相对内效率影响因素

从上节的分析可知

$$\xi_f = \xi_f(x_a^3), \qquad \xi_f \propto x_a^3$$
$$\xi_v = \xi_v(x_a^3), \qquad \xi_v \propto x_a^3$$
$$\xi_{en} = \xi_{en}(x_a), \qquad \xi_{en} \propto x_a$$

将轮周效率 η_u、ξ_f、ξ_v、ξ_{en} 与速比 x_a 的关系曲线画在一起,就得到相对内效率 η_{oi} 与速比 x_a 的关系曲线(见图 3-12)。从 η_{oi}-x_a 曲线图可以看出:

(1)汽轮机级的相对内效率 η_{oi} 小于级的轮周效率 η_u。

(2)对应于 $(\eta_{oi})_{max}$ 的最佳速比 $(x_a)_{opt}$ 小于对应于 $(\eta_u)_{max}$ 的最佳速比。从后者的 0.25 下降到 0.22 左右。

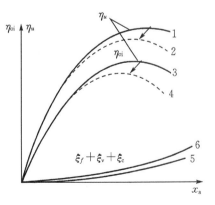

图 3-12　三项损失对相对内效率的影响

在设计汽轮机级时,应选取使相对内效率 η_{oi} 最大的 $(x_a)_{opt}$。

(3)三项损失系数 ξ_f、ξ_v、ξ_{en} 与喷管组出口总面积 A_1 成反比。在其它条件相同时,A_1 越大,三项损失系数就越小,从而对级相对内效率 η_{oi} 和最佳速比 $(x_a)_{opt}$ 的影响也越小。

需要说明的是,对于全周进汽汽轮机级,不存在鼓风损失和弧端损失(部分进汽损失),只有摩擦损失一项。因此,损失对级相对内效率 η_{oi} 和最佳速比 $(x_a)_{opt}$ 的影响明显减小。

3.4.2　双列复速级相对内效率试验曲线

对单级汽轮机而言,双列复速级的损失项目比较多。在各项损失中,结构损失、摩擦损失、鼓风损失和弧端损失的计算公式是半经验公式,计算方法不精确。经过逐项损失计算得到的单级汽轮机相对内效率 η_{oi} 可能包含了许多误差。因此,计算的精确性和实用价值必须用汽轮机级的实测数据来校核。从图 3-13 可以看出,两条曲线是比较接近的,$(\eta_{oi})_{max}$ 和 $(x_a)_{opt}$ 的最佳值也基本相符。由于实验本身也存在一定的误差,因此双列复速级相对内效率 η_{oi} 的计算结果具有一定可信度。

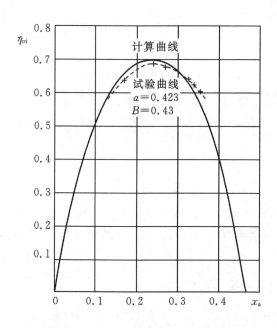

图 3-13　内效率计算曲线与实验曲线

图 3-14 表示了由复速级试验得出的部分进汽度 e 对 η_{oi} 曲线的影响,以及对总反动度 $\sum \Omega$ 曲线的影响。可以看到,当 e 减小时,$(\eta_{oi})_{max}$ 和 x_a 最佳值都随之减小,总反动度也随之下降。原因是当 e 越小时,轴向间隙中的圆周向漏汽就相对越严重,反动度也就随汽压的降低而下降。

图 3-15 表示了喷管高度 l_1 对 η_{oi} 和 x_a 最佳值的影响。喷管高度 l_1 对 η_{oi} 的影响大于对 η_u 的影响。这是因为对于 η_u 来说,l_1 的影响只通过叶栅端部次流损失的变化表现出来;而对于 η_{oi} 来说,l_1 的影响是从端部次流损失和鼓风损失两方面表现出来的。

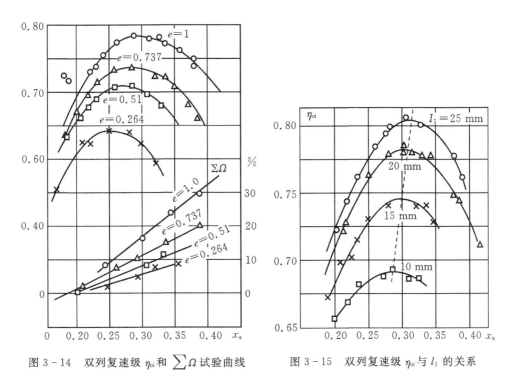

图 3-14　双列复速级 η_{oi} 和 $\sum\Omega$ 试验曲线　　　图 3-15　双列复速级 η_{oi} 与 l_1 的关系

图 3-16 表示了一条根据复速级试验数据得到的 x_a 最佳值 $(x_a)_{opt}$ 与部分进汽度 e 的关系曲线。可以看到两者在大部分变动范围内是直线关系。在设计部分进汽的单级汽轮机双列复速级时,可以根据这条曲线来判断所选取的 $(x_a)_{opt}$ 是否与 e 相对应。

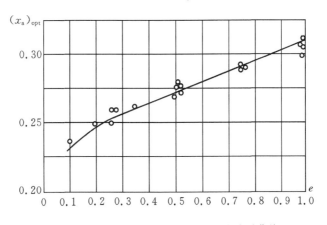

图 3-16　双列复速级的 $(x_a)_{opt}$-e 的关系曲线

3.4.3　最佳部分进汽度

在部分进汽的汽轮机级中,当 A_1 已定时,e 越大,则 l_1 就越小,反之亦然。但两者之中任何一个减小都对 η_{oi} 不利。例如,当部分进汽度 e 增加时,鼓风损失和弧端损失将减小,但喷管叶高 l_1 也会减小使得叶栅端部损失增加;当部分进汽度 e 减小时,鼓风损失和弧端损失将增大,但喷管叶栅高度 l_1 增大会使叶栅端壁次流损失减小。因此,就发生了如何确定部分进汽

度最佳值 e_{opt} 以便得到最高级效率 η_{oi} 的问题。

下面以双列复速级为例,进行最佳部分进汽度的分析和计算。双列复速级的各项损失为:

(1)双列复速级的四排叶栅的流动损失系数之和为

$$\xi = \xi_n + \xi_b + \xi'_n + \xi'_b$$

每列叶栅的流动损失系数(ξ_n、ξ_b、ξ'_n、ξ'_b)都与叶片相对高度 l_1/b_1 有关,所以总流动损失系数也与 l_1/b_1 有关,可以改写为

$$\xi = \xi_\infty + a \times \frac{b_1}{l_1} \tag{3-22}$$

式中,ξ_∞ 代表无限高叶栅的总流动损失系数,它与叶高无关(型面损失和冲波损失);$a \times \dfrac{b_1}{l_1}$ 代表有限高度叶栅所带来的附加损失(端部损失);a 是一个与叶栅损失有关的比例常数,$a=0.025\sim0.03$。叶栅高度较大($l_1>15$ mm)时,a 取下限,叶栅高度较小($l_1<15$ mm)时,a 取上限。

(2)余速损失系数:

$$\xi_{c_2} = \frac{c_2^2}{2} \bigg/ h_s^* \tag{3-23}$$

可以看出余速损失与叶高 l_1 和部分进汽度 e 无关。

(3)结构损失系数:

$$0.025(1 - \xi_n - \xi_b - \xi'_n - \xi'_b - \xi_{c_2}) = 0.025(1 - \xi - \xi_{c_2}) \tag{3-24}$$

(4)摩擦损失系数:

$$\xi_f = \frac{k_1 d_m x_a^3}{\mu_1 e l_1 \sin\alpha_1} \tag{3-25}$$

可以看到由于 $el_1 =$ const,所以 ξ_f 与叶高 l_1 和部分进汽度 e 无关。

(5)鼓风损失系数:

$$\xi_v = k_2 \frac{2x_a^3}{\sin\alpha_1} \times \frac{1-e}{e} \tag{3-26}$$

可以看到鼓风损失与部分进汽度 e 有关。

(6)弧端损失系数(假定 $\Omega=0, l_1=l'_1=l_2=l'_2$):

$$\xi_{en} = k_3 \frac{B_2 l_2 + 0.6 B'_2 l'_2}{d_m l_1 e \sin\alpha_1} \cdot \eta_u \cdot n \cdot \frac{x_a}{\sqrt{1-\Omega}} = k_3 \frac{B_2 + 0.6 B'_2}{d_m e \sin\alpha_1} \cdot \eta_u \cdot n \cdot x_a \tag{3-27}$$

可以看到弧端损失与部分进汽度 e 有关。

因此,双列复速级的所有损失系数之和为

$$\sum\xi = \xi_\infty + a \cdot \frac{b_1}{l_1} + \xi_{c_2} + 0.025\left(1 - \xi_\infty - a \cdot \frac{b_1}{l_1} - \xi_{c_2}\right) + \xi_f + \xi_v + \xi_{en}$$

$$= 0.025 + 0.975\left(\xi_\infty + a \cdot \frac{b_1}{l_1} + \xi_{c_2}\right) + \frac{k_1 d_m x_a^3}{\mu_1 e l_1 \sin\alpha_1}$$

$$+ k_2 \frac{2x_a^3}{\sin\alpha_1} \times \left(\frac{1}{e} - 1\right) + k_3 \frac{B_2 + 0.6 B'_2}{d_m \sin\alpha_1} \cdot \eta_u \cdot n \cdot x_a \cdot \frac{1}{e} \tag{3-28}$$

其中,d_m、α_1、a、b_1、k_1、k_2、k_3、μ_1、η_u、B_2、B'_2 可以认为是常数;$el_1 = \dfrac{A_1}{\pi d_m \sin\alpha_1}$,也是常数;$x_a$ 是假定的最佳速比(与最佳部分进汽度相对应,e 不同,$(x_a)_{opt}$ 也不同)。

显然，双列复速级的总流动损失 $\sum \xi$ 仅是部分进汽度 e 的函数。

令 $\dfrac{\mathrm{d} \sum \xi}{\mathrm{d}e} = 0$，得

$$(e)_{\mathrm{opt}} = \sqrt{\frac{2k_2 x_{\mathrm{a}}^3 d_{\mathrm{m}} + k_3 (B_2 + 0.6 B'_2) \eta_u \cdot n \cdot x_{\mathrm{a}}}{0.975 a b_1 \pi d_{\mathrm{m}}^2 \sin^2 \alpha_1} \times A_1} \qquad (3-29)$$

由最佳部分进汽度的计算公式可以看出，速比的选取应与最佳部分进汽度 $(e)_{\mathrm{opt}}$ 相对应。在计算 $(e)_{\mathrm{opt}}$ 时，应先估算一个最佳速比 $(x_{\mathrm{a}})_{\mathrm{opt}}$，并根据该估算值初步计算出 $(e)_{\mathrm{opt}}$，然后由图 2-32 查出 $(x_{\mathrm{a}})_{\mathrm{opt}}$，再重新计算得出最终 $(e)_{\mathrm{opt}}$ 值。

3.5　双列复速级蒸汽轮机的热力计算

本节的主要目的是通过一个计算实例将上面分析过的有关双列复速级蒸汽轮机热力计算方面的主要内容贯穿在一起，以便大家对这种汽轮机的工作原理进行进一步理解，并对一些有关公式的应用获得一个比较完整的概念。

3.5.1　初步计算

要求计算的单级蒸汽轮机的原始参数如下：

蒸汽初压：$p'_0 = 3.7$ MPa；

蒸汽初温：$t'_0 = 435$ ℃；

蒸汽背压：$p'_2 = 1.4$ MPa；

汽轮机转速：$n = 5\,000$ r/min；

蒸汽流量：$G = 6.6$ kg/s。

需要选定参数：

(1) 双列复速级的反动度与反动度的分配：$\Omega = 0.1$（$\Omega_1 = 0.02$，$\Omega_2 = 0.06$，$\Omega_3 = 0.02$）。

(2) 双列复速级的速比：$x_{\mathrm{a}} = 0.25$（与 $e = 0.25$ 对应）。

(3) 四排叶栅的出口气流角：$\alpha_1 = 11°$，$\beta_2 = 15°40'$，$\alpha'_1 = 21°10'$，$\beta'_2 = 32°10'$。

(4) 双列复速级的叶栅型式：喷管叶栅是 C-9012A 型（见图 2-59），$b_1 = 44$ mm，$B_1 = 30$ mm；第 Ⅰ 列动叶栅是（见图 3-5），$b_2 = 25$ mm，$B_2 = 25$ mm；导向叶栅是 P-3021A 型（见图 2-59），$b'_1 = 25$ mm，$B'_1 = 25$ mm；第 Ⅱ 列动叶栅是（见图 3-6），$b'_2 = 25$ mm，$B'_2 = 25$ mm。

双列复速级的喷管叶栅的压比大于等于 0.45，所以采用收缩喷管；另外，汽流在喷管叶栅斜切部分发生偏转，因此需要计算汽流的偏转角。

(1) 进汽节流损失为

$$\Delta p = p'_0 - p_0 = 0.054 p'_0 \approx 0.2 \text{ MPa}$$

排汽节流损失为

$$\Delta p' = p_2 - p'_2 = (0.05 \sim 0.1) \times \left(\frac{40}{100}\right)^2 p'_2$$

由于在背压较高的汽轮机中，排气节流损失很小，因此可以忽略不计。

$$\Delta p' = p_2 - p'_2 \approx 0.0 \text{ MPa}$$

(2) 双列复速级进口(喷管前)压力为

$$p_0 = p'_0 - \Delta p = 3.5 \text{ MPa}$$

双列复速级出口(第二列动叶后)压力为

$$p_2 = p'_2 + \Delta p' \approx p'_2 = 1.4 \text{ MPa}$$

(3) 级的等熵滞止焓降(查 $i - s$ 图)为

$$h_s^* \approx h_s = 261.3 \text{ kJ/kg}$$

假想速度为

$$c_a = \sqrt{2h_s^*} = \sqrt{2 \times 261.3 \times 1\,000} = 723.0 \text{ m/s}$$

(4) 圆周速度为

$$u = \frac{u}{c_a} \times c_a = 0.25 \times 723.0 = 180.7 \text{ m/s}$$

平均直径为

$$d_m = \frac{60u}{\pi n} = \frac{60 \times 180.7}{3.14 \times 5\,000} = 0.691 \text{ m} \qquad (\text{取 } d_m = 0.690 \text{ m})$$

(5) 速度三角形计算。取

$$\varphi = 0.947, \ \psi = 0.914, \ \varphi' = 0.944, \ \psi' = 0.965$$

第一列动叶:

进口

$$c_{1s} = \sqrt{2(1-\Omega)h_s^*} = \sqrt{2\,000 \times (1-0.1) \times 261.3} = 686.0 \text{ m/s}$$

$$c_1 = \varphi c_{1s} = 0.947 \times 686.0 = 650.0 \text{ m/s}$$

偏转角　　$$\frac{\sin(\alpha_1 + \delta)}{\sin\alpha_1} = \frac{\left(\frac{2}{k+1}\right)^{\frac{1}{k-1}} \sqrt{\frac{k-1}{k+1}}}{\varepsilon_1^{\frac{1}{k}} \sqrt{1 - \varepsilon_1^{\frac{k-1}{k}}}} = 1.04$$

$$\delta = 30'$$

$$\alpha_1 = 11° + 30' = 11°30'$$

$$w_1 = \sqrt{c_1^2 + u^2 - 2uc_1\cos\alpha_1} = 475.0 \text{ m/s}$$

$$\tan\beta_1 = \frac{c_1\sin\alpha_1}{c_1\cos\alpha_1 - u} = 0.2840, \qquad \beta_1 = 15.86°$$

出口　　$$w_{2s} = \sqrt{2\Omega_1 h_s^* + w_1^2} = 486.0 \text{ m/s}$$

$$w_2 = \psi w_{2s} = 0.914 \times 486.0 = 445.0 \text{ m/s}$$

$$\beta_2 = 15°40'$$

$$c_2 = \sqrt{w_2^2 + u^2 - 2uw_2\cos\beta_2} = 274.5 \text{ m/s}$$

$$\alpha_2 = 25°50'$$

第二列动叶:

进口　　$$c'_{1s} = \sqrt{2\Omega_2 h_s^* + c_2^2} = 326.5 \text{ m/s}$$

$$c'_1 = \varphi' c'_{1s} = 0.944 \times 326.5 = 308.0 \text{ m/s}$$

$$\alpha'_1 = 21°10'$$

$$w'_1 = \sqrt{c_1'^2 + u^2 - 2uc'_1\cos\alpha'_1} = 154.0 \text{ m/s}$$

$$\tan\beta'_1 = \frac{c'_1 \sin\alpha'_1}{c'_1 \cos\alpha'_1 - u}, \quad \beta'_1 = 46°20'$$

出口
$$w'_{2s} = \sqrt{2\Omega_3 h_s^* + w'^2_1} = 185.0 \text{ m/s}$$

$$w'_2 = \psi' w'_{2s} = 178.5 \text{ m/s}$$

$$\beta'_2 = 32°10'$$

$$c'_2 = \sqrt{w'^2_2 + u^2 - 2u w'_2 \cos\beta'_2} = 100.0 \text{ m/s}$$

$$\alpha'_2 = 107°30'$$

3.5.2 轮周效率计算

喷管能量损失
$$h_n = \frac{c_{1s}^2}{2} - \frac{c_1^2}{2} = (1-\varphi^2)\frac{c_{1s}^2}{2} = 24.2 \text{ kJ/kg}$$

动叶 I 能量损失
$$h_b = \frac{w_{2s}^2}{2} - \frac{w_2^2}{2} = (1-\psi^2)\frac{w_{2s}^2}{2} = 19.5 \text{ kJ/kg}$$

导叶能量损失
$$h'_n = \frac{c'^2_{1s}}{2} - \frac{c'^2_1}{2} = (1-\varphi'^2)\frac{c'^2_{1s}}{2} = 5.8 \text{ kJ/kg}$$

动叶 II 能量损失
$$h'_b = \frac{w'^2_{2s}}{2} - \frac{w'^2_2}{2} = (1-\psi'^2)\frac{w'^2_{2s}}{2} = 1.2 \text{ kJ/kg}$$

余速能量损失
$$h_{c_2} = \frac{c'^2_2}{2} = 5.0 \text{ kJ/kg}$$

轮周效率
$$\eta_u = \frac{G(h_s^* - h_n - h_b - h'_n - h'_b - h_{c_2})}{Gh_s^*} = 0.786$$

$$\eta_u = \frac{Gu(c_1\cos\alpha_1 + c_2\cos\alpha_2 + c'_1\cos\alpha'_1 + c'_2\cos\alpha'_2)}{Gh_s^*} = 0.788$$

取平均值
$$\eta_u = 0.787$$

实际轮周效率
$$\eta'_u = 0.787 \times 0.975 = 0.767$$

3.5.3 级效率和内功率计算

摩擦损失系数：
$$\xi_f = K_1 \frac{x_a^3 d_m}{el_1 \sin\alpha_1 \mu_1} = \frac{0.69 \times 0.25^3 \times 10^{-3}}{0.25 \times 0.015\,7 \times 0.945 \times 0.2} = 0.014\,6$$

其中，$K_1 = 10^{-3}$。

鼓风损失系数：
$$\xi_v = K_2 \frac{2x_a^3}{\sin\alpha_1} \cdot \frac{1-e}{e} = \frac{0.065 \times 2 \times 0.25^3 \times 0.75}{0.2 \times 0.25} = 0.030\,4$$

其中，$K_2 = 0.065$。

弧端损失系数：
$$\xi_{en} = k_3 \frac{b_2 l_2 + 0.6 b'_2 l'_2}{d_m l_1 e \sin\alpha_1} \cdot \eta_u \cdot n \cdot \frac{x_a}{\sqrt{1-\Omega}}$$

$$= 0.135 \times \frac{(0.025 \times 0.018) + 0.6(0.025 \times 0.025)}{0.015\,7 \times 0.69 \times 0.2 \times 0.25} \times 0.767 \times 0.25$$

$$= 0.039\,6$$

其中，$k_3 = 0.135, n = 1$，并忽略反动度 Ω。

级的相对内效率：

$$\eta_{oi} = \eta'_u - \xi_f - \xi_v - \xi_{en}$$
$$= 0.767 - 0.014\ 6 - 0.030\ 4 - 0.039\ 6$$
$$= 0.682$$

级的有效焓降：

$$h_i = h_s^* \times \eta_{oi} = 261.3 \times 0.682 = 178.5\ \text{kJ/kg}$$

过程曲线如图 3-17 所示。由图可以看到，进汽节流所损失的焓降为 $\Delta h_s = 14.7\ \text{kJ/kg}$，故汽轮机总焓降为

$$H_s^* = 261.3 + 14.7 = 276.0\ \text{kJ/kg}$$

汽轮机内效率为

$$\eta_i^T = \frac{h_i}{H_s^*} = \frac{178.5}{276.0} = 0.647$$

汽轮机内功率为

$$N_i = Gh_i = 6.6 \times 178.5 = 1\ 176.1\ \text{kW}$$

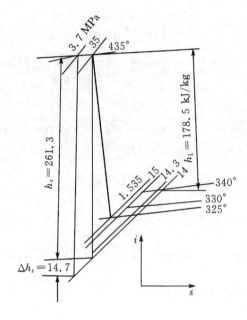

图 3-17　过程曲线

3.5.4　机械损失及有用功率

根据 $N_i = 1176.1\ \text{kW}$，查图 3-17，可得 $\eta_m = 0.97, \eta_{ge} = 0.976$。因此，汽轮机的有用功率为

$$N_e = N_i \times \eta_m \times \eta_{ge} = 1\ 176.1 \times 0.97 \times 0.976 = 1\ 113.5\ \text{kW}$$

如果是汽轮发电机组，则 N_e 乘上电机效率 η_g 之后就是电机功率 N_g。此处取 $\eta_g = 0.91$，则

$$N_g = N_e \times \eta_g = 1\ 113.5 \times 0.91 = 1\ 013.53\ \text{kW}$$

所以机组汽耗率为

$$d = \frac{3\ 600G}{N_g} = \frac{3\ 600 \times 6.6}{1\ 013.3} = 23.4\ \text{kg/(kW · h)}$$

3.6　汽封装置

旋转机械密封技术的研究在科学和技术领域有非常重要的意义，对火力发电的主要设备汽轮机和燃气轮机以及航空和航天发动机等涡轮机械的设计尤为重要。现代火力发电技术对动力装置越来越高的技术经济性要求推动了汽轮机械密封技术的不断发展，先进的转子和静子间的动密封技术可显著提高汽轮机械的工作效率和可靠性。例如，汽轮机的漏汽损失可占汽轮机能量损失的 22% 左右，采用先进密封设计可大大减小泄漏量，并显著改善转子运行的稳定性。

汽轮机通流部分的隔板与转轴之间，动叶顶部和汽缸之间，以及转鼓结构的反动级静叶与转鼓之间，都存在间隙（见图 3-18），且间隙前后存在压力差。这样，进入级的蒸汽就有一部分不通过动叶通道，而是经间隙泄漏至级后，造成损失，称为级内漏汽损失。为了防止转动部分与静止部分发生摩擦，汽轮机汽缸两端与所穿过的主轴之间必须留有一定的间隙。由于压

力差的存在,在高压端总有部分蒸汽向外泄漏,而在低压端为避免空气进入汽缸破坏真空,一般要送入略高于大气压的轴封蒸汽,该蒸汽一部分漏入低压汽缸内,另一部分向外漏出。这些漏汽不做任何有用功,造成外部漏汽损失。

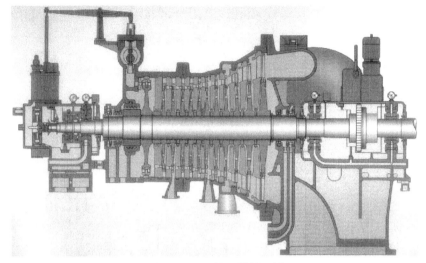

图 3-18 汽轮机纵剖面图

汽轮机间隙间的漏汽会产生两个方面的问题:一是损失了做功的工质,减小了汽轮机发出的功率,造成漏汽损失;另一个是漏汽造成凝汽器压力升高,汽轮机做功减小。同时还会氧化设备,使得安全性变差,并破坏工作环境。为了保证汽轮机的安全高效运行,需要采用汽封装置并最大限度地减小间隙漏汽量(见图 3-19)。汽轮机的汽封装置根据其安装位置分为两大类:一类是轴封,轴封安装在汽轮机主轴(汽缸两端),包括前汽封(轴封)和后汽封(轴封);另一类称为级间汽封,安装在汽轮机的隔板和动叶顶部间隙。

根据漏汽对汽轮机造成的危害可知,汽封的主要作用是减小汽缸与主轴之间环形间隙的漏汽量。具体来说,前汽封要减小高压、高温汽体向机组外的泄漏,后汽封要减小外界空气漏入汽轮机(凝汽器)中,隔板和动叶顶部汽封要减小隔板与转子主轴之间以及动叶顶部与汽缸之间环形间隙的漏汽量。汽封

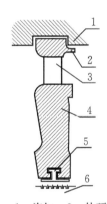

1—汽缸　2—外环
3—静叶　4—板体
5—汽封　6—转轴

图 3-19 隔板汽封剖面图

装置的类型主要有迷宫式汽封、刷式汽封、蜂窝汽封、炭精环汽封和水环式汽封。本节主要针对应用最广泛的迷宫式汽封进行讲述。

3.6.1 迷宫汽封的工作原理

图 3-20 表示一种常见的迷宫式汽封的纵剖面。迷宫式汽封的许多依次排列的环形薄金属汽封片都固定在汽轮机的汽缸壳体上,维持着与转轴表面之间的径向间隙 δ,形成许多环形孔口。每两个孔口之间形成一个环形汽室。当蒸汽漏过迷宫式汽封时,必须依次通过这些孔口的汽室。每通过一个孔口,蒸汽的压力就降低一些,因此每一个汽室中的压力都低于前一个

汽室中的压力。也就是说,每一个孔口前后都存在压力差。全部孔口两侧压力差之和就等于整段汽封所维持的总压差。由于孔口的环形面积 $A_\delta = \pi d_\delta \delta$ 是定值,因此在给定的总压力差之下,环形孔口的数目越多,则每一个孔口两侧的压力差越小,因而漏过的蒸汽也越少。

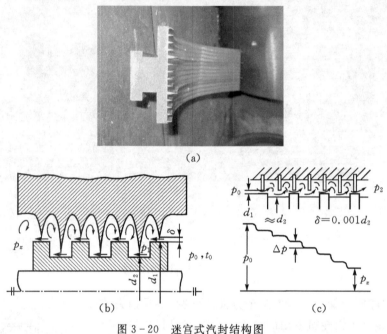

图 3-20　迷宫式汽封结构图

蒸汽流过一个孔口时,由于压力和焓值的降低所获得的速度,理论上几乎全部在孔口后容积相对很大的汽室中形成强烈的涡流而变为热量,并将蒸汽在这个汽室压力之下加热,使蒸汽的焓值几乎恢复到孔口之前的数值。因此,蒸汽漏过汽封时的热力过程实际上很接近于一个节流过程,如图 3-21 中通过点 a 的水平线(等焓线)。

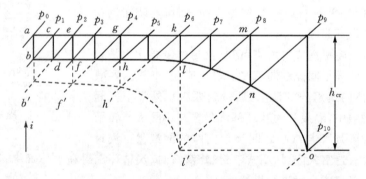

图 3-21　迷宫式汽封流动过程图

一段汽封的全部孔口的环形面积几乎相等,且通过各孔口的蒸汽流量也完全相同,但蒸汽的压力却逐渐降低,比容积相应地逐渐增大,因此,根据质量守恒定律和连续方程,任何一个孔口的汽流速度必然比上游孔口的汽流速度大,而比下游孔口的小。根据喷管流动的基本原理可以看出,孔口两侧的绝热焓降和相应的初压背压之比也必定是愈到下游愈增加。用图 3-21

中的符号表示,即

$$ab < cd < ef < \cdots\cdots$$

$$\frac{p_0}{p_1} < \frac{p_1}{p_2} < \frac{p_2}{p_3} < \cdots\cdots$$

当汽封最后一个孔口的压力差足够大时,它的汽流速度可以达到与当地音速相等的临界值。这时,汽封的漏汽量就达到与汽封初压相对应的最大值,即临界流量。由于环形孔口都可近似认为相当于一个有收缩没有斜切部分的喷管,所以最后一个孔口的汽流速度在背压再降低时也不会大于临界速度,而其它任何孔口的汽流速度则都永远小于当地音速。

图 3-24 中的曲线 $bdf\cdots\cdots$ 是各个孔口出口环形截面上的蒸汽状态(p 和 i)点的轨迹。这条曲线有一个专门的名称叫作芬诺线。与每一个漏汽量相对应都有一条芬诺线,所以芬诺线是等流量线。当最后一个孔口的蒸汽速度达到临界值时,该孔口前后的绝热焓降也达到临界值 h_{cr}。由热力学和喷管流动的基本关系可以证明芬诺线在 o 点的切线正好是 i-s 图上的一条等熵线,即垂直线。

如果汽封的初压和背压不变,间隙 δ 也不变,但是孔口的数目减少(也就是汽封全长减小),则漏汽量必然增加。在图 3-24 中,当初压为 p_0,背压为 p_9 时,汽封有 9 个孔口,其最后孔口的绝热焓降为 $mn < h_{cr}$,汽流速度小于临界值。当孔口数目减为 4 个时,每个孔口都处于较大的压力差之下,而最后一个孔口的绝热焓降已经达到 $kl' = h_{cr}$,汽流速度已经达到临界值了。代表这个较大的漏气量的芬诺线是图中的 $b'f'h'l'$。

如将蒸汽假定为理想气体,l' 点和 o 点必定在一条等焓线上,因为 4 个孔口的汽封和 10 个孔口的汽封都是从初温等于 T_0 的点 a 开始按节流过程即等焓线过程通过汽封全长的。T_0 是常数,ε_{cr} 是常数,所以 h_{cr} 也必然是常数,这也说明与等焓线 $l'o$ 上面各点的状态相应的汽流音速都相同。由于这条线也是一条等温线,因此它上面各点的 pv 乘积都相同,但因决定流量大小的比容 v 是沿着这条水平线变化着的(δ 不变),故通过各点的芬诺线都代表着不同的流量。

对于一段孔口数目不变(或全长不变)的汽封,如果背压始终维持在 p_z 不变而逐渐提高它的初压,漏汽量就将随初压的升高而增加。在某一个初压 p_0 之下,最后一个孔口汽流速度达到 p_z 下的音速,这时汽封的临界流量与第一条芬诺线相应,如图 3-22 中曲线 1 所示。当初压继续上升到 p'_0 时,漏汽量就增加到另一个更大的临界值,如图中芬诺线 2 所示。这时,汽封的背压虽然还是 p_z,但最后一个孔口的出口截面上的压力却已升高到 p'_z,如图 3-22 中的附图所示。

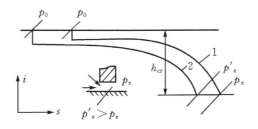

图 3-22　不同初压下的芬诺线

通过一段汽封的各孔口的汽流动能,如果不能在各汽室中全部转化为热能,而是保留一部分动能带到下一个孔口,那么即使汽封前后的汽流参数和孔口的数目都不变,这段汽封的实际漏汽量也将比在汽流动能全部转化为热能时的情况有所增大。有些蒸汽轮机采用的光轴汽封（见图 3-23）的漏汽情况就是这样的。图 3-23 中的 i-s 图上实线部分表示动能全部转化为热能的汽封中的流动过程；虚线表示动能部分保留的汽封中的流动过程。假设各汽室中所保留的动能百分数相同，则代表汽室中汽流静止状态的虚线 1 呈缓慢下弯的形状。这条虚线以上各段绝热焓降就是各汽室中汽流动能所代表的滞止绝热焓降。下面一条虚线 2 就是漏汽量增大后的芬诺线。

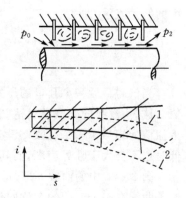

图 3-23　光轴汽封漏汽过程

3.6.2　迷宫汽封泄漏量

当一段迷宫式汽封之前的蒸汽状态 p_0、v_0 和背压 p_z 以及主要几何参数如面积 $A_\delta = \pi d_\delta \delta$ 和汽封齿数 z 等给定时，汽封的漏汽量 G_δ 就有一个完全确定的值。

下面介绍理想情况下汽封漏汽量 G_δ 的计算公式的推导过程：

如果将汽封中任意一个环形孔口当作一个收缩直喷管，那么对第 i 个孔口，能量方程为 $c\mathrm{d}c + v\mathrm{d}p = 0$，有

$$\frac{c_i^2 - c_{i-1}^2}{2} + \int_{p_{i-1}}^{p_i} v\mathrm{d}p = 0$$

其中，c_{i-1}、p_{i-1} 表示第 i 个孔口前的汽流速度和压力；c_i、p_i 表示第 i 个孔口后的汽流速度和压力。

理想情况下，汽室中的涡流将蒸汽动能全部转化为热能。可以认为初速度 $c_{i-1} = 0$，则环形孔口出口截面上的理论汽流速度 c_i 为

$$c_i = \sqrt{-2 \int_{p_{i-1}}^{p_i} v\mathrm{d}p} \tag{3-30}$$

根据连续方程，通过这个环形孔口的漏汽量为

$$G_\delta = \frac{A_\delta c_i}{v_i} = A_\delta \sqrt{\frac{-2 \int_{p_{i-1}}^{p_i} v\mathrm{d}p}{v_i^2}} \tag{3-31}$$

将喷管中理想等熵流动过程方程 $pv^\kappa = \mathrm{const}$ 代入式（3-31），可以计算出汽封漏汽量 G_δ。

为了计算简便，对一个环形孔口，忽略汽体的可压缩性，将比容 v 看成一个常数，取

$$v = \frac{v_{i-1} + v_i}{2}$$

同时，认为环形孔口中是等温膨胀过程，并可用理想气体状态方程（$pv = \mathrm{const}$）来描述，因而有

$$pv = p_0 v_0 \quad 或 \quad v = p_0 v_0 / p$$

则漏汽量公式变为

$$G_\delta = A_\delta \sqrt{\frac{-2 \int_{p_{i-1}}^{p_i} v\mathrm{d}p}{v_i^2}} \approx A_\delta \sqrt{\frac{2v(p_{i-1} - p_i)}{v^2}} = A_\delta \sqrt{\frac{2p(p_{i-1} - p_i)}{p_0 v_0}} \tag{3-32}$$

或

$$p(p_{i-1} - p_i) = \frac{1}{2} p_0 v_0 \left(\frac{G_\delta}{A_\delta}\right)^2 \tag{3-33}$$

显然,孔口处压力 p 越低,孔口前后压差 $p_{i-1} - p_i$ 越大,对应的孔口焓降 $h_s = i_{i-1} - i_i$ 也越大。与前面定性分析是一致的,表明所作假定并不影响汽封中流动的基本规律。

与取 $v = \frac{v_{i-1} + v_i}{2}$ 相对应,也可以假定孔口压力为 $p = \frac{p_{i-1} + p_i}{2}$,代入式(3-33),有

$$\frac{p_{i-1}^2 - p_i^2}{2} = \frac{p_0 v_0}{2} \left(\frac{G_\delta}{A_\delta}\right)^2 \tag{3-34}$$

式(3-34)对汽封中任一个环形孔口都适用,等号右边是常数(G_δ、A_δ 对任何孔口都一样,$p_0 v_0$ 是初参数)。对每一个孔口而言,都可以列出式(3-34),对 z 个环形孔口,有

第 1 个孔口　　　　　　　$\dfrac{p_0^2 - p_1^2}{2} = \dfrac{p_0 v_0}{2}\left(\dfrac{G_\delta}{A_\delta}\right)^2$

第 2 个孔口　　　　　　　$\dfrac{p_1^2 - p_2^2}{2} = \dfrac{p_0 v_0}{2}\left(\dfrac{G_\delta}{A_\delta}\right)^2$

　　　　　　　　··············

第 i 个孔口　　　　　　　$\dfrac{p_{i-1}^2 - p_i^2}{2} = \dfrac{p_0 v_0}{2}\left(\dfrac{G_\delta}{A_\delta}\right)^2$

　　　　　　　　··············

第 $z-1$ 个孔口　　　　　$\dfrac{p_{z-2}^2 - p_{z-1}^2}{2} = \dfrac{p_0 v_0}{2}\left(\dfrac{G_\delta}{A_\delta}\right)^2$

第 z(最后)个孔口　　　$\dfrac{p_{z-1}^2 - p_z^2}{2} = \dfrac{p_0 v_0}{2}\left(\dfrac{G_\delta}{A_\delta}\right)^2$

等式两边各式相加　　　$\dfrac{p_0^2 - p_z^2}{2} = \dfrac{p_0 v_0}{2}\left(\dfrac{G_\delta}{A_\delta}\right)^2 \times z$

漏汽量为

$$G_\delta = A_\delta \sqrt{\frac{p_0^2 - p_z^2}{z p_0 v_0}} \tag{3-35}$$

显然,汽封漏汽量与汽封初压 p_0、比容 v_0、背压 p_z 以及漏汽面积 A_δ、汽封片数有关。

漏汽量计算公式反映了迷宫式汽封漏汽量的基本规律,但定量上还存在一定的误差。误差的来源(误差因素)如下:

(1) 将环形孔口的流动当成喷管中的流动;

(2) 将实际汽体的流动简化为不可压流动,并用理想气体状态方程进行推导;

(3) 用平均值 $v = (v_{i-1} + v_i)/2$,$p = (p_{i-1} + p_i)/2$ 代替了实际变化值;

(4) 其它因素(孔口的流动阻力、孔口面积收缩率、相邻孔口间的相互影响、汽封的几何结构等)。

考虑上面的误差因素,需要对汽封理想漏汽量计算公式进行修正。实际汽封漏汽量公式为

$$G_\delta = \mu_\delta A_\delta \sqrt{\frac{p_0^2 - p_z^2}{z p_0 v_0}} \tag{3-36}$$

其中,μ_δ 是汽封的流量系数,它考虑了上面的所有误差因素。

可以看出,环形孔口数 z 增加,漏汽面积 A_δ 增加,汽封初压 p_0 升高都会导致漏汽量 G_δ 增

加。

当迷宫式汽封的压差或压比使得汽封漏汽量达到临界值时,需要给出临界漏汽量 $G_{\delta cr}$。当汽封背压 p_z 与初压 p_0 的比值 p_z/p_0 很小(即压差 $p_0 - p_z$ 较大),而环形孔口又不是很多时,最后一个孔口的压比可能等于或小于临界压比。这时,漏汽量对最后一个孔口来说就是临界流量,这个临界流量也就是整个汽封的临界漏汽量 $G_{\delta cr}$。

当最后一个孔口的流量达到临界流量时,有

$$\frac{p_z}{p_{z-1}} \leqslant \varepsilon_{cr} = 0.546$$

根据喷管通流能力计算公式,临界流量为

$$G_{cr} = \mu_1 A_1 \sqrt{k \frac{p_0^*}{v_0^*} \left(\frac{2}{k+1}\right)^{\frac{k+1}{k-1}}} \quad (k = 1.3, \mu = \text{定常值})$$

即

$$G_{\delta cr} = 0.65 \mu_\delta A_\delta \sqrt{\frac{p_{z-1}}{v_{z-1}}}$$

将等温膨胀过程方程 $p_0 v_0 = p_i v_i = p_{z-1} v_{z-1}$ 代入上式,有

$$G_{\delta cr} = 0.65 \mu_\delta A_\delta \sqrt{\frac{p_{z-1}^2}{p_0 v_0}} \tag{3-37}$$

对于最后一个孔口以前的其它汽封环形孔口,通过的流量并未达到相应的临界流量。利用前面介绍的漏汽量计算公式: $G_\delta = G_{\delta cr} = \mu_\delta A_\delta \sqrt{\frac{p_0^2 - p_{z-1}^2}{(z-1) p_0 v_0}}$,有

$$G_{\delta cr} = \mu_\delta A_\delta \sqrt{\frac{p_0^2 - p_{z-1}^2}{(z-1) p_0 v_0}} = G_{\delta cr} = 0.65 \mu_\delta A_\delta \sqrt{\frac{p_{z-1}^2}{p_0 v_0}}$$

得

$$p_{z-1} = \sqrt{\frac{1}{0.423z + 0.577}} \times p_0 \tag{3-38}$$

而当最后一个孔口达到临界时,有

$$p_z = 0.546 p_{z-1} = \sqrt{\frac{0.298}{0.423z + 0.577}} \times p_0$$

即

$$\frac{p_z}{p_0} = \sqrt{\frac{0.298}{0.423z + 0.577}} \tag{3-39}$$

当 z 为 1、2、3…时,p_z/p_0 分别为 0.546、0.458、0.402…。环形孔口数目 z 越多,临界压比 $\frac{p_z}{p_0}$ 就越小。

可见,迷宫式汽封的漏汽量应区分两种情况:

(1) 如果 $\frac{p_z}{p_0} > \sqrt{\frac{0.298}{0.423z + 0.577}}$,汽封漏汽量未达到临界漏汽量,漏汽量为

$$G_\delta = \mu_\delta A_\delta \sqrt{\frac{p_0^2 - p_z^2}{z p_0 v_0}}$$

(2) 如果 $\frac{p_z}{p_0} \leqslant \sqrt{\frac{0.298}{0.423z + 0.577}}$,汽封漏汽量等于临界漏汽量,漏汽量为

$$G_{\delta cr} = \mu_\delta A_\delta \sqrt{\frac{p_0}{v_0}} \sqrt{\frac{1}{z + 1.366}}$$

3.6.3　迷宫汽封设计

汽轮机安装汽封的目的是在保证汽轮机安全运行的前提下,将漏汽量控制在一定的范围内。因此,汽封的漏汽量计算是汽封设计中最为主要的设计项目,而汽封的流量系数也就是最主要的设计数据。

在汽轮机中,所采用的汽封结构形式有几十种,如平齿形式、斜齿形式、复式汽封片等。图 3 - 24 给出了八种比较常见的曲径式汽封的结构形式,图 3 - 25 给出了一种迷宫汽封的流量系数与相对轴向间隙及齿数的关系。

从图 3 - 25 中可以看出,不同的汽封形式,其流量系数有较大的区别;流量系数随相对径向间隙的增大而增大。

在汽轮机中,δ 的设计绝对值一般取在 0.3～0.5 mm 的范围内,视汽封平均直径 d_δ 的大小而定。从安全运行角度考虑,径向间隙 δ 的最小值为 0.25 mm。而当汽轮机运行一段时间后,实际的间隙很可能扩大到 0.6～0.8 mm。

一般情况下,要求汽轮机前后汽封总漏汽量不超过汽轮机进汽量的 1%。因此,对于初压较高的汽封,在设计中应将汽封分为 2～3 个压力段,以便从汽封中间腔室将压力较高的漏汽引出并通往可以利用漏汽的设备(如汽轮机中间级)。另外还要求,作为漏汽信号从汽封管中冒出的漏汽量只能是极少量。在齿数选择方面,对背压较低的单级汽轮机汽封,可以采用足够多的汽封片数,使汽封不出现临界漏汽量。对背压较高的单级汽轮机汽封,为避免汽封太长,一般取合适数目的汽封齿数,使汽封漏汽量达到临界漏汽量,但不超过总进汽量的 1%。

3.6.4　蜂窝汽封

汽轮机械转子系统中的密封在防止流体泄漏的同时,会产生对转子流体激振力,影响转子的振动稳定性。汽流激振力主要来自动叶顶部间隙激振力、密封蒸汽激振力和作用在转子上的静态蒸汽力。动叶顶部间隙激振力是汽轮机叶轮在偏心位置时,由于动叶顶部间隙沿圆周方向不同,蒸汽在不同间隙位置处的泄漏量不均匀,使得作用在各个位置的圆周切向力不同,从而产生的作用在叶轮中心的间隙激振力。在一个振动周期内,当系统阻尼消耗的能量小于间隙激振力所做的功时,这种振动就会被激发起来。动叶顶部间隙不均匀产生的间隙激振力大小与级的功率成正比,与动叶的平均直径、高度和工作转速成反比。间隙激振易发生在大功率汽轮机的高压转子上。密封蒸汽激振力是由于转子的动态偏心,引起轴封和隔板密封内蒸汽压力周向分布不均匀,产生垂直于转子偏心方向的合力。

对于汽轮机而言,汽流激振属于自激振动,这种振动不能用动平衡的方法来消除。汽流激振在较高负荷情况下发生,振动随着负荷的增大而加剧。突发性振动有一个门槛负荷,超过此负荷,立即激发蒸汽振荡;相反,汽流激振在小于某一负荷下会消失。汽流激振在负荷增减过程中,易重复发生。汽流激振的振动频率等于或略高于转子一阶临界转速。在大多数情况下,振动成分以接近工作转速一半的频率分量为主。汽流激振易发生在汽轮机的大功率区段及叶轮直径较小和短叶片的高压转子上。根据美国和前苏联多年的工程经验发现,一旦汽轮发电机组发生流体激振而不能满负荷运行时,可以通过更换轴瓦、改进密封结构或尺寸、调整动静

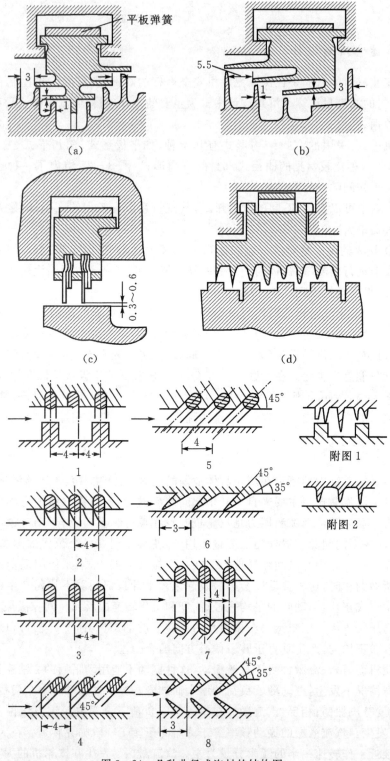

图 3-24 几种曲径式汽封的结构图

间隙大小、在密封部位安装止涡装置、改变阀门开度和顺序等措施来解决。可见,由迷宫密封所引起的流体激振是汽轮机组不能稳定、满负荷运行的一个重要因素。

评价密封系统的性能指标不仅要求泄漏量控制得更低,还要求密封系统能保证或增强转子系统的稳定性。为了提高转子的稳定性,目前主要有两种途径:一种是发展阻尼密封技术,通过改变密封结构或静子面的粗糙程度来改变密封的总体性能;另一种是采用反旋流技术来减小或消除密封中的周向速度。阻尼密封的概念是由 Von Pragenau 在 1982 年提出的,这类密封相对于迷宫密封而言具有较大的阻尼,其结构特点是具有光滑转子面和粗糙静子面。由于静子面上的粗糙度,这种密封拥有比迷宫密封大的阻尼系数,同时还能够削弱密封内的周向流动,进而减小了密封的交叉刚度,增强了转子的稳定性。例如近几十年出现的蜂窝阻尼密封(honeycomb damper seal)、袋型阻尼密封(pocket damper seal, PDS)以及孔型阻尼密封(hole-pattern damper seal)均属于阻尼密封系列。

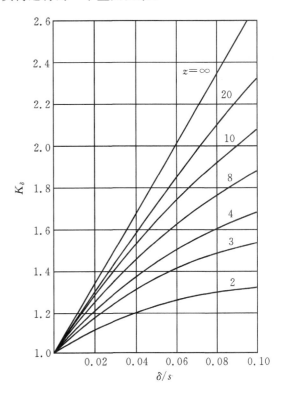

图 3-25 迷宫式汽封的流量系数

蜂窝密封很早就已应用在叶轮机械中,从 20 世纪 60 年代开始,光滑转子面、粗糙静子面的蜂窝密封便应用于一些石油化工类的压气机上。蜂窝密封是一种可磨耗的先进密封结构,由高温合金密封与背板组成,通过高温真空钎焊连接,主要应用于航空发动机、燃气轮机、汽轮机和其他汽轮机械的轴封、叶顶间隙密封。蜂窝密封由蜂窝部分和支持部分组成,两部分通过高温真空钎焊工艺连接。蜂窝材料是高温合金或不锈钢箔材。多个蜂窝密封弧段组成一个密封环,直径较小时可以是两个半圆或整环。在大多数情况下,蜂窝密封安装在静止部件上,如汽轮机的缸体、静叶和隔板套上。蜂窝密封与转动部件一起构成密封结构。主要结构型式是蜂窝-光滑面,蜂窝-迷宫齿两种,根据工作要求分别应用于不同汽轮机械和密封位置。图 3-26 是典型蜂窝密封结构图。

蜂窝阻尼密封是旋涡耗散能量型密封,沿轴向进入密封腔室的蒸汽汽流会立即充满蜂窝芯格,能量被蜂窝芯格吸收,蜂窝芯格内不储存能量并对泄漏的蒸汽汽流产生阻碍进行密封,同时在蜂窝芯格端面与轴径表面的径向间隙处,由于转子的高速旋转形成一层汽膜阻止汽

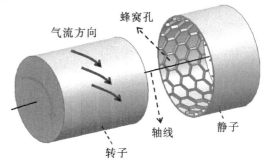

图 3-26 蜂窝密封结构图

流的轴向流动,汽流速度迅速降低,因此蜂窝阻尼密封具有很好的密封效果。由于蜂窝密封六角形蜂窝芯格的阻尼作用,蜂窝密封有时称作蜂窝阻尼密封。蜂窝阻尼密封的蜂窝带的材料质地较软,具有可磨性,所以径向间隙可以控制的比迷宫密封小,再加上其具有无数个蜂窝孔状的芯格结构,与转子接触时是若干个点形成的面式接触,具有可靠的安全性能。破坏性耐磨试验的结果表明,蜂窝阻尼密封对轴的摩擦损失程度仅是铁素体迷宫密封的1/6。即使发生动静摩擦,也不会伤及轴颈。在相同压差和间隙的情况下,迷宫式蜂窝阻尼密封的泄漏量比迷宫密封的泄漏量减小50%～70%。对于高压缸轴封,由于蜂窝阻尼密封良好的密封效果,可以保证安装时具有较小的密封间隙,从根本上解决轴端泄漏严重导致油中进水而引起汽轮机油乳化的问题。图3-27表示了蜂窝阻尼密封的几种应用,图(a)是用于轴封的迷宫式蜂窝阻尼密封结构图,图(b)给出了蜂窝面光轴阻尼密封结构,图(c)是动叶顶部蜂窝面阻尼密封结构。

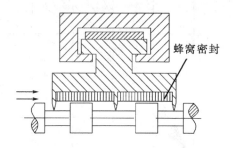

(a)迷宫式蜂窝阻尼密封

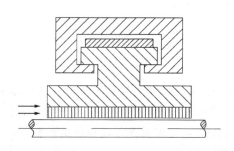

(b)光轴蜂窝阻尼密封

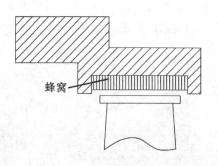

(c)叶顶蜂窝阻尼密封

图3-27　几种典型的蜂窝密封图

3.6.5　刷式汽封

刷式密封是接触式零间隙密封,密封效果好,但是对轴的表面有特殊要求。高温和高相对接触速度的刷式密封技术自 20 世纪 90 年代以来得到迅速发展,目前它可以承受的转子线速度已超过 305 m/s,运行温度达到 690℃。在工业燃气轮机方面,1992 年 Simens Westinghouse 将刷式密封应用于 160 MW 燃气轮机系列的设计中。在汽轮机方面,已在汽轮机轴封和动叶叶顶处应用了刷式密封,取得了很好的经济效益。

刷式密封由高温合金刷丝和支持背板通过特殊熔焊的方法制成,主要用于航空发动机、燃气轮机和汽轮机轴封。刷式密封的泄漏量是迷宫密封的 20%～10%,使汽轮机的泄漏损失大幅度下降,并改善了转子的稳定性。刷式密封的结构如图 3-28 所示,其主要部件金属刷丝是弧状或环状捆扎在一起的高密集的且与密封刷左右两侧圆环按一定方向排列的直径为 0.05～0.07mm 的细金属丝。刷丝自由端与轴表面接触,另一端用含银环氧树脂粘结或者用黄铜钎焊在一起。采用电火花方法将刷丝自由端加工到精确尺寸。和刷丝接触的轴表面一般喷涂一层耐磨材料,以减少轴的磨损。刷丝按一定角度规则排列,以减少刷丝的磨损,使刷丝更容易适应转子的热变形、制造误差等问题。在轴瞬间大幅径向位移后,刷丝可弹回,保持密封间隙不变。图 3-29 是具有两个密封刷的刷式轴封弧状组件结构图。

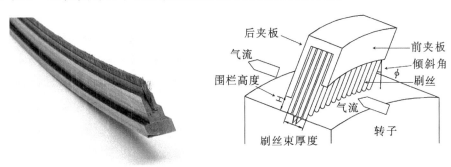

图 3-28　刷式密封结构图

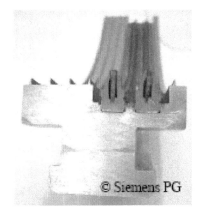
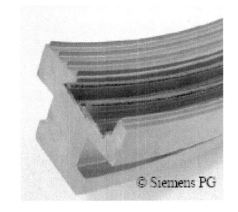

图 3-29　刷式轴封的弧状组件

大量的试验揭示了刷式密封的以下特性:

(1)刷式密封泄漏量系数与压比的关系具有"磁滞"特征。刷式密封的泄漏量随压比增大而增加,当压比增大到某一定值后,泄漏量突然下降,之后随压比增加的梯度也降低许多。

(2)下游环保护高度决定了刷式密封抵抗来汽压力的能力,还影响着刷束的磨损形态,其值愈小愈好。但是,要求考虑转子瞬间大幅径向位移时,下游环不与转子碰撞。一般建议下游环保护高度为 1.27 mm。

(3)轴表面是否有涂层以及刷毛自由端是否研磨成球形,对泄漏量没有大的影响。

(4)多级刷式密封主要应用于高压差工况,并可减小对转速变化的敏感性。

(5)实验和理论分析均表明小轴颈的刷式密封性能下降,特别是轴颈小于 101.6 mm 时问题比较突出。

(6)转子转速下降造成刷式密封泄漏量增加,转子振动时刷丝对转子的摩擦力矩急剧减少,导致泄漏量增大。当转子振动频率接近刷丝固有频率时,刷丝束的振动增大。

第4章 汽轮机级的二维和三维设计

汽轮机是关键的电力设备,世界上 80% 左右的电力依赖于汽轮机[1],而我国这个比例更是达到 82.7%[2]。为了提高热功转换的经济性,汽轮机的单机功率不断提高。从图 4 − 1 可以看出,从 1883 年第一台冲动式汽轮机问世,汽轮机的单机功率已提高了 40 多万倍。

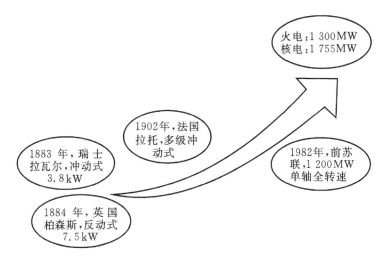

图 4 − 1　汽轮机单机功率的变化

汽轮机的单机功率可以表示为

$$N_i = GH_s\eta_{oi} \tag{4-1}$$

从式(4 − 1)可以看出,增加汽轮机单机功率有三个方法:一是增加蒸汽流量;二是增加蒸汽的等熵焓降;三是提高汽轮机的内效率。目前,汽轮机级的内效率已达到 90% 左右,通过提高内效率来大幅度地增加汽轮机的单机功率是不现实的。当前备受瞩目的超临界、超超临界汽轮机组的研发,就是为了提高汽流进口的压力和焓值,从而提高汽轮机组的功率和效率。但是,受到锅炉、凝汽器和材料等的制约,汽轮机组的等熵焓降的提高受到很大的限制。因此,增加蒸汽流量就成了提高汽轮机组功率的必然选择。要提高通流能力,汽轮机组的排汽面积必须增加。汽轮机组的排汽面积可表示为

$$A = \pi d_m el \sin\alpha_2 = \pi(d_h + l)el \sin\alpha_2 \tag{4-2}$$

式中,d_m 表示平均直径,d_h 表示根部直径,另外用 d_t 表示顶部直径。从式(4 − 2)可以看出,由于汽轮机组叶片根部直径受轮盘结构强度较大的制约,要提高汽轮机组的通流能力必然要增加叶片的高度,因此大功率汽轮机组必然采用越来越长的叶片。采用长叶片的透平级被称为长叶片级。

在研究长叶片级之前,需要给出长叶片级的定义。长叶片级是相对于第 2 章所研究的短叶片级而言的,一般认为长叶片级的通流部分高度 l 与级的平均直径 d_m 之比大于 $1/7 \sim 1/10$。对于长叶片级的定义需作以下几点说明:

(1)长叶片级是一个相对的概念,是人为划分的,与短叶片级没有严格精确的分界线。

(2)汽轮机通流部分很可能同时包含短叶片级和长叶片级。

(3)沿叶高方向将长叶片级按一定的规则分段,可将不同的段视为短叶片。

与短叶片级相比,长叶片透平级有以下四个突出的特点:

1)由于长叶片级中半径 r_h 和 r_t 相差较大,因此长叶片级的圆周速度沿径向变化很大, $u_h < u_m < u_t$。

2)长叶片级的反动度沿径向变化较大。在喷管叶栅之后汽流有很大的周向分速度,所以形成了一个径向离心力场。为了平衡该离心力场,喷管叶栅和动叶之间的轴向间隙处的压力 p_1 沿半径方向增加。而在喷管之前和动叶之后分别是轴向进汽和轴向排汽,均没有径向离心力场,压力 p_0 和 p_2 沿径向变化不大。因此,压差 $p_0 - p_2$ 近似沿径向不变,所对应的级等熵滞止焓降沿径向近似不变;而压差 $p_1 - p_2$ 沿径向逐渐增大,所对应的动叶等熵焓降沿径向也增大。根据反动度的定义,可知级反动度沿径向是增加的,即 $\Omega_h < \Omega_m < \Omega_t$,而且级中半径 r_h 和 r_t 相差越大,反动度沿径向变化越大。

3)级的圆周速度沿径向变化很大导致了长叶片级的速度三角形沿径向变化很大。一般而言,由于圆周速度沿径向增加,动叶进汽角度 β_1 沿径向增大,而为了减小余速损失,保持各个截面上排汽角度都接近90°,动叶出口汽流角 β_2 需要沿径向减小。典型的长叶片速度三角形如图4-2所示。

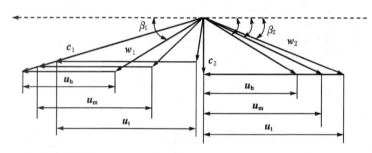

图4-2　典型长叶片级的速度三角形

4)为了适应汽流角度的这种变化,动叶片进口和出口几何角度也必须沿径向相应变化,这就造成整个动叶片型线沿径向扭曲,如图4-3所示。所以长叶片级又叫作扭曲叶片级。

在第2章研究汽轮机级的工作原理时,采用了基本的假设:汽流参数沿叶高和周向不变。这样只需对级平均直径截面进行计算,结果可以应用到所有叶片截面,即可以采用一元流动的方法来分析汽轮机级内的汽流运动和能量转换的情况。但必须指出的是,在汽轮机级内汽流参数沿叶高的变化是客观存在的,并且要遵守气体运动方程。当汽流参数沿叶高变化增大到不能忽略的时候,一元流动分析方法会带来较大的误差,因此一元分析方法不适用于长叶片级中的流动分析,需要采用二维甚至三维的设计方法进行分析。反过来说,长叶片级与短叶片级最大的区别在于设计时是否考虑汽流参数沿径向的变化,长叶片级是采用考虑汽流参数沿径向变化的二维甚至三维设计方法设计的汽轮机级。

图4-3　典型长叶片的扭曲外形

需要指出的是,在设计汽轮机级的时候是否考虑汽流参数沿叶高的变化,要根据设计水平、提高效率的收益和制造成本等各方面的因素决定。因此,长叶片级的定义是动态的,随着设计手段的不断提高,比值将越来越小,当前短叶片级也已普遍采用三维设计方法进行精细化设计。汽轮机级的二维和三维设计理论与技术的持续发展和广泛应用,推动了汽轮机技术的不断进步。本章以长叶片级为研究对象,介绍汽轮机级的二维和三维设计方法。

4.1　级内的空间汽流

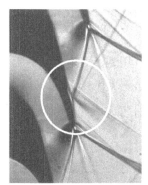

汽轮机级的工作汽流是黏性、三维和非定常的有旋汽流,并且伴随有能量的交换。蒸汽参数沿流动方向、叶高方向和周向都是变化的,并常伴随有激波、边界层分离、回流等复杂的流动现象及其相互作用[3](见图 4-4),存在通道涡、角涡、泄漏涡等复杂涡系。图 4-5 给出了叶栅端壁附近由马蹄涡、通道涡以及角涡等组成的复杂涡系[4]。

这样一种非常复杂的流动过程,需要采用完全的 N-S 方程来描述。前面采用的一元可压缩定常流动模型仅适用于短叶片级内的流动,而长叶片级内的流动则需要采用三维流动模型来分析。当然,三维流动模型并不是从根本上否定一元流动模型,而是对一元流动模型的补充和发展。

图 4-4　叶栅内的激波及其与边界层的交互

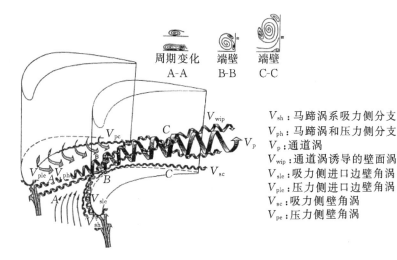

V_{sh}:马蹄涡系吸力侧分支
V_{ph}:马蹄涡和压力侧分支
V_p:通道涡
V_{wip}:通道涡诱导的壁面涡
V_{sle}:吸力侧进口边壁角涡
V_{ple}:压力侧进口边壁角涡
V_{sc}:吸力侧壁角涡
V_{pe}:压力侧壁角涡

图 4-5　叶栅端壁复杂涡系

4.1.1　三维流动物理模型简述

下面从几个方面来说明汽轮机长叶片级内汽体流动过程的特性以及为了简化研究所作的简化假设处理。

1. 黏性

流体的基本属性之一是具有黏性[5]。黏性流体在运动的过程中,流体与周围壁面之间以及流体内部流线与流线之间存在着摩擦力,称之为黏性力。按照流体力学的传统方法把运动着的流体分为主流和边界层两部分。流体的黏性力主要表现在靠近物体表面（例如叶片表面）的边界层内，而在边界层以外的主流区，黏性力表现得并不十分明显。

为了克服数学上的困难，在分析作用于流体上的力时，常常做出如下简化：忽略当地黏性力的作用，但考虑其历史积累的影响。具体来说，就是在运动方程中，其作用力不包括黏性力；但在连续方程、运动方程和能量方程中，汽体的状态参数和速度是考虑了黏性力影响后的实际值。实践表明，这种简化处理法既能简化算法，又能基本上反映真实的流动状况。

2. 可压缩性

汽体另外一个基本属性是可压缩性[5]。流体的可压缩性表现为其密度随着其它热力参数的变化而改变。密度是否为定值对于分析流体运动有根本性的影响。由流体力学已知，理想不可压缩流体的二元平面势流可以用线性微分方程式来描述，这种方程求解很方便。但对于可压缩流体，由于密度随压力或其它热力参数的变化而改变，上述微分方程就成为难于直接求解的非线性方程。这就给问题的分析带来很大的困难。一般情况下，当马赫数 $Ma < 0.2 \sim 0.3$ 时，气体可以当作不可压缩流体处理；当 $Ma > 0.2 \sim 0.3$ 时，为保证流动模型的准确性，不能对流体的可压缩性作任何简化。在大多数情况下，长叶片级内的汽流马赫数将大于 0.5，因此汽流的可压缩性是不能忽略的。

3. 三维性

三维流动的基本含意就是汽流中各个质点的速度在空间的三个方向上都是变化着的。在分析汽轮机内部流动的时候通常采用的圆柱坐标系中，径向分量、周向分量和轴向分量分别用下标 r、u、z 来表示。在长叶片级的流动中，径向速度、周向速度和轴向速度 c_r、c_u、c_z 都不等于 0，而压力 p、温度 t 等热力参数在 u、r、z 三个方向都有梯度。图 4-6 给出了三维坐标系及速度向量 c 与三个速度分量之间的几何关系。其中实线箭头表示速度向量 c，点划线箭头表示各分量。

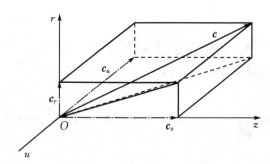

图 4-6 轴流式级圆柱坐标系中的三个方向及速度的分解

4. 非定常性

非定常性是指汽流各个质点参数随时间是变化的。造成汽流非定常性的原因主要是以下两个方面：一是由于转子的旋转，动静叶之间的相对运动；二是由于汽流固有的非定常特性，各参数在圆周方向分布的不均匀性。

对于喷管出口来说，在绝对坐标下，汽流参数在周向是不均匀分布的，但不均匀性不随时间而变化，是定常的；在相对坐标下，各点参数都是随时间而变化的，因此是非定常的。对动叶出口(下一级喷管进口)来说,在相对坐标下,动叶出口各参数在周向分布是不均匀的,但不均匀性在任何一个瞬间都是一样的,不随时间而变化,是定常的;在绝对坐标下,汽流参数在圆周方向分布是随时间变化的,是非定常的。

　　5.汽流与叶片之间的作用力

　　叶片表面受到临近汽流微团的作用力,这些力的合力就是汽流对叶片表面的作用力 **F**。这个作用力可以分解为三个方向的分力:周向力 **F**$_u$、轴向力 **F**$_z$ 和径向力 **F**$_r$。反过来,叶片对汽流有一个反作用力 **F**′,两者大小相同而方向相反,如图 4-7 所示。当然,在透平级前、静动叶轴向间隙及级后三个截面上,没有叶片力,如果只选择这三个截面进行研究,可以避开叶片力的计算。

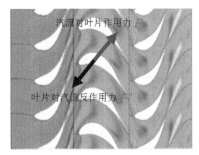

图 4-7　汽流与叶片之间的作用力示意图

　　6.有径向梯度的离心力场

　　在叶栅通道中和轴向间隙(1—1)截面处,汽流微团具有较大的周向分速度 c_u,汽流流线是一条由高压向低压前进的螺旋线。较大的周向分速度 c_u 使得汽流微团具有较大的向心加速度 c_u^2/r,即汽流微团受到离心力场的作用。由于径向速度不为 0,流线曲率半径 r 变化,这样就形成一个有径向梯度的离心力场,并且从整个级来看,离心力场不一定是连续的。在建立径向运动方程式时,必须考虑该离心力场的作用。

　　在级进口截面(0—0)和出口截面(2—2),大多数情况下周向分速度很小或为 0,故不存在离心力场。

　　7.流线弯曲与流面扭曲

　　主要由于流体质点有径向分速度 c_r,而且沿轴向变化,同时又由于不连续的离心力场的存在,汽流在通过透平级时,每一条流线在子午面上(即通过转轴的垂直平面)的投影一般都不是直线,而是呈现弯曲的形状(见图 4-8),其形成的流面也是弯曲的。汽流质点在曲线上运动时受到一个指向曲率中心的向心力,这种向心力的径向分力也必须在建立每个横截面上的径向运动方程时考虑进去。

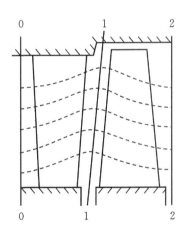

图 4-8　子午面上的流线投影

　　还有一些对于子午面上的流线形状有影响的因素是:叶型上的径向分力 F_r,沿叶片高度方向的叶型厚度变化,子午面上的通流部分形状等。这些因素在某一具体级中是否可以忽略,需要具体分析。

4.1.2　气体动力学基本方程

　　在分析了长叶片级内汽流流动的基本特点后,将以 N-S 方程为基础,建立汽流运动的控制方程。在多数情况下,蒸汽在汽轮机级内的流动可以看做是轴对称的流动,而采用圆柱坐标系可以大大简化其求解过程。因此,在研究汽轮机内部的流动情况时,一般采用圆柱坐标系下。在圆柱坐标系中，轴向坐标 z 与汽轮机回转轴中心线相重合，周向坐标 u 和动叶旋转方向一致，径向坐标 r 与轴向和周向相垂直。通过透平回转轴的平面通常称为子午面；任一流线绕主轴的旋转面通常称为回转面。在圆柱坐标系中，用 i_r、i_u、i_z 来表示 r、u、z 三个方向的单位矢量。

与短叶片级相同，长叶片级所研究的是级前 0—0、动静叶轴向间隙 1—1 和级后 2—2 三个特征截面上汽流参数之间的关系，如图 4-9 所示。对长叶片级内的流动，有六个变量需要求解，即三个方向的速度、压力、温度和密度。这六个变量是时间和空间的函数，在圆柱坐标系中，$c=c(r,\theta,z,t)$，$p=p(r,\theta,z,t)$，$T=T(r,\theta,z,t)$，$\rho=\rho(r,\theta,z,t)$。要求解长叶片透平级内的流动与能量转换，就需要六个独立的方程。下面给出圆柱坐标系下汽轮机内部汽流运动的基本方程式。

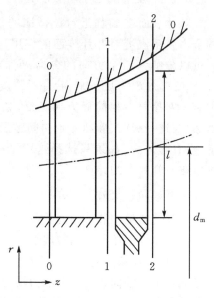

图 4-9　长叶片级的通流部分

1. 状态方程

$$p = z\rho RT \tag{4-3}$$

式中，z 为压缩因子，是熵的函数，即 $z=z(s)$。当为过热蒸汽时，其性质接近于理想气体，$z=1.0$，则式（4-3）可写为 $p=\rho RT$。

2. 连续方程

$$\frac{\partial \rho}{\partial t} + \frac{\partial (r\rho c_r)}{r\partial r} + \frac{\partial (\rho c_u)}{r\partial \theta} + \frac{\partial (\rho c_z)}{\partial z} = 0 \tag{4-4}$$

式中，t 表示时间。连续方程与汽流有无黏性无关。

3. 运动方程

在运动方程中忽略黏性影响，$N\text{-}S$ 方程简化为

$$\frac{\mathrm{d}\boldsymbol{c}}{\mathrm{d}t} = \boldsymbol{\Pi} - \frac{1}{\rho}\Big(i_r\frac{\partial}{\partial r} + i_u\frac{\partial}{r\partial \theta} + i_z\frac{\partial}{\partial z}\Big)p \tag{4-5}$$

式中，$\boldsymbol{\Pi}$ 为作用于单位质量流体上的质量力，其在径向 r、周向 u 和轴向 z 的分力为 R、U、Z，即 $\boldsymbol{\Pi}=Ri_r+Ui_u+Zi_z$。

运动方程在 r、u、z 方向上的表达式可分别写为

$$\frac{\partial c_r}{\partial t} + c_r\frac{\partial c_r}{\partial r} + c_u\frac{\partial c_r}{r\partial \theta} + c_z\frac{\partial c_r}{\partial z} - \frac{c_u^2}{r} = R - \frac{1}{\rho}\frac{\partial p}{\partial r} \tag{4-6}$$

$$\frac{\partial c_u}{\partial t} + c_r\frac{\partial c_u}{\partial r} + c_u\frac{\partial c_u}{r\partial \theta} + c_z\frac{\partial c_u}{\partial z} + \frac{c_r c_u}{r} = U - \frac{1}{\rho}\frac{\partial p}{r\partial \theta} \tag{4-7}$$

$$\frac{\partial c_z}{\partial t} + c_r\frac{\partial c_z}{\partial r} + c_u\frac{\partial c_z}{r\partial \theta} + c_z\frac{\partial c_z}{\partial z} = Z - \frac{1}{\rho}\frac{\partial p}{\partial z} \tag{4-8}$$

式（4-6）一般称为径向平衡方程。其表示了气流在 r 坐标方向上的力学平衡条件。若忽略质量力，即 $R=0$，将速度分量 c_r 的变化表示为全微分，则式（4-6）就变为

$$-\frac{1}{\rho}\frac{\partial p}{\partial r} = -\frac{c_u^2}{r} + \frac{\mathrm{d}c_r}{\mathrm{d}t} \qquad (4-9)$$

式(4-9)称为完全径向平衡方程。其物理意义是：汽流压力沿径向的变化率$\partial p/\partial r$与周向分速度所产生的离心力$\rho c_u^2/r$以及径向加速度所产生的径向惯性力$\rho \mathrm{d}c_r/\mathrm{d}t$三者达到平衡。由于长叶片相对于短叶片而言，汽流参数沿径向的变化不能忽略，因此该方程是研究长叶片工作特性的基本方程。

当径向速度为零，即$c_r = 0$时，式(4-9)简化为

$$\frac{1}{\rho}\frac{\partial p}{\partial r} = \frac{c_u^2}{r} \qquad (4-10)$$

式(4-10)称为简单径向平衡方程。可以看出，即使假定汽流的径向分速度$c_r = 0$，但只要存在周向分速度c_u，则汽流压力沿叶高方向不能保持为常数，即级内各流线的回转面为同一中心线的圆柱面。虽然简单径向平衡方程是完全径向平衡方程的简化，但也能反映气动参数沿叶高的基本变化规律，且计算简便。

4.能量方程

一般可以将透平级内的汽流看作在绝热条件下运动，则能量方程的一般形式为

$$\frac{1}{\rho}\frac{\mathrm{d}p}{\mathrm{d}t} + c\frac{\mathrm{d}c}{\mathrm{d}t} = \frac{\varphi}{\rho} \qquad (4-11)$$

式中，φ代表黏性的影响。在不考虑黏性时，$\varphi = 0$。

4.1.3　简化模型和流型计算

在建立前述的气体动力学基本方程以后，从理论上说，在给定物理条件、边界条件和附加条件的前提下，就可以通过联立六个方程求解得到透平级内流场各点的参数。虽然现在可以采用计算流体动力学(Comutation Fluid Dynamics，CFD)[6]方法对以上方程求解，但是求解的过程比较复杂，并且必须有几何实体，难以应用于快速分析和方案设计中。因此，有必要采用一些简化方法，得到一些简化流动模型。按其所作的简化条件的不同，主要可分为三种。

一种是无限多叶片理论。在这个理论中，假定叶片数目趋于无限多，同时每一叶片厚度趋于无限薄，这样流动参数沿周向的变化可以忽略，而叶片对汽流的作用则通过另行引入一个假想质量力来考虑。第二种是吴仲华教授提出的两类相对流面理论。两类相对流面理论将一个三维流动问题，分解成两组流面上的两个二元流动问题，一个流面为回转面（S_1流面），另外一个流面为子午面（S_2流面），分别求解S_1、S_2流面上的流动（见图4-10）。在两个流面的相交线上，其解既满足S_1流面的规律，又满足S_2流面的规律。通过对不同流面上的迭代计算，可以求解出整个流场的流动。第三种是直接求解三维流动的方法，例如，任意准正交面法就是其中的一种。该方法把一个三维流问题简化为许多相关的一元问题来迭代求解。

长叶片级的分析可简化为轴向间隙和级后的子午面上的汽流计算。从级前每条流线给定参数开始计算，根据简化后的基本公式，处理流线上汽流参数之间的内在关系，求出轴向间隙和级后相应汽流参数，如图4-11所示。我们将这种简化计算称为流型计算。由于在流型计算中没有考虑汽流沿周向的变化，实际上是一种二维的设计方法。以下从基本的流型开始进行介绍。

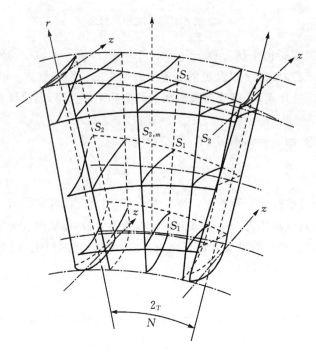

图 4 - 10　叶栅流道中的两类相对流面

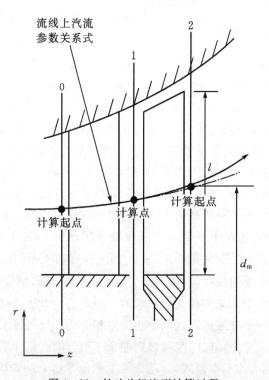

图 4 - 11　长叶片级流型计算过程

4.2   等环流流型透平级

等环流流型是一种基本的流型,在汽轮机、燃气轮机和轴流式压缩机中都有较广的应用。在理想情况下,这种流型完全符合自由旋流的规律。我们将较详细地分析这种流型,分析时只研究级前 0—0 截面、动静轴向间隙 1—1 截面和级后 2—2 截面三个特征截面的流动参数的变化情况。

4.2.1   流型计算

图 4-12 显示了理想、无损失条件下,等环流汽轮机级的通流部分形状和子午面上的流线分布情况。从图中可以看出,等环流级通流部分的内表面和外表面是同心的圆柱面;进口 0—0 截面轴向进汽,出口 2—2 截面轴向排汽,周向分速度均为 0,不存在离心力场,径向分速度也为 0;在动静叶之间的轴向间隙 1—1 处,周向分速度不为 0,存在离心力场;流线向上偏移(具体原因详见 4.3.2 部分),径向分速度不为 0。

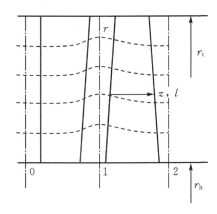

图 4-12   等环流级子午面上的流线

由于我们只研究透平级的三个特征截面(截面 0—0、1—1 和 2—2),且流场的几何边界条件是两个圆柱面,因此可以作以下假定:

(1)透平级内的流动是定常流动,即 $\dfrac{\partial}{\partial t}=0$;

(2)在 1—1 截面处,弯曲的流线至少有很小一段与轴心线平行,可以认为在这一小段中,汽流的径向分速度为 0,可采用简单径向平衡方程来描述,即 $\dfrac{1}{\rho}\dfrac{\partial p}{\partial r}=\dfrac{c_u^2}{r}$;

(3)在三个特征截面上,所有汽流参数沿轴向的偏导数均等于 0,即 $\dfrac{\partial}{\partial z}=0$;

(4)汽流为轴对称流动,即 $\dfrac{\partial}{\partial \theta}=0$。

根据上面的假设,就只是考虑一个方向(r 向)的变化,所以简单径向平衡方程中偏导数等于全导数,这样径向平衡方程就变为 $\dfrac{1}{\rho}\dfrac{\mathrm{d}p}{\mathrm{d}r}=\dfrac{c_u^2}{r}$。

　　基于以上假定,进行等环流级的流动分析,即流型计算。在透平级进口 0—0 截面,汽流参数一般作为已知条件给出。为方便分析,认为进口汽流参数沿叶高均匀分布。在轴向间隙 1—1 截面,自然满足连续方程、z 向运动方程和 u 向运动方程,而 r 向运动方程(简单径向平衡方程)为

$$\frac{1}{\rho}\frac{\mathrm{d}p}{\mathrm{d}r} = \frac{c_{1u}^2}{r} \tag{4-12}$$

　　忽略 r 向的微小位移,在理想无损失的条件下,由于进口汽流熵沿叶高不变,1—1 截面汽流熵沿叶高也是常数。引入能量方程来表征等熵流动时某一条流线从 0—0 截面到 1—1 截面沿汽流方向的压力差与速度变化的关系:

$$c_1 \mathrm{d}c_1 = -\frac{\mathrm{d}p}{\rho} \tag{4-13}$$

将式(4-12)代入式(4-13),整理可得

$$c_1 \mathrm{d}c_1 + c_{1u}^2 \frac{\mathrm{d}r}{r} = 0 \tag{4-14}$$

　　根据假设(2),径向分速度为 0,速度分量只有周向和轴向两个分速度,即 $c_1^2 = c_{1u}^2 + c_{1z}^2$。那么 $c_1 \mathrm{d}c_1 = c_{1u}\mathrm{d}c_{1u} + c_{1z}\mathrm{d}c_{1z}$。代入式(4-14),得

$$c_{1z}\mathrm{d}c_{1z} + c_{1u}\mathrm{d}c_{1u} + c_{1u}^2 \frac{\mathrm{d}r}{r} = 0$$

积分后得

$$\frac{\mathrm{d}c_{1z}^2}{\mathrm{d}r} + \frac{1}{r^2}\frac{\mathrm{d}(c_{1u}r)^2}{\mathrm{d}r} = 0 \tag{4-15}$$

　　式(4-15)有两个未知数(c_{1z} 和 c_{1u}),但方程只有一个,需要提出一个补充条件,才能得到参数沿径向的分布情况。假设轴向分速度沿径向不变,即 $\frac{\mathrm{d}c_{1z}}{\mathrm{d}r} = 0$。代入式(4-15),得到

$$c_{1u}r = \mathrm{const} \tag{4-16}$$

　　在透平级出口(2—2)截面,同样需要补充条件。假设透平级绝热焓降沿径向不变,即 $h_s =$ const 或 $\frac{\partial h_s}{\partial r} = 0$。在 0—0 截面上的已知汽流参数沿径向均匀分布的条件下(起始条件),即

$$\frac{\partial p_0}{\partial r} = 0, \quad c_{0u} = c_{0r} = 0, \quad c_0 = c_{0z} = \mathrm{const}$$

2—2 截面上的汽流参数沿径向也是均匀分布的,即

$$\frac{\partial p_2}{\partial r} = 0, \quad c_{2u} = c_{2r} = 0, \quad c_2 = c_{2z} = \mathrm{const}$$

　　联立简单径向平衡方程和能量方程,可以得

$$\frac{\mathrm{d}c_{2z}^2}{\mathrm{d}r} + \frac{1}{r^2}\frac{\mathrm{d}(c_{2u}r)^2}{\mathrm{d}r} = 0 \tag{4-17}$$

从而有

$$c_{2u}r = \mathrm{const} \tag{4-18}$$

　　根据上述分析和推导,在级前汽流参数均匀的条件下,对于等环流流型透平级的 1—1 截面和 2—2 截面,得到以下结果:

$$1\text{—}1\ \text{截面} \quad \begin{aligned} c_{1z} &= \mathrm{const} \\ c_{1u}r &= \mathrm{const} \end{aligned}, \quad 2\text{—}2\ \text{截面} \quad \begin{aligned} c_{2z} &= \mathrm{const} \\ c_{2u}r &= \mathrm{const} \end{aligned} \tag{4-19}$$

按式(4-19)进行设计的长叶片级,称为等环流级,这个命名是由于 $c_{1u}r$ 和 $c_{2u}r$ 分别与 1—1 截面、2—2 截面的环量($\Gamma_1 = 2\pi r c_{1u}$,$\Gamma_2 = 2\pi r c_{2u}$)相对应而得来。等环流级又称为自由旋流级。等环流级的设计计算流程:从级前给定参数开始,首先确定某一流线上的参数,如根部截面;然后按一元流方法计算根部截面轴向间隙和级后的汽流参数;再利用等环流公式,计算汽流参数沿径向的变化,得到特征截面上的汽流参数。

4.2.2　参数沿径向的变化规律

这里的参数是指与汽轮机级的能量转换有关的气动参数。这些参数沿叶片高度的变化决定了各个半径截面上能量转换的数量和效率。

4.2.2.1　级进口 0—0 截面

作为给定的已知条件,0—0 所有汽流参数沿径向都不变,即

$$\left(\frac{\partial}{\partial r}\right)_{0-0} = 0 \tag{4-20}$$

4.2.2.2　喷管出口 1—1 截面

1.压力 p_1 的变化规律

在 1—1 截面,由简单径向平衡方程有

$$\frac{1}{\rho}\frac{\mathrm{d}p}{\mathrm{d}r} = \frac{c_u^2}{r} > 0 \tag{4-21}$$

从式(4-21)可以看出,定性上看,1—1 截面压力随叶高的增加而增大。另外,可以推导压力沿叶高定量的变化规律:

$$\frac{p_1}{p_{1h}} = \left[1 + \frac{1}{2}\left(\frac{c_{1uh}}{c_{1h}}\right)^2\left(1 - \frac{1}{\overline{r}^2}\right)(k-1)\right]^{\frac{k}{k-1}} \tag{4-22}$$

式中,$\overline{r} = \dfrac{r}{r_h}$ 表示为叶片相对半径。

2.绝对速度 c_1 的变化规律

由前面分析讨论知,1—1 截面上,$c_{1r} = 0$ 及 $c_{1z} = \text{const}$,所以

$$c_1^2 = c_{1u}^2 + c_{1z}^2 + c_{1r}^2 = c_{1z}^2 + c_{1uh}^2\left(\frac{r_h}{r}\right)^2$$

变形得

$$\left(\frac{c_1}{c_{1h}}\right)^2 = \left(\frac{c_{1z}}{c_{1h}}\right)^2 + \left(\frac{c_{1uh}}{c_{1h}}\right)^2\left(\frac{r_h}{r}\right)^2$$

定义无量纲的喷管出口速度 $\overline{c_1} = \dfrac{c_1}{c_{1h}}$,则上式变为

$$\overline{c_1}^2 = \sin^2\alpha_{1h} + \cos^2\alpha_{1h}\left(\frac{r_h}{r}\right)^2$$

利用叶片相对半径的定义,可以得到

$$\overline{c_1} = \frac{1}{\overline{r}}\sqrt{1 + (\overline{r}^2 - 1)\sin^2\alpha_{1h}} \tag{4-23}$$

从式(4-23)可以看出,1—1 截面上速度是随叶高的增加而减小的。

3.喷管出口绝对汽流角 α_1 的变化规律

在通流部分内径处，$\tan\alpha_{1h}=\dfrac{c_{1z}}{c_{1uh}}$，在任一半径 r 处，因为 $c_{1z}=\text{const}$，所以

$$\tan\alpha_1 = \frac{c_{1z}}{c_{1u}} = \frac{c_{1z}}{c_{1uh}(r_h/r)} = \frac{r}{r_h}\tan\alpha_{1h}$$

或者

$$\frac{\tan\alpha_1}{r} = \frac{\tan\alpha_{1h}}{r_h} = \text{const} \tag{4-24}$$

式(4-24)代表了 α_1 沿半径的变化规律，可以看出，喷管出口绝对汽流角随叶高的增加而增加。

4.圆周速度 u_1 的变化规律

在任意半径处，圆周速度的表达式为

$$u_1 = \frac{\pi d n}{60} = \frac{\pi r n}{30} = \frac{\pi r_h n}{30}\cdot\frac{r}{r_h} = \frac{r}{r_h}\cdot u_{1h} \tag{4-25}$$

从式(4-25)中可以看出，1—1截面上的圆周速度随叶高的增加而增大。

5.喷管出口相对汽流角 β_1 的变化规律

根据动叶进口速度三角形的关系，不难得到

$$\tan\beta_1 = \frac{c_{1z}}{c_{1u}-u_1} = \frac{\dfrac{c_{1z}}{c_{1u}}}{1-\dfrac{u_1}{c_{1u}}} = \frac{\dfrac{r}{r_h}\tan\alpha_{1h}}{1-\dfrac{u_h}{c_{1uh}}\left(\dfrac{r}{r_h}\right)^2} \tag{4-26}$$

从式(4-26)可以看出，喷管出口相对汽流角随叶高的增加而迅速增大。这将导致动叶沿叶高方向急剧扭曲，给动叶的设计带来了困难。

6.动叶进口相对汽流速度 w_1

同样，根据动叶进口速度三角形的关系，不难得到

$$w_1 = \sqrt{w_{1u}^2 + w_{1z}^2} = \sqrt{(c_{1u}-u_1)^2 + c_{1z}^2}$$

又

$$\tan\beta_1 = \frac{c_{1z}}{c_{1u}-u_1}, \quad c_{1z}=\text{const}, \quad c_{1r}=0$$

可得

$$w_1 = c_{1z}\sqrt{\left(\frac{1}{\tan\beta_1}\right)^2 + 1} \tag{4-27}$$

从式(4-27)不难看出：当 $\beta_1\leqslant 90°$ 时，随着半径增加，相对汽流速度减小；而当 $\beta_1>90°$ 时，随着半径增加，相对汽流速度增加。

4.2.2.3　动叶出口 2—2 截面

1.压力 p_2 的变化规律

根据等环流假定，级等熵焓降沿径向不变，所以压力 p_2 沿径向不变。

2.绝对速度 c_2 的变化规律

由前面的分析知，在2—2截面上，$c_{2u}=0$ 和 $c_{2r}=0$，所以有

$$c_2^2 = c_{2u}^2 + c_{2z}^2 + c_{2r}^2 = c_{2z}^2 \tag{4-28}$$

从式(4-28)看出,绝对速度 c_2 沿径向不变。

3. 出口绝对汽流角 α_2 的变化规律

根据等环流假定, $\alpha_2 = 90°$,故动叶出口绝对汽流角 α_2 沿径向不变。

4. 周向速度 u_2 的变化规律

在任意半径处,圆周速度的表达式为

$$u_2 = \frac{\pi dn}{60} = \frac{\pi rn}{30} = \frac{\pi r_h n}{30} \cdot \frac{r}{r_h} = \frac{r}{r_h} \cdot u_{2h} \tag{4-29}$$

从式(4-29)得出,2—2 截面上的圆周速度随叶高的增加而增大。

5. 动叶出口相对汽流角 β_2 的变化规律

从动叶出口速度三角形可以得

$$\tan\beta_2 = \frac{c_{2z}}{c_{2u} - u_2}$$

在 $\alpha_2 = 90°$ 的条件下,上式变为

$$\tan\beta_2 = \frac{r_h}{r}\tan\beta_{2h} \tag{4-30}$$

从式(4-30)可看出,动叶出口相对汽流角随叶高的增加而减小。

6. 动叶出口相对汽流速度 w_2 的变化规律

在轴向排汽 $\alpha_2 = 90°$ 的条件下,由出口速度三角形,有

$$w_2 = \sqrt{\left(u_u \frac{r}{r_h}\right)^2 + c_{2z}^2} \tag{4-31}$$

可以看出,动叶出口相对速度随叶高增加而增大。

4.2.2.4　反动度随半径的变化规律

由于提出了补充条件 $h_s = \text{const}$,所以 $h_{sh} = h_s$ 。根据反动度的定义,有

$$\Omega = \frac{h_{2s}}{h_s} = \frac{h_{2sh} + (h_{2s} - h_{2sh})}{h_s} = \frac{h_{2sh}}{h_s} + \frac{h_{2s} - h_{2sh}}{h_{1sh}} \times \frac{h_{1sh}}{h_s}$$

$$= \Omega_h + (1 - \Omega_h)\frac{h_{2s} - h_{2sh} + h_s - h_s}{h_{1sh}} = \Omega_h + (1 - \Omega_h)\frac{(h_s - h_{2sh}) - (h_s - h_{2s})}{h_{1sh}}$$

$$= \Omega_h + (1 - \Omega_h)\frac{h_{1sh} - h_{1s}}{h_{1sh}} = \Omega_h + (1 - \Omega_h)\frac{\dfrac{c_{1sh}^2}{2} - \dfrac{c_{1s}^2}{2}}{\dfrac{c_{1sh}^2}{2}}$$

$$= \Omega_h + (1 - \Omega_h)\frac{c_{1uh}^2 + c_{1zh}^2 - c_{1u}^2 - c_{1z}^2}{c_{1sh}^2}$$

又由于 $c_{1zh} = c_{1z} = \text{const}$ 的补充条件,以及 c_{1u} 与 c_{1uh} 之间的已知关系 $c_{1u} = c_{1uh}\left(\dfrac{r_h}{r}\right)$,上式最后可化为

$$\Omega = \Omega_h + (1 - \Omega_h)\frac{c_{1uh}^2 - c_{1u}^2}{c_{1sh}^2} = \Omega_h + (1 - \Omega_h)\frac{c_{1uh}^2 - c_{1uh}^2\left(\dfrac{r_h}{r}\right)^2}{c_{1sh}^2}$$

$$= \Omega_h + (1 - \Omega_h)\cos^2\alpha_{1h}\left[1 - \left(\frac{r_h}{r}\right)^2\right] \tag{4-32}$$

上式等号右边第二项表示 Ω 超出 Ω_h 的数值。Ω_h 越大,第二项就越小,因而 Ω 增加越慢。不过一般汽轮机级根部反动度都较小。图 4-13 给出了在 $\alpha_{1h} = 15°$ 条件下,等环流级反动度随叶高的变化情况。

从式(4-32)和图 4-13 可以看出,等环流级的反动度沿叶高变化很剧烈。当根部反动度较大,叶片顶部反动度可能非常高,使动叶顶部间隙中的漏汽损失很大。为了降低这部分损失,需要减小顶部反动度,但这样可能造成根部反动度太小,甚至出现负值,使动叶根部区域的流动状态变坏,损失增大。这是等环流级一个很大的缺点。

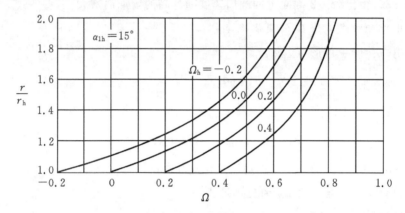

图 4-13　反动度沿叶高的变化

4.2.2.5　比功 h_u 的变化

由于 $c_{2u} = 0$,所以

$$h_u = uc_1\cos\alpha_1 + uc_2\cos\alpha_2 = uc_1\cos\alpha_1 = \omega r c_{1u} = \text{const} \tag{4-33}$$

即等环流透平级的比功率沿径向不变。

4.2.3　流动损失的影响

在实际中,蒸汽流动总是有损失的,而流动损失对等环流级的汽流特性有着一定的影响。根据第 1 章的基本原理可知,实际喷管的有效焓降 $i_0 - i_1$ 是理想焓降 $i_0 - i_{1s}$ 的 φ^2 倍,即

$$i_0 - i_1 = \varphi^2(i_0 - i_{1s})$$

喷管出口汽流速度由 $i_0 - i_1$ 产生,带损失的能量方程如下:

$$\frac{\varphi^2}{\rho}\mathrm{d}p + c_1\mathrm{d}c_1 = 0 \tag{4-34}$$

将式(4-34)代入式(4-12),得

$$c_{1u}r^{\varphi^2} = \text{const} \tag{4-35}$$

式(4-35)就是有流动损失的等环流流型的基本规律表达式。可以看出,c_{1u} 反比于 r^{φ^2},而 $\varphi^2 < 1$,所以 $c_{1u}r \ne \text{const}$。因此严格来讲,这种流型并不符合自由旋流的特性。实际的等环流级不可避免带有流动损失,因此不是真正的自由旋流流型。但由于 φ^2 仅略小于 1,所以一般讲到等环流流型时,就不去区分其是否有流动损失了。

由于考虑了流动损失之后仍旧得到一个表示流型基本规律的公式(4-34)，所以汽流参数的变化规律也仍旧可以用简单的公式来表示。现在将四个与式(4-24)、式(4-26)、式(4-30)及式(4-32)相对应的式子不加推导地列出来：

$$\tan\alpha_1 = \left(\frac{r}{r_h}\right)^{\varphi^2} \tan\alpha_{1h} \tag{4-36}$$

$$\tan\beta_1 = \frac{\left(\dfrac{r}{r_h}\right)^2}{1 - \dfrac{u_h}{c_{1uh}}\left(\dfrac{r}{r_h}\right)^{1+\varphi^2}} \tan\alpha_{1h} \tag{4-37}$$

$$\tan\beta_2 = \left(\frac{r_h}{r}\right) \tan\beta_{2h} \tag{4-38}$$

$$\Omega = \Omega_h + (1-\Omega_h)\cos^2\alpha_{1h}\left[1 - \left(\frac{r_h}{r}\right)^{2\varphi^2}\right] \tag{4-39}$$

将两组公式进行对比可以看出，流动损失没有改变各参数变化的规律，但使得各种参数随半径的变化略为减缓。这一现象的物理解释是：流动损失使 c_1 和 c_{1u} 有所减小，而 c_{1u} 是轴向间隙内压力梯度产生的主要原因。因此，随着 c_{1u} 的减小，$\partial p_1/\partial r$ 就减小，其它参数值的变化也随之减缓。

4.3　等 α_1 角流型和等密流流型

前面已经指出，等环流流型是一种自由旋流流型，其之外的各种流型统称为非自由旋流流型，又叫作受迫旋流流型。实际有流动损失的自由旋流流型，由于指数 φ^2 的关系，也只是近似的(而且是在轴向间隙中存在)。但所谓非自由旋流的各种流型是在概念上与自由旋流流型相区别的，并不是由于流动损失引起的近似性问题。本节研究两种非自由旋流流型——等 α_1 角流型和等密流流型。

4.3.1　等 α_1 角流型

等环流级的特点之一是动叶和静叶扭曲较大。在汽轮机中，动叶片的扭曲虽然提高了制造费用，但还是相对容易达到制造精度方面的要求。而对于静叶，特别是铸造隔板中的静叶，α_1 角沿半径方向的变化给制造加工带来相当大的困难，并且不容易完全按照设计要求实现。为了从根本上避免这种困难，就提出了等 α_1 角流型，即喷管出口的绝对汽流角沿径向保持不变，即 $\partial\alpha_1/\partial r=0$。该流型也是一种基本的流型，在汽轮机和燃气轮机中有着广泛的应用。

图 4-14 显示了理想、无损失条件下，等 α_1 角汽轮机级的通流部分形状和子午面上的流线分布情况。从图中可以看出：通流部分的内表面和外表面是同心的圆柱面，该条件和前面的等环流级相同；进口截面轴向进汽，出口截面轴向排汽，周向分速度均为 0，不存在离心

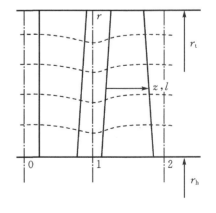

图 4-14　等 α_1 角流型级子午面上的流线

力场,径向分速度为 0;在动静叶之间的轴向间隙 1—1 处,周向分速度不为 0,存在离心力场,流线向下偏移(具体见 4.3.2 部分的讨论),径向分速度不为 0。

在等 α_1 角汽轮机级进口(0—0)截面,汽流参数作为已知条件给出,或者是上一级的计算结果。在轴向间隙 1—1 截面,在讨论等环流级所作的假定条件下,和等环流级中一样,联立简单径向平衡方程和能量方程之后得到式(4-14),两边同除以 c_1^2,得

$$\frac{\mathrm{d}c_1}{c_1} + \cos^2\alpha_1 \frac{\mathrm{d}r}{r} = 0 \tag{4-40}$$

式(4-40)有两个未知数(c_1 和 α_1),但方程只有一个,按照等 α_1 角流型级的主要补充条件,轴向分速度沿径向不变,即

$$\frac{\partial \alpha_1}{\partial r} = 0$$

又有

$$\frac{\partial \alpha_1}{\partial \theta} = 0, \quad \frac{\partial \alpha_1}{\partial z} = 0$$

这样

$$\mathrm{d}\alpha_1 = \frac{\partial \alpha_1}{\partial r}\mathrm{d}r + \frac{\partial \alpha_1}{\partial \theta}\mathrm{d}\theta + \frac{\partial \alpha_1}{\partial z}\mathrm{d}z = 0$$

所以得出 $\alpha_1 = $ const。式(4-40)中 $\cos^2\alpha_1$ 为常数,可以积分得到

$$\ln c_1 + \ln r^{\cos^2\alpha_1} = \ln c_1 r^{\cos^2\alpha_1} = \text{const}$$

即

$$c_1 r^{\cos^2\alpha_1} = \text{const} \tag{4-41}$$

式(4-41)是主要决定等 α_1 角流型特征的公式。由于 $c_{1u} = c_1\cos\alpha_1$, $c_{1z} = c_1\sin\alpha_1$,式(4-41)可以化为下列两式:

$$c_{1u} r^{\cos^2\alpha_1} = \text{const} \tag{4-42}$$

$$c_{1z} r^{\cos^2\alpha_1} = \text{const} \tag{4-43}$$

事实上,等 α_1 角流型级也有流动损失,在考虑了流动损失后,式(4-41)就改变为

$$\begin{cases} c_1 r^{\varphi^2\cos^2\alpha_1} = \text{const} \\ c_{1u} r^{\varphi^2\cos^2\alpha_1} = \text{const} \\ c_{1z} r^{\varphi^2\cos^2\alpha_1} = \text{const} \end{cases} \tag{4-44}$$

对于动叶出口 2—2 截面,给出不同的补充条件,就有不同的扭曲方法和汽流参数变化规律。补充条件主要有三种:按等功条件扭曲、按等出口角度条件扭曲和按等背压条件扭曲。

1. 按等功条件扭曲

按等功条件扭曲的补充条件为 $h_u = $ const,即 $\frac{\partial h_u}{\partial r} = 0$。结合相对半径的定义 $\bar{r} = \dfrac{r}{r_h}$,可以推导得

$$c_{2u} = \frac{c_{1uh}}{\bar{r}^{\cos^2\alpha_1}} - \frac{h_{uh}}{u_h \bar{r}}$$

$$c_{2z} = \sqrt{c_{2zh}^2 + c_{1zh}^2\left[\bar{r}^{2(\sin^2\alpha_1-1)} - 1\right] + \frac{2h_{uh}c_{1uh}}{u_h(\sin^2\alpha_1-2)}\frac{\sin^2\alpha_1}{}(\bar{r}^{\sin^2\alpha_1-2} - 1)} \tag{4-45}$$

再将 c_{2u}、c_{2z} 代入式 $c_2 = \sqrt{c_{2u}^2 + c_{2z}^2}$ 和 $\tan\alpha_2 = \dfrac{c_{2z}}{c_{2u}}$ 中，就可以求出 c_2 和相应的 α_2。

2. 按等出口角度条件扭曲

按等出口角度条件扭曲的补充条件为 $\beta_2 = \text{const}$，即 $\dfrac{\partial \beta_2}{\partial r} = 0$。可以推导出

$$\frac{\partial c_{2u}}{\partial r} = \frac{r\left(\dfrac{u_{\mathrm{h}}}{r_{\mathrm{h}}}\right)^2 - \dfrac{c_{2u}^2}{r} - \dfrac{c_{1uh} u_{\mathrm{h}}}{r_{\mathrm{h}}} \sin^2\alpha_1 \left(\dfrac{r_{\mathrm{h}}}{r}\right)^{\cos^2\alpha_1}}{\left(c_{2u} - u_{\mathrm{h}} \dfrac{r}{r_{\mathrm{h}}}\right)(1 + \tan^2\beta_2)} + \frac{u_{\mathrm{h}}}{r_{\mathrm{h}}} \tag{4-46}$$

$$c_{2z} = \left(c_{2u} - u_{\mathrm{h}} \frac{r}{r_{\mathrm{h}}}\right) \tan\beta_1$$

同样，将 c_{2u}、c_{2z} 代入式 $c_2 = \sqrt{c_{2u}^2 + c_{2z}^2}$ 和 $\tan\alpha_2 = \dfrac{c_{2z}}{c_{2u}}$ 中，可以求出相应的 c_2 和 α_2。

3. 按等背压条件扭曲

按等背压条件扭曲的补充条件为 $p_2 = \text{const}$，即 $\dfrac{\partial p_2}{\partial r} = 0$。利用简单径向平衡方程 $\dfrac{1}{\rho} \dfrac{\partial p}{\partial r} = \dfrac{c_{2u}^2}{r} = 0$，得到 $c_{2u} = 0$。又可以推导出

$$c_{2z} = \sqrt{c_{2zh}^2 + 2c_{1uh} u_{\mathrm{h}} - 2c_{1uh} u_{\mathrm{h}} \left(\frac{r}{r_{\mathrm{h}}}\right)^{\sin^2\alpha_1}}$$

所以得到

$$c_2 = \sqrt{c_{2u}^2 + c_{2z}^2} = c_{2z}, \quad \alpha_2 = 90° \tag{4-47}$$

根据反动度的定义，在任意半径 r 处，有 $\Omega = \dfrac{h_{2s}}{h_s} = 1 - \dfrac{h_{1s}}{h_s}$，即

$$1 - \Omega = \frac{h_{1s}}{h_s} \tag{4-48}$$

在根部半径 r_{h} 处，有 $\Omega_{\mathrm{h}} = \dfrac{h_{2sh}}{h_s} = 1 - \dfrac{h_{1sh}}{h_s}$，即

$$1 - \Omega_{\mathrm{h}} = \frac{h_{1sh}}{h_s} \tag{4-49}$$

式 $(4-48)$ 与式 $(4-49)$ 相除，得

$$\frac{1 - \Omega}{1 - \Omega_{\mathrm{h}}} = \frac{h_{1s}}{h_{1sh}} = \frac{c_1^2}{c_{1h}^2} \tag{4-50}$$

又 $c_1 r^{\cos^2\alpha_1} = \text{const}$，所以

$$\frac{1 - \Omega}{1 - \Omega_{\mathrm{h}}} = \frac{c_1^2}{c_{1h}^2} = \left(\frac{r_{\mathrm{h}}}{r}\right)^{2\cos^2\alpha_1}$$

即

$$\Omega = 1 - (1 - \Omega_{\mathrm{h}}) \left(\frac{r_{\mathrm{h}}}{r}\right)^{2\cos^2\alpha_1} \tag{4-51}$$

式 $(4-51)$ 表明等 α_1 角流型的动叶出口截面若按等背压条件扭曲，级的反动度是随叶高的增加而增大的。

4.3.2　等密流流型

在汽轮机级中,蒸汽密度 ρ 与轴向分速度 c_z 的乘积 ρc_z 称为密流,表示通过单位面积的流体流量。根据流体力学的知识,流线向密流大的地方汇聚。等密流级是指级的密流 ρc_z 沿径向不变。

前面讨论的等环流流型和等 α_1 角流型均不能保证汽轮机级通流部分各截面上的密流沿径向不变。对于等环流流型,在 1—1 截面上,汽流的轴向分速度 $c_{1z} =$ const,压力 p_1 沿径向增加,密度 ρ_1 随半径的增加而增大。这样,密流 ρc_{1z} 在 1—1 截面上从根部至顶部是逐渐增加的,即 $(\rho_1 c_{1z})_h < (\rho_1 c_{1z})_m < (\rho_1 c_{1z})_t$。这样导致流线向上偏移。在 0—0 截面和 2—2 截面上,汽流参数均匀分布,$\rho_0 c_{0z} =$ const,$\rho_2 c_{2z} =$ const,因此流线分布均匀,如图 4 - 12 所示。这样子午面上流线组成的流面不是圆柱面,与采用两个同心圆柱面假定不相符合,必将带来误差。

而对于等 α_1 角流型级,在 1—1 截面上,由式(4 - 44)中的第三式不难看出,轴向分速度 c_{1z} 沿径向逐渐减小,而密度 ρ_1 随半径的增加而增加,但 c_{1z} 下降的速度大于 ρ_1 增加的速度,其结果是两者的乘积 $\rho_1 c_{1z}$ 将沿径向逐渐减小。在级的进口汽流参数均匀分布的条件下,汽体微团通过静叶片时将向叶根方向偏移。由于动叶片后的汽体密度和轴向分速度沿叶高是均匀分布的(或接近均匀分布),所以汽体通过动叶片时,将向叶片的顶部偏移。于是,在级的子午面内得到了如图 4 - 14 所示的流面母线形状,即流面也不是圆柱面。

根据以上的分析,无论是等环流级还是等 α_1 角流型级,子午面上流线组成的流面都不是圆柱面,即在级的通流部分内汽体微团有径向运动,与采用两个同心圆柱面假定不相符合,必将导致一定的误差。为了克服这一缺点,于是提出了等密流流型,即 $\partial(\rho_1 c_{1z})/\partial r = 0$。

在理想无损失情况下,等密流级通流形状和流线分布如图 4 - 15 所示。可以看出,通流部分的内表面和外表面是同心的圆柱面,假设条件和前面的等环流级相同;进口(0—0)截面轴向进汽,出口(2—2)截面轴向排汽,周向分速度为 0,不存在离心力场,径向分速度为 0;在动静叶之间的轴向间隙(1—1)处,周向分速度不为 0,存在离心力场,径向分速度为 0,流线没有偏移。

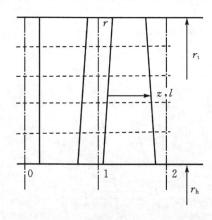

图 4 - 15　等密流级子午面上的流线

在级的进口(0—0)截面,参数作为已知条件给出,或是上一级计算的结果。在轴向间隙 1—1 截面,等密流级的一个补充条件为喷管出口密流沿径向保持不变,即

$$\frac{\partial(\rho_1 c_{1z})}{\partial r} = 0$$

又因为

$$\frac{\partial(\rho_1 c_{1z})}{\partial \theta} = 0, \quad \frac{\partial(\rho_1 c_{1z})}{\partial z} = 0$$

所以得

$$\mathrm{d}(\rho_1 c_{1z}) = \frac{\partial(\rho_1 c_{1z})}{\partial r}\mathrm{d}r + \frac{\partial(\rho_1 c_{1z})}{\partial \theta}\mathrm{d}\theta + \frac{\partial(\rho_1 c_{1z})}{\partial z}\mathrm{d}z = 0$$

或

$$\rho_1 c_{1z} = \mathrm{const} \tag{4-52}$$

简单径向平衡方程 $\dfrac{1}{\rho}\dfrac{\mathrm{d}p}{\mathrm{d}r} = \dfrac{c_{1u}^2}{r}$ 在 1—1 截面上可改写为

$$\frac{\mathrm{d}r_1}{r_1} = \frac{\mathrm{d}p_1}{\rho_1 c_{1u}^2}$$

积分后得

$$\frac{r_1}{r_{1h}} = \mathrm{e}^{\int_{p_{1h}}^{p_1} \frac{\mathrm{d}p_1}{\rho_1 c_{1u}^2}} \tag{4-53}$$

在透平级出口 2—2 截面,提出的第二个补充条件为轴向排汽,且速度沿径向不变,即 $c_{2u} = 0$, $c_2 = c_{2z} = \mathrm{const}$。结合简单径向平衡方程 $\dfrac{1}{\rho}\dfrac{\mathrm{d}p}{\mathrm{d}r} = \dfrac{c_{2u}^2}{r} = 0$,可以得出

$$p_2 = \mathrm{const}, \quad \rho_2 = \mathrm{const}$$

最后得出在 2—2 截面上流线也没有径向位移,即

$$\rho_2 c_{2z} = \mathrm{const} \quad 或 \quad \frac{\partial(\rho_2 c_{2z})}{\partial r} = 0 \tag{4-54}$$

4.3.3　三种流型通流能力的比较

目前为止,已讲述了等环流、等 α_1 角流型和等密流三种流型。以下对三种流型的通流能力进行比较。任取汽轮机级通流部分轴向间隙中的一个环形微元流道,其面积 $A = 2\pi r \mathrm{d}r$,用 $\mathrm{d}G$ 表示通过该微元流道的流量。则根据连续方程,$\mathrm{d}G$ 可计算如下:

$$\mathrm{d}G = \rho A c_z = 2\pi r \mathrm{d}r \cdot c_1 \sin\alpha_1 \cdot \rho_1 = 2\pi r \rho_1 c_{1z} \mathrm{d}r$$

因此,整个汽轮机级的流量可表示为

$$G = \int_{r_h}^{r_t} \mathrm{d}G = 2\pi \int_{r_h}^{r_t} \rho_1 c_{1z} r \mathrm{d}r \tag{4-55}$$

以上两式对任何流型的轴流级都适用。

在等密流级中,由于 $\rho_1 c_{1z} = \mathrm{const}$,式(4-55)很容易积分求解,从而得到

$$G = \pi \rho_1 c_{1z} r_h^2 \left(\frac{r_t^2}{r_h^2} - 1\right) \tag{4-56}$$

在等 α_1 流型级中,$\rho_1 c_{1z} \neq \mathrm{const}$,式(4-55)不能直接积分。但由式(4-43)或式(4-44)可知,c_{1z} 随半径的增加而减小,这种减小的作用大致与 ρ_1 随半径而增加的作用抵消。所以,在同样条件下,等 α_1 流型级的通流能力大体上等于等密流级的通流能力。

在等环流流型中,由于 $\rho_1 c_{1z} \neq \mathrm{const}$,式(4-55)也不能直接积分。同时,喷管出口轴向速

度为定值,不能抵消密度随半径增加而增加的作用。所以,理论上这种级的通流能力大于等密流级和等 α_1 角流型级的通流能力(其它条件相同)。但是,等环流级喷管出口轴向速度一般要比其它两种级取得小,否则其根部的速度容易超音速。因此,等环流级的通流能力也不会比其它两种级超过很多。

4.4　用完全径向平衡方程计算的透平级

图 4-16 是实际长叶片汽轮机级的通流部分示意图,其结构与图 4-12 所示的通流部分内、外表面均为圆柱面的透平级有很大不同。长叶片透平级通常具有如下结构特征:

(1)通流部分的内、外边界不再是圆柱面;

(2)级进口、级间以及级出口三个特征截面处的中径不同;

(3)叶片宽度沿径向发生变化;

(4)三个特征截面不垂直于主轴。

这种结构特点使得长叶片透平级中的径向分速度 $c_r \neq 0$,且不能被忽略,需要用完全径向平衡方程来求解。为了求解方便,往往采用非正交坐标系,相应地径向平衡方程也要采用准正交 y 向的汽流平衡方程来代替。

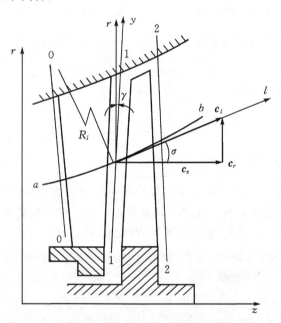

图 4-16　长叶片级通流部分示意图

4.4.1　准正交 y 向的汽流平衡方程

前面已给出了圆柱坐标系中的完全径向平衡方程的一般表达式

$$\frac{1}{\rho}\frac{\partial p}{\partial r} = \frac{c_u^2}{r} - \frac{\mathrm{d}c_r}{\mathrm{d}t} \tag{4-57}$$

该式反映了汽流在径向的力平衡条件。式中等号右端第二项为径向分速度 c_r 的全导数,它包括了由于流动不稳定和 c_r 沿三个坐标方向变化引起的加速度。

长叶片透平级内任何一点的汽流速度包含了沿周向、径向和轴向三个方向的速度分量,即

$$c = i_u c_u + i_r c_r + i_z c_z$$

可以将级内的三维流动分解为 z 平面和 θ 平面(子午面)内的二元流动, z 平面汽流分速度 c_u ; θ 平面汽流分速度 $c_l = i_r c_r + i_z c_z$ 。这样,级内任一点的汽流速度可以表示为

$$c = i_u c_u + i_l c_l$$

在子午面上, $c_r = c_l \sin\sigma$,下标 l 表示沿流线方向。 σ 为流面母线的倾斜角,所以

$$
\begin{aligned}
\frac{\mathrm{d}c_r}{\mathrm{d}t} &= \frac{\mathrm{d}(c_l \sin\sigma)}{\mathrm{d}t} = c_l \frac{\mathrm{d}\sin\sigma}{\mathrm{d}t} + \sin\sigma \frac{\mathrm{d}c_l}{\mathrm{d}t} \\
&= c_l \cos\sigma \frac{\mathrm{d}\sigma}{\mathrm{d}t} + \sin\sigma \frac{\mathrm{d}c_l}{\mathrm{d}t} = c_l \cos\sigma \frac{\mathrm{d}\sigma}{\mathrm{d}l} \cdot \frac{\mathrm{d}l}{\mathrm{d}t} + \sin\sigma \frac{\mathrm{d}c_l}{\mathrm{d}l} \cdot \frac{\mathrm{d}l}{\mathrm{d}t} \\
&= c_l^2 \cos\sigma \frac{\mathrm{d}\sigma}{\mathrm{d}l} + c_l \sin\sigma \frac{\mathrm{d}c_l}{\mathrm{d}l} = c_l^2 \cos\sigma \frac{\mathrm{d}\sigma}{\mathrm{d}l} + c_r \frac{\mathrm{d}c_l}{\mathrm{d}l}
\end{aligned}
\tag{4-58}
$$

若以 R_l 表示在子午面上流线某点的曲率半径,则

$$\frac{\mathrm{d}\sigma}{\mathrm{d}l} = -\frac{1}{R_l} \tag{4-59}$$

式中负号表示当 $\mathrm{d}l$ 的变化引起倾斜角变化 $\mathrm{d}\sigma$ 为正值时,曲率半径 R_l 为负值,使其与半径 r 的正负号相一致。将式(4-58)和式(4-59)代入(4-57),则有

$$\frac{1}{\rho} \frac{\partial p}{\partial r} = \frac{c_u^2}{r} + \frac{c_l^2}{R_l} \cos\sigma - c_r \frac{\mathrm{d}c_l}{\mathrm{d}l} \tag{4-60}$$

式(4-60)仍然是完全径向平衡方程。式中, $\dfrac{c_l^2}{R_l} \cos\sigma$ 表示子午面上流面母线某点法向加速度力的径向分量,而 $c_r \dfrac{\mathrm{d}c_l}{\mathrm{d}l}$ 表示子午面上流面母线某点切向加速度力的径向分量。

实际长叶片透平级的进、出口边通常是倾斜的,与主轴不垂直,因而与半径方向有一个夹角。为了简化计算,需取非径向计算站与透平级进、出口边倾斜角形状相一致。令非径向计算站 y 方向(与 z 轴非正交)与半径方向的夹角为 γ 。在定常、轴对称的假定条件下,利用能量方程、连续方程等关系式,可以推导出任意准正交 y 方向的汽流平衡方程(推导从略)

$$\frac{1}{\rho} \frac{\partial p}{\partial y} = \frac{c_u^2}{r} \cos\gamma + \frac{c_l^2}{R_l} \cos(\sigma+\gamma) - c_l^2 \frac{\partial c_l}{\partial l} \sin(\sigma+\gamma) \tag{4-61}$$

式(4-61)无论对绝对坐标系还是相对坐标系都成立,在相对坐标系中,式中 c_l 用 w_l 代替。式中曲率半径可根据该曲线的一阶导数和二阶导数确定,即

$$\frac{1}{R_l} = -\frac{\dfrac{\mathrm{d}^2 r}{\mathrm{d}z^2}}{\left[1 + \left(\dfrac{\mathrm{d}r}{\mathrm{d}z}\right)^2\right]^{\frac{3}{2}}} \tag{4-62}$$

4.4.2　用完全径向平衡方程求解汽轮机级的气动参数

在工程中通常会碰到两类问题。一类问题是分析计算,也就是正问题。就汽轮机级而言,该类问题就是根据给定的级几何参数(叶片高度、进出口几何角度等)和热力参数边界条件(例如进口的压力与焓、出口压力),确定汽轮机级的气动参数(进口、动静叶轴向间隙及级后的压

力与焓等参数的分布)和热力性能(流量、功率、效率等)。另一类问题是设计计算,也就是反问题。该类问题是根据给定的气动参数分布,确定汽轮机级的几何参数。而在实际应用中,设计计算通常也是以正问题的分析计算为基础的。

以式(4-61)为基础,即可对汽轮机级子午面流动规律进行分析计算。其求解方法有许多种,流线曲率法(或称为流线迭代法)是其中的一种。这里只介绍用流线曲率法求解透平级内汽流流动问题。该方法应用比较广泛,物理概念清楚,而且不需要高深的数学知识,计算机程序也相对简单易懂,因而在叶轮机械设计中得到广泛应用。对于蒸汽透平而言,用流线曲率法计算时所需要用到的基本方程式如下:

1.状态方程

$$p = z\rho RT \tag{4-63}$$

为了说明计算方法的原理,这里给出的是用压缩因子修正的理想气体状态方程。在对蒸汽透平内的流动进行计算时,实际采用的是基于 IFC-67 或 IAPWS IF-97 的水和水蒸气性质计算公式。

2.连续方程

$$G = \int_{r_h}^{r_t} 2\pi r\rho c_n \mathrm{d}r = \int_{r_h}^{r_t} 2\pi r\rho (c_z \cos\gamma - c_r \sin\gamma) \mathrm{d}r = \mathrm{const} \tag{4-64}$$

不考虑温度和熵沿流线的变化,在一定的简化条件下,可以得到准正交 y 方向汽流平衡方程的变形形式

$$
\begin{aligned}
\frac{1}{\rho}\frac{\partial p}{\partial y} =& \frac{c_u^2}{r}\cos\gamma + \frac{c_l^2}{R_l}\cos(\sigma+\gamma) \\
&+ \frac{c_l^2 \sin(\sigma+\gamma)}{(1-M'_l)^2}\left[\frac{(1+M'_u)^2}{r}\sin\sigma + \frac{1}{\cos(\sigma+\gamma)}\frac{\partial\sigma}{\partial y} - \frac{\tan(\sigma+\gamma)}{R_l}\right]
\end{aligned} \tag{4-65}
$$

式中,$M'_u = \dfrac{c_u}{a'}$,$M'_l = \dfrac{c_l}{a'}$,而 $(a')^2 = \dfrac{cpzRT}{cp-zR}$,它们和音速相似,定义为当量音速。

3.能量方程

对于每一条流线而言,有下列关系式成立:

静叶

$$i_0 + \frac{c_0^2}{2} = i_1 + \frac{c_1^2}{2} = i_0^* \tag{4-66}$$

动叶

$$i_1 + \frac{w_1^2}{2} - \frac{u_1^2}{2} = i_2 + \frac{w_2^2}{2} - \frac{u_2^2}{2} = \widetilde{i}_w^* \tag{4-67}$$

应用上述各基本方程就可以编制流线曲率法程序,在电子计算机上对透平级内的流动进行求解。图 4-17 是应用流线曲率法计算汽流参数的流程图。具体求解过程如下:

(1)程序初始化。初始化包括输入汽轮机级的几何参数,给定计算的气动参数(如进口、动静叶轴向间隙及级后的压力与焓等)。

(2)确定初始流线位置。由于开始时无法在特征截面上确定流量等分点,因而在程序中一般先用各特征截面的环形面积等分点作为流量等分点的初值。

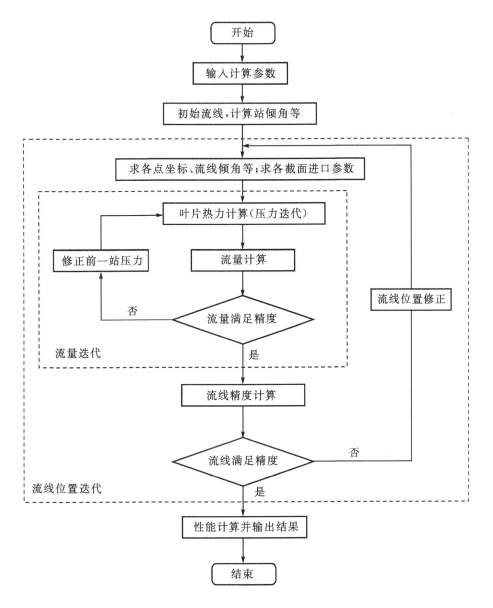

图 4 - 17 热力性能分析计算的流程图

(3)通过对所有控制截面上的流量等分点进行三次曲线拟合[7],求解出各点的一阶、二阶导数,进而可求出曲线斜率及曲率半径;通过插值求出各控制截面的几何参数。

(4)由给出的初始参数(一般是压力和熵)及假定的根部熵降,从静叶出口(1—1)截面开始,进行压力迭代计算,即沿径向从根部向顶部逐点用准正交 y 向的汽流平衡方程进行迭代计算,直到压力满足要求的误差精度。静叶出口截面计算完后,即进行动叶出口截面的计算。由于方程式(4-65)是偏微分方程,须采用差分方法求解。

(5)流量迭代计算。计算流过特征截面的流量值。若计算出的流量值与给定流量值的误差大于精度要求,需要调整根部熵降值或初、末参数,重复第(4)步和第(5)步的过程,直到满足流量精度条件为止。

(6)流线迭代计算。计算确定各特征截面上新的流量等分点,并确定新的流量等分点坐标。若各特征截面上的流量等分点位置与原假定的位置误差大于要求精度,可根据新的流量等分点,重复第(3)至第(6)步的计算过程,直到误差满足精度要求为止。

依照上述过程,即可完成实际汽轮机级特征截面上的汽流参数的计算。

4.4.3*　汽轮机级损失的预测

前面介绍了如何用完全径向平衡方程来计算汽轮机的气动参数,并且给出了计算程序的求解流程。但是,能量方程的求解中需要考虑汽流流经汽轮机通流部分时的损失,准确的损失预估是精确评估汽轮机通流性能的前提条件,是开发高性能汽轮机的基础。长期以来,研究叶栅通道内部流动结构、揭示流动机理、建立叶栅流动损失模型等一直是叶轮机械领域研究的重要课题,也受到汽轮机行业的广泛关注。

叶轮机械内部流动是典型的非定常三维黏性流动,存在通道涡、角涡、泄漏涡等复杂涡系,并可能伴有激波、边界层分离、回流等复杂的流动现象及其相互运动作用,非常复杂。影响损失的因素非常多(有几何因素,如展弦比、气流转折角等;有气动因素,如来流速度、湍流度和边界层厚度等),因此对叶轮机械内部复杂流动损失机理的认识、损失模型的建立和应用等一直处于不断发展与完善之中。

早期的叶栅损失研究主要以平面叶栅实验和叶片气动实验研究为主,通过选择少量有代表性的叶栅进行相对系统的实验,积累数据;然后从叶栅流动的基本规律出发,对实验结果进行总结归纳,用以了解并掌握叶栅流动的物理过程以及其气动特性与叶型和叶栅的设计特征、几何参数及工况参数之间的规律性关系,研究损失产生的原因和影响损失大小的因素,以求准确地评估气体流经透平叶栅时产生的损失。

上世纪 50 年代,Ainley 通过实验研究注意到叶栅通道中二次流的存在,使得人们对于叶栅的气动性能和损失机理第一次有了比较全面的认识。从这个时期开始,人们将透平内部流动损失源分为叶型损失、二次流损失(或端壁损失)和叶顶漏气损失等,并一直试图实现对每一种损失源的预测。之后,各国研究工作人员对透平机械的损失模型进行了广泛的研究。

上世纪 70－80 年代,新型测量仪器的出现和计算流体动力学(Computational Fluid Dynamics,CFD)[6,8]技术的极大发展,使得人们对叶轮机械内部流动结构有了进一步的认识。80 年代以来,相关研究人员进一步展开了透平内部流场精细结构和流动损失模型的研究工作。1993 年,Denton 教授发表的"Loss Meehanisms in Turbomaehinery"成为研究叶轮机内部流动损失又一项里程碑式的工作[9]。90 年代以来,人们沿着 Denton 教授的研究思想,深入研究涡轮流动损失,以期达到对流动损失源机理的深入理解和对流动损失的控制。

当前,有很多损失模型用于预测通流部分的损失。对于轴流透平而言,AMDC 损失模型及其改进获得了广泛的应用。上世纪 50 年代,Ainley 和 Mathieson 基于实验测试数据和理论分析,提出了 A－M 损失模型[10]。1970 年 Dunham 和 Came 对其进行改进,提出了 D－C 损失模型[11]。1982 年 Kacker 和 Okapuu 对其进行了进一步的修正,提出了 K－O 损失模型[12]。以下以该损失模型为例,介绍叶栅通道内损失的预估方法。

1. 损失模型方程

Kacker 等人采用总压损失系数来衡量叶栅的损失[12]，于 1982 年提出了叶栅总损失的表达公式，认为叶片的损失由型面损失、二次流损失、尾迹损失和顶部漏汽损失组成，其中型面损失需要用雷诺数进行修正。

$$K_T = K_p f_{Re} + K_s + K_{TE} + K_{clr}$$

式中，K_T 表示总压损失系数，下标 p 对应型面损失，下标 s 对应次流损失，下标 TE 对应尾迹损失，下标 clr 对应漏气损失。该式与 Ainley 等人提出的公式[10]略有不同，认为雷诺数只对型面损失系数有影响，尾迹损失系数独立于其它损失系数项，这样处理符合逻辑上的安排。以下分别对该式等号右端项进行简单的介绍。

2. 型面损失计算

型面损失系数的基础是 Ainley 等人根据实验结果拟合的两组曲线。曲线的横坐标是相对栅距，曲线的纵坐标是总压损失系数。两组曲线对应两种叶栅：图 4-18(a)对应的叶栅进口气流角为 0°，此种叶栅称为膨胀式叶栅；图 4-18(b)对应的叶栅进口气流角和出口气流角相等，此种叶栅称为冲击式叶栅。图 4-18 中横坐标为相对栅距，纵坐标为型面损失。每条曲线对应不同的出口气流角度（与轴向夹角）。

对于其它进口条件下的型面损失系数，可以用下面的公式插值得到：

$$K_p = \left\{ K_{p(\beta_1 = 0)} + \left| \frac{\beta_1}{\alpha_2} \right| \left(\frac{\beta_1}{\alpha_2} \right) \left[K_{p(\beta_1 = \alpha_2)} - K_{p(\beta_1 = 0)} \right] \right\} \left(\frac{t_{max}/c}{0.2} \right)^{\frac{\beta_1}{\alpha_2}}$$

式中，β_1 是进口汽流角；α_2 是出口几何角；t_{max} 是叶型的最大厚度；c 是叶片弦长。

图 4-18 适用于尾迹区厚度与栅距之比为 0.05 的叶片。由于在 K-O 损失模型中尾迹损失系数是分开考虑的，所以需乘以常数 0.914，得到零尾迹区厚度时的型面损失系数。由图 4-18 计算得到的型面损失系数在早期对估计叶栅效率是很有效的，但是随着叶片设计水平的进步，需要将 AMDC 型面损失系数乘以系数 2/3 来满足现代叶栅效率估算的要求。研究表明，型面损失系数受到马赫数的影响较大，即使是在亚音速区域也是这样，因此该式还需考虑马赫数的修正。修正过程较为复杂，具体请参考文献[13]。上述计算是在雷诺数为 2×10^5 时进行的，在其它雷诺数下的型面损失系数的计算需要修正：

$$f_{Re} = \begin{cases} \left(\dfrac{Re}{2 \times 10^5} \right)^{-0.4}, & Re \leqslant 2 \times 10^5 \\ 1.0, & 2 \times 10^5 \leqslant Re \leqslant 10^6 \\ \left(\dfrac{Re}{10^6} \right)^{-0.2}, & Re > 10^6 \end{cases}$$

雷诺数是根据实际弦长和叶栅出口流动条件得到的。

3. 次流损失计算

在 AMDC 损失模型中，二次流损失系数表示为

$$K_s = 0.0334 f_{AR} \left(\frac{\cos\alpha_2}{\cos\beta_1} \right) \left(\frac{C_L}{s/c} \right)^2 \frac{\cos^2\alpha_2}{\cos^3\alpha_m} \tag{4-68}$$

其中，C_L 是叶片的升力系数，主要是为了考虑叶片载荷的影响：

$$\frac{C_L}{s/c} = 2(\tan\alpha_1 + \tan\alpha_2)\cos\alpha_m \tag{4-69}$$

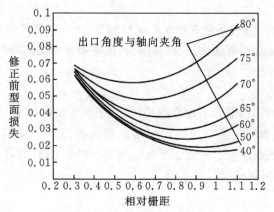

（a）膨胀式叶栅型面损失随相对栅距的变化

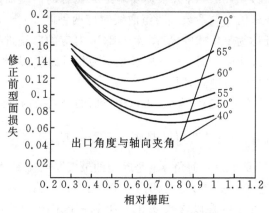

（b）冲击式叶栅型面损失随相对栅距的变化

图 4-18　叶栅型面损失随相对栅距的变化

而 α_m 是平均气流角，即

$$\alpha_m = \arctan\left(\frac{1}{2}(\tan\alpha_1 - \tan\alpha_2)\right) \tag{4-70}$$

为了考虑叶片展弦比的影响，有

$$f_{AR} = \begin{cases} \dfrac{1 - 0.25\sqrt{2 - h/c}}{h/c}, & h/c \leqslant 2 \\ \dfrac{1}{h/c}, & h/c > 2 \end{cases} \tag{4-71}$$

　　由于把尾迹损失与其它损失分开考虑，所以需要对式（4-68）所计算的二次流损失系数做适当的修正。前面已经提到，AMDC 损失模型是在尾迹区厚度与栅距之比为 0.05 时进行估算的，在此情况下，其影响因子大约是 1.2。与型面损失一样，流体的可压缩性也会对端壁后面流体的加速流动产生影响，因此也需要考虑马赫数的修正。

　　4.尾迹损失计算

　　冲动式和膨胀式叶栅的尾迹损失曲线如图 4-19 所示。尾迹损失表达为尾缘厚度与出口宽度之比的函数。图中,横坐标为尾缘厚度与出口宽度之比,纵坐标为尾迹能量损失系数,用 $\Delta\phi_{TE}^2$ 表示。

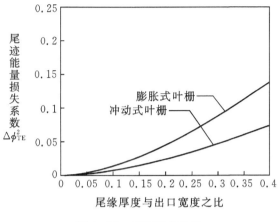

图 4 - 19　尾迹损失系数

对于除这两种叶栅以外的其它形式的叶栅,其尾迹损失系数可以通过插值方法得到

$$\Delta\phi_{TE}^2 = \Delta\phi_{TE(\beta_1=0)}^2 + \left|\frac{\beta_1}{\alpha_2}\right| \left(\frac{\beta_1}{\alpha_2}\right) \left[\Delta\phi_{TE(\beta_1=\alpha_2)}^2 - \Delta\phi_{TE(\beta_1=0)}^2\right] \tag{4-72}$$

用式

$$K_{TE} = \left\{\left[1 - \frac{k-1}{2}Ma_2^2\left(\frac{1}{1-\Delta\phi_{TE}^2}-1\right)^{-\frac{k}{k-1}}\right]-1\right\} \Big/ \left\{1-\left(1+\frac{k-1}{2}Ma_2^2\right)^{-\frac{k}{k-1}}\right\} \tag{4-73}$$

将能量损失系数转换为总压损失系数。

5. 顶部间隙损失计算

叶栅的顶部间隙损失表达为

$$\left.\begin{array}{l} K_{clr} = B\dfrac{c}{h}\left(\dfrac{k'}{c}\right)^{0.78}\left(\dfrac{C_L}{s/c}\right)^2\dfrac{\cos^2\alpha_2}{\cos^3\alpha_m} \\[2mm] k' = \dfrac{k}{(n_c)^{0.42}} \end{array}\right\} \tag{4-74}$$

其中,B 为修正系数,取值分为顶部有围带和没有围带两种情况,有围带时取值为 0.37,没有围带时取值为 0.47;n_c 为密封齿的个数。

　　在选择了合理的损失模型之后,考虑到长叶片级的特点,进行必要的修正,就可以采用流线曲率法进行实际汽轮机长叶片级的分析计算。由于该方法没有考虑汽流参数沿周向的变化,因此实际上是一种二维的分析方法。有关文献也称为准三维分析方法。由于在这样的计算中,只需要知道叶栅进出口几何角、通流尺寸以及叶宽等几何参数和必要的热力参数,并不需要叶栅的几何实体,而且该算法的计算速度快,因此非常适用于汽轮机级方案设计和方案优化。

4.5　其它流型

在前面中介绍了等环流级、等 α_1 角流型和等密流流型,用简单径向平衡方程求解了其气动特性。本节将介绍一些其它类型的透平级。

4.5.1　受控涡流流型

前面介绍的等环流流型、等 α_1 流型和等密流流型,有一个共同的特点:反动度沿叶高变化剧烈,尤其是当 l/d 比较大时,叶片顶部反动度可能非常高,使动叶顶部间隙中的漏汽损失很大。为了降低这部分损失,需要减小顶部反动度,但这样可能造成根部反动度太小,甚至出现负值,使动叶根部区域的流动状态变坏,损失增大。因此,需要寻找新的流型设计,以便控制级反动度沿叶高的变化程度,这样的流型就是所谓的受控涡(可控涡)流流型。

为了简化讨论,只分析径向计算站上的流型设计问题,完全径向平衡方程如式(4-60)所示,即

$$\frac{1}{\rho}\frac{\partial p}{\partial r} = \frac{c_u^2}{r} + \frac{c_l^2}{R_l}\cos\sigma - c_r\frac{\mathrm{d}c_l}{\mathrm{d}l} \qquad (4-75)$$

从力的平衡角度分析,式(4-75)中,$\frac{\partial p}{\partial r}$ 表示汽流压力沿径向的变化率;$\rho\frac{c_u^2}{r}$ 表示周向分速度产生的向心加速度力;$\rho\frac{c_l^2}{R_l}\cos\sigma$ 表示子午面上汽流法向离心力在径向的分量;$\rho c_r\frac{\mathrm{d}c_l}{\mathrm{d}l}$ 表示子午面上汽流切向加速度力在径向的分量。

当流面为圆柱面时($R_l=\infty, c_r=0$),得出

$$\rho\frac{c_l^2}{R_l} = 0, \quad \rho c_r\frac{\mathrm{d}c_l}{\mathrm{d}l} = 0$$

这样必然有

$$\frac{1}{\rho}\frac{\partial p}{\partial r} = \frac{c_u^2}{r} > 0$$

在这种条件下,无论采用什么扭曲方法均无法显著地改变压力沿叶高的分布规律,级的反动度总是沿叶高逐渐增大的。但是,如不设定圆柱流的要求,设法在子午面内造成流线反曲率,使完全径向平衡方程中等号右边第二项和第三项部分抵消第一项对径向压力梯度的影响,压力沿径向的变化缓慢,从而控制反动度沿叶高的变化程度,即在提高根部反动度的同时,顶部反动度又不至于过高,改善由于反动度剧烈变化所造成的不良流动状况,减少损失。

为了造成子午面内流动的反曲率,应使静叶片内的流线偏离圆柱面,向根部倾斜,而在动叶中则相反(见图4-20)。为了达到此目的,必须使静叶片的出汽角 α_1 沿叶高"反扭曲",即自根部至顶部 α_1 角逐渐减小,这与前面介绍的等环流扭曲方法给出的出汽角变化规律恰好相反(见图4-21)。这种静叶片出汽角的反扭曲规律,将使环量沿叶高的分布不保持常数。这种控制环量沿叶高的变化,以便获得某种反动度沿叶高变化规律的设计方法,称为受控涡流方法。

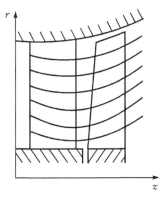

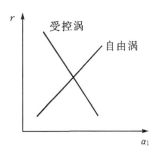

图 4 - 20　长叶片级通流部分　　　　　图 4 - 21　静叶出口汽流角沿叶高分布

4.5.2　混合流型

前面介绍的各种流型都是在整个透平级内采用的,都有各自的优缺点。如果在一个透平级中,在某一半径范围内采用一种流型,而在在另一半径范围内采用另一种流型,那么新流型就可能兼有两种组成流型的优点,这种透平级就是一种按混合流型设计的级。

例如在一个透平级中,在 $r_h \rightarrow r_m$ 范围内采用等环流流型设计,在 $r_m \rightarrow r_t$ 范围内采用等 α_1 角流型设计。采用这种混合流型的目的是为了减少喷管叶片出口汽流角 α_1 的变化幅度。

其它混合流型也都是可能的,它们理论上可以兼有两种组成流型的优点,但最终是否一定比某些单一流型优越,则需要结合具体情况进行分析计算之后才能作出结论。

4.5.3　中间流型

中间流型是指那些其主要特性介于某两种或几种典型流型的主要特征之间的流型。例如,规定了 α_1 角按直线规律由内径向外径增加的流型就是一种中间流型,因为其中 α_1 既不像等 α_1 角流型所要求的那样等于常数,也不按等环流流型所要求的规律随 r 而变化。同理,前面介绍的受控涡流流型也可以认为是一种中间流型,因为其反动度 Ω 沿半径的变化幅度既不像在等反动度流型中那样等于 0,又比等环流或等密流流型中反动度的变化幅度小得多。

4.5.4　直叶片级

从三维空间汽流的观点来看,直叶片透平级的通流部分汽流也是一种流型,其附加条件为

$$\frac{\partial \alpha_1}{\partial r} = 0, \quad \frac{\partial \beta_2}{\partial r} = 0$$

将这两个条件与径向平衡方程、状态方程、能量方程和连续方程结合起来,就可以确定子午面上各条流线的形状并计算汽流参数、级反动度沿径向的变化规律。

一般来讲,动叶片的进口几何角沿径向为定值,是不会与计算出来的汽流角在各个圆周截面上都匹配的,必然造成流动损失,使轮周效率降低。但是,如果 l/d_m 不太大,例如小于 $1/7 \sim 1/10$,则采用直叶片的汽轮机级在效率上不一定会比其它流型的汽轮机级逊色。

对于 $d_m/l \geqslant 10$ 的直叶片轴流级,反动度沿径向的变化可以用下式近似表示:

$$\begin{cases} \Omega_{\mathrm{h}} = 1 - (1 - \Omega_{\mathrm{m}}) \dfrac{d_{\mathrm{m}}}{d_{\mathrm{h}}} \\[3mm] \Omega_{\mathrm{t}} = 1 - (1 - \Omega_{\mathrm{m}}) \dfrac{d_{\mathrm{m}}}{d_{\mathrm{t}}} \end{cases} \tag{4-76}$$

另一个近似公式为

$$\begin{cases} \Omega_{\mathrm{h}} = \Omega_{\mathrm{m}} - 1.25 \dfrac{l_2}{d_{\mathrm{m}}} \\[3mm] \Omega_{\mathrm{t}} = \Omega_{\mathrm{m}} + 2.5 \dfrac{l_2}{d_{\mathrm{m}}} \end{cases} \tag{4-77}$$

4.6* 汽轮机级的三维设计优化

汽轮机级是汽轮机热功转换的基本单元。汽轮机级的气动设计优化技术,直接关系到汽轮机的效率与功率,甚至运行的安全可靠性,影响到能源的有效转换和合理利用。汽轮机级的气动设计优化技术,可以提高汽轮机气动效率,改善汽轮机气动性能,同时缩短汽轮机设计周期,降低汽轮机研发费用,具有重要的工程实用价值。

随着叶轮机械气动热力学、数值分析方法和计算机技术的不断进步,不论是长叶片级还是短叶片级,当前汽轮机级设计优化的发展趋势都是以越来越精确的性能评估方法为基础,结合现代优化方法,开展精细化的三维设计。本节将主要以 4.4 节介绍的基于完全径向平衡方程的实际汽轮机级通流性能分析计算方法为基础,简单地介绍汽轮机级的三维设计优化,使读者对当前汽轮机级的设计优化技术有一个基本的了解。

4.6.1 问题的描述

设计优化是人们在科学研究、工程技术和经济管理等诸多领域中经常碰到的问题。所谓优化就是在众多方案中寻找最优方案,从数学的角度而言,设计优化是在一定的约束条件下寻找合理的设计参数的组合,使得评价系统性能的目标函数最大或最小。

汽轮机级的气动设计优化就是在给定的气动条件(如进口压力、焓和出口压力)下,寻找满足几何约束(如二维截面积)和气动约束(如流量、出口马赫数等)的参数组合,使得汽轮机级的气动性能达到最优(如轮周效率最大、损失最小等)。由于任意的最大值问题都可以转换为最小值问题,不失一般性,汽轮机级的气动优化可以描述为

$$\begin{aligned} &\min F_{\mathrm{obj}}(\gamma) \\ &\mathrm{s.t.}\ \ g_i(\gamma) \leqslant b_i; \quad i = 1, 2, \cdots, m \end{aligned} \tag{4-78}$$

其中,γ 代表一个汽轮机设计参数的组合;F_{obj} 表示优化的目标函数,可以是一个目标函数,即单目标函数,如效率或功率等,也可以是多个目标函数。$g_i(\gamma) \leqslant b_i$ 表示不同的约束条件。

为了实现气动设计优化,一般需要经过以下步骤:首先确定通流部分的参数化表达方法,即选定设计变量;然后采用优化方法修正设计变量,使设计对象的气动性能逐渐提高,直到在满足约束条件下,所选择的设计目标达到最优。在此过程中,涉及到通流性能的准确计算和优化方法的选择。

4.6.2　汽轮机级的三维计算

前面介绍的流线曲率法,是通过求解完全径向平衡方程来得到汽轮机级的汽流参数,忽略了汽轮机级中汽流参数沿周向的变化,因此是一种二维的设计方法。实际上汽轮机级内汽流的参数沿周向分布并不均匀,对汽轮机级的性能有较大的影响。在汽轮机级的精细设计优化中,不仅要考虑气动参数沿轴向和径向的变化,还需要考虑气动参数沿周向的变化,也就是需要采用三维计算求解汽轮机内部的流动。而汽轮机级二维设计优化和三维设计优化的区别就在于性能评估中采用的是二维分析方法,还是三维分析方法。

汽轮机级内部流动的求解属于叶轮机械内部流动求解的范畴。汽轮机级内部流动是由全三维、非定常的 Navier-Stokes 方程所决定的,其气动性能与设计变量没有解析的函数关系式,需要结合先进的数值求解方法,采用计算机求解。因此,汽轮机级气动性能的评估取决于数值求解理论和计算机技术的发展。

20 世纪 50 年代初,吴仲华先生提出了基于两类流面迭代求解的三维流动理论及其近似处理方法[7],将三维无黏流动方程组分解为两个相关的二维方程组求解,大大简化了计算,为叶轮机械的数值分析奠定了理论基础。六七十年代,以吴氏理论为主线的叶栅流场数值研究在世界范围内得以迅速发展[14]。

在 20 世纪 60 年代,计算流体动力学(CFD)[6, 8]伴随计算机技术发展迅速崛起。计算流体动力学是在经典流体力学、数值计算方法和计算机技术的基础上建立起来的,它研究流体力学诸方程的数值解法以及用数值方法模拟真实流体的流动现象。CFD 技术可以在非常广泛的流动参数范围内,对所有的流场参数进行定量的分析,为简化流动模型提供充足的依据,从而使得分析方法得到完善和发展。计算机的速度、内存等能力决定了 CFD 技术可以模拟的流体运动的复杂程度、解决问题的广度和所能模拟的物理形状的复杂程度,人们必须在数值模拟的复杂性和可处理的几何形状的复杂程度之间作出某种权衡。同时,每个时代的计算方法的发展及完善程度都制约了研究者们对具体现象的理解程度,因此 CFD 也经历着一个不断发展、改进和完善的过程。在过去几十年的发展时间里,CFD 已经解决了流体力学中的许多疑难问题,并广泛应用于航空、航天、能源、动力、化工、气象、建筑等各个领域。目前,针对实际流动的黏性问题,求解定常及非定常、全三维的 Navier-Stokes 方程组的计算方法已经基本上得到完善,其精度与有效性可以满足工程应用的要求。基于计算机技术的发展和计算方法的完善,采用精度更高、简化更少的大涡模拟(LES)以及直接数值求解方法的研究也正逐渐得到发展。目前,用以解决流体工程领域实际问题的流场分析软件层出不穷,例如 NUMECA、CFX、FLUENT 等商用 CFD 软件都已经在工业中得到广泛的应用。

伴随着 CFD 技术的进步,以 CFD 技术为基础的叶轮机械内部流场计算方法和处理手段也获得了不断改进和完善。20 世纪 70 年代中后期开展了应用 Euler 方程数值求解叶轮机械内部无黏全三维流场的研究,Denton[15]发展了叶轮机械内无粘全三维流场的计算方法。70 年代末到 80 年代初期,以二维和三维全位势函数和欧拉方程组数值解为基础的无黏定常流动计算方法已基本趋于成熟。然而,要想透彻地了解流体运动的机理及其内部的细微结构,必须考虑流体的黏性影响。因此,80 年代开始,随着计算机技术的发展,数值求解 Navier-Stokes 方程组就成为国内外学者的主要研究方向之一。其中,Denton[16]、Rai[17]、Dawes[18]、Hah[19]等人取得了显著的成果。进入 90 年代,随着计算机硬件水平和计算方法的不断进步,CFD 技术已可以模拟叶轮机械内部整级甚至多级的复杂三维流场,而且在精度和速度上都能满足工程设计的需要,从而在世界范围内掀起了应用 CFD 于叶轮机械内部流场计算的高潮。90 年代后,鉴于计算机硬件条件得到发展,开展较大规模的数值模拟工作的条件基本成熟,叶轮机械内部的非定常流动研究得到了很大程度的发展,至今已经可以达到工程应用的要求。采用非定常手段可以非常细致地研究动静叶片干涉效应下叶轮机械内部损失机理及二次流发展形式,从而可为叶轮机械的设计优化提供更详细的参考依据和准则。

　　叶轮机械内部流场的数值模拟应当以解决实际的工程问题为最终目的。如何得到更接近于实际流动情况的数值解,并以此为依据致力于叶轮机械内部流动损失的减少及其几何结构的合理改进,正是叶轮机械内部流动数值分析的目的所在。将叶轮机械内部流动的气动分析和优化理论进行结合,利用现代计算机的高速计算能力,实现鲁棒的、自动的气动设计,是实现几何结构合理改进、减少内部流动损失的有效途径。

4.6.3　优化算法

　　最优化算法是设计优化成败的关键,最优化算法的选择取决于优化问题的特点。例如,如果优化的目标函数是无约束的二次凸函数,选择最速下降法[20]就可完成。而对于长叶片级的气动设计优化而言,不论是利用基于流线曲率法和损失模型的准三维气动性能评估方法进行方案设计优化,还是利用 CFD 方法进行形状设计优化,长叶片级的气动性能函数与设计变量都没有解析关系式,是一个典型的黑盒子优化问题。因此,性能函数的凸性和可微性难以保证,获取性能函数的梯度信息变得非常困难。不仅如此,性能函数往往呈现多峰值的特点。另外,实际工程中,长叶片级的气动性能还需要满足一定的约束条件,因此长叶片级的气动优化问题还是多目标、多约束优化问题。鉴于长叶片气动优化问题的特点,目前在叶栅气动优化中广泛应用的有以下三种方法:

　　第一类是基于梯度的优化方法。该类优化方法是众所周知的数值优化方法,这些方法是通过计算求解域内参数的当地梯度信息来搜索最优解,在搜索孤立的最优解问题上十分有效。但是,要保证利用基于梯度的优化方法得到的设计结果是全局最优解,则要求设计目标函数和约束条件是可微的,同时还需要满足凸函数的条件,这在气动设计优化中是难以满足的。在梯度法中,最关键的是如何计算目标函数对设计变量的梯度。采用传统的差分法计算目标函数对设计变量的梯度时遇到很大困难,尤其当设计变量增多时,反复的流场计算使得一阶导数和二阶导数的计算量变得十分巨大,难以实现工程应用。而基于控制理论的梯度计算方法显示了较大的优势。该方法通过引入一个伴随系统避免了流场的反复计算,实现了精确快速的灵敏度分析。此类方法的特点是优化参数的数目对计算量无明显影响、计算速度快,可实现敏捷化设计。该方法是当前形状设计优化领域研究的热点,已先后运用速势方程、Euler 方程和 N-S 方程,对机翼、翼身组合乃至全机进行设计优化以及超音速飞行中的降噪研究[21-24]。李颖晨等人将其应用到叶轮机械叶栅设计领域,并完成了二维透平叶栅的反问题设计[25];厉海涛等人利用该方法建立了叶轮机械叶栅黏性设计优化系统[26,27]。今后,此类方法将在如何实现全局最优、多目标寻优上进行进一步的研究。

　　第二类方法是基于代理模型的优化方法。该类方法首先采用统计学的方法生成数据样本空间,通过构建响应面函数或人工神经元网络来替代原始精确模型,生成设计变量与目标函数之间的近似关系,建立代理模型,最后通过代理模型的分析和最优化求解优化问题。该类方法计算量较小,能够实现全局优化,便于优化结果的分析,而且容易与其它优化算法结合,因此获得了气动设计优化领域的广泛关注[28-30]。

第三类是启发式优化算法。该类算法以进化算法为代表。进化算法(Evolutionary Algorithms,EA)包括遗传算法(Genetic Algorithms,GA)[31]、进化规划(Evolutionary Programming,EP)[32]和进化策略(Evolutionary Strategies,ES)[33],是一类基于自然选择和遗传变异的生物进化机制的全局性概率搜索算法,通过变异、交叉等算子模拟生物界的优胜劣汰来获得问题的最优解。该算法具有以下的基本特点:

(1)进化算法的操作对象是由多个个体组成的一个集合,寻优过程从一初始种群开始搜索,而不是从单一的初始点开始搜索,这意味着搜索过程对初始点的选择没有依赖性,这对于求解典型的非线性和多峰值问题非常有帮助,也非常适合于求解多目标优化问题。

(2)进化算法中每个个体都有一个对系统环境的适应度,这个适应度是算法对个体优劣程度的一种度量,也是进化算法在寻优过程中唯一依赖的基本信息。进化算法不使用待求解问题领域内的信息,对目标函数及约束条件的可微性、凸性没有要求,与各类待求解问题结合方便,具有良好普适性和优秀的强鲁棒性。

(3)进化算法都通过个体重组、变异等进化操作,或对个体加入一些微小的扰动,来增加群体的多样性;都通过选择或复制操作,使当前群体中优良的个体更多地保存在下一代群体中。

(4)进化算法所模拟的生物进化过程均受随机因素的影响,都能以较大概率收敛到全局最优解。

(5)进化算法所模拟的生物进化过程都是一个反复迭代的过程。

(6)进化算法都具有一种天然的并行结构,均适合在并行机或局域网环境中进行大规模复杂问题的求解。

鉴于进化优化算法及气动性能函数的特点,采用进化算法进行气动设计优化具有较大的优势。结合进化算法和准确的通流性能评估方法,发展新的气动设计优化方法,对三维长叶片级进行气动设计优化,可以克服传统确定性优化算法的缺点,提高设计优化结果可靠性和设计软件的工程实用性。但是,如果采用CFD进行长叶片级气动性能的评估,需耗用大量的计算资源,因此在利用进化算法进行优化计算时,种群的规模和迭代的次数受到较大的限制。不过,随着计算机技术的发展,这一限制已逐渐被克服。

1997年,李军等结合遗传算法、Euler方程求解技术和四阶样条曲线参数化方法建立了二维叶栅气动设计优化模型,并取得了良好的优化结果[34]。美国德克萨斯大学机械与航空工程系教授Dulikravich应用进化算法结合CFD技术进行了叶轮机械通流部分和叶片的设计优化[35]。美国NASA Gleen研究中心的Oyama博士利用具有自适应搜索能力的实数型遗传算法结合Navier-Stokes方程求解技术进行了轴流叶轮机械叶片的设计优化,设计结果得到了很好的验证[36]。Ernesto Benini教授采用多目标进化算法,对NASA Rotor 37转子以总压比和绝热效率为目标进行设计优化,对设计结果的详细分析表明优化后叶栅的气动性能有很大幅度的提高[37]。2010年,Özhan Öksüz等人基于遗传算法建立了分层次的叶轮机械通流设计优化系统,完成了透平级的三维气动优化[38]。宋立明等人基于改进后的差分进化算法[39],结合CFD求解技术,建立了叶轮机械叶栅多目标、多工况气动优化系统,实现了跨音速透平级的自动气动设计优化[40];并进一步考虑结构强度因素,实现了叶栅的多目标、多学科设计优化[41, 42]。

这三类优化方法在叶轮机械三维设计优化中都获得了广泛的应用,本节主要通过进化算法来介绍汽轮机级的气动设计优化。

4.6.4　参数化方法

参数化方法决定了气动优化问题的设计空间,气动设计优化中的设计变量的个数和性质、几何型线约束的个数和类型等都取决于所选择的参数化方法。因此,不论采用何种优化方法,气动设计优化都对参数化方法有很强的依赖性。

如果进行方案设计优化,参数化方法相对简单。例如,采用 4.4 节所介绍的流线曲率法进行方案优化的时候,优化参数可以直接设定为不同截面的几何参数(如进出口几何角、叶片数等)的组合。而在进行形状设计优化的时候,需要将复杂扭曲的三维叶片型面由一组参数组合表达出来,这对参数化方法提出了较高的要求。以进化算法为例,一方面,进化算法是从设计空间随机产生设计个体开始进行设计优化的,如果参数化方法容易产生无效的个体,那么优化过程中需要对无效的个体进行特别处理,从而增加了优化的难度和时间。另一方面,设计变量的个数将直接影响种群的规模,进而影响优化时间。适当的叶栅参数化方法能够非常有效地改进基于进化计算的气动优化算法的性能[43]。理想的叶栅参数化方法应具有最少的设计变量个数,并避免在设计空间产生奇异的型线形状[44]。因此,型面参数化方法的选择需要遵循以下四点:容易控制型线的变化;约束条件可以灵活处理;具有较强的型线细调和粗调能力;需要的设计变量最少。此外,由于气动方面的要求,叶栅型面需要满足导数连续性的要求。对于气动型线的参数化方法,应用最多的是 Bezier 样条和 B 样条方法[45,40]。

4.6.5　优化模型

以进化算法为优化求解器,结合准确的通流性能评估方法,可建立通用的叶轮机械叶栅气动设计优化模型(见图 4-22)。

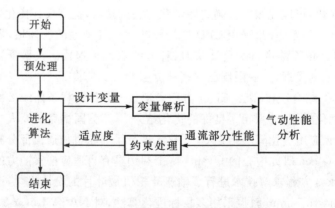

图 4-22　叶轮机械气动设计优化模型

该设计优化模型由四个模块构成,即参数化处理模块、气动性能分析模块、约束处理模块和性能函数最优化模块。这些模块相对独立,各模块之间仅通过数据联系,从而增强了模型的通用性、健壮性和可扩展性,方便优化软件的设计。该模型的执行过程如下:

(1)进行气动设计优化预处理,包括:选择气动性能评估方法;选择参数化方法,设定设计优化变量范围,设定约束条件和约束处理参数;选择优化算法,设定算法参数等。

(2)由性能函数最优化模块生成设计优化变量。

(3)将设计优化变量传递给参数化处理模块,由参数化处理模块解析设计优化变量,生成性能分析模块需要的数据。

(4)气动性能分析模块完成级气动性能的分析。

(5)处理各种约束条件,计算级性能函数值。

(6)将该设计变量的性能函数值传递给性能函数最优化模块,性能函数最优化模块对性能函数值进行处理后,生成新的设计优化变量。

(7)重复步骤(2)～(6),至优化完成。

另外,如果各模块采用不同的方法,可以实现不同的功能。例如,参数化处理模块设定为汽轮机级通流部分的几何参数,而气动性能分析模块采用 4.4 节介绍的流线曲率法,就是一种汽轮机级二维设计优化方法,可完成汽轮机级的方案设计优化[46];如果参数化处理模块设定为叶片非均匀 B 样条造型参数,而气动性能分析模块采用三维 CFD 分析方法,可完成汽轮机级的三维形状设计优化[40]。

4.7　习　　题

4-1　某一等环流透平级,转速为 3 000 r/min,等熵焓降为 60 kJ/kg,轴向排汽,喷管和动叶的速度系数分别为 0.95 和 0.90。根部截面半径为 578.5 mm,中间截面半径为 588.5 mm,顶部截面半径为 598.5 mm;其中根部截面反动度为 0.302,喷管出口汽流角为 21.5°。求各截面上喷管、动叶出口汽流绝对速度、相对速度的大小和方向。

第5章　多级汽轮机

本章在第 2～4 章内容的基础上阐述多级汽轮机的工作原理,主要讨论以下四个方面的问题:

(1)什么是多级汽轮机?

(2)为什么要采用多级汽轮机?

(3)多级汽轮机的工作过程有什么特点?

(4)多级汽轮机带来哪些特殊问题? 怎样解决?

这些问题分为两个方面。第一方面是与级的叠置有关而对单独一个汽轮机级根本不存在的三个属于多级汽轮机工作原理的问题,即重热系数、余速利用和级间漏汽问题,将在 5.2 节、5.3 节和 5.4 节中分别进行分析讨论。这类问题与多级汽轮机的类型(凝汽式、背压式、抽汽式等)无关或关系不大,所以在讨论中就没有对汽轮机的类型进行区分。实际上,关于这些问题的基本结论对多级汽轮机都是适用的。第二方面的问题和多级汽轮机的应用场合、工作参数范围以及热力设计有密切关系,包括湿蒸汽流动、轴向推力与平衡以及多级汽轮机的热力设计问题,将在 5.5 节、5.6 节和 5.7 节中进行讨论。对这些问题必须更多地结合某种具体的汽轮机类型来进行阐述。

在分析上述问题时,将随时应用前面四章提出的许多基本概念和原理,并经常与前面得到的重要技术数据进行对比,因为只有这样才能显示多级汽轮机与汽轮机级乃至单级汽轮机之间既相互区别又相互联系的关系。

5.1　多级汽轮机的工作过程与特点

由第三章的分析知道,即使一个做功能力较大的双列复速级所能利用的绝热焓降 h_s 和压比 p_0/p_2 一般也只能分别达到 $250～340$ kJ/kg 和 5 左右。在这种压比之下,汽轮机的热效率只能达到 9% 这样低的数值。这样不但无法与热效率达到 40% 以上的柴油机在经济性方面相媲美,甚至比蒸汽机的热效率都低。但是,蒸汽机已经退出了历史舞台,而汽轮机目前仍然是最主要的原动机之一。出现这种状态的根本原因是绝大多数汽轮机实际所利用的绝热焓降 H_s 往往高达 $840～1 840$ kJ/kg,压比 ε 达到 $100～5 000$,现代汽轮机的参数更高,超临界汽轮机和超超临界汽轮机的绝热焓降达 $2 000$ kJ/kg 以上。

任何形状的单级蒸汽轮机都不能有效地利用这样大的焓降。可能的解决问题的方法只有两种:一种方法是采用多台单级汽轮机按压力高低排列来分段利用总的绝热焓降;另一种方法是将许多汽轮机级按压力高低叠置成为一台多级汽轮机来逐级利用总的绝热焓降。前一方法是纯理论性的,在汽轮机装置中并没有实例。两台多级汽轮机的叠置是有实例的,两台多级燃气透平叠置也较常见。

第二种方法则是普遍采用的,它的优点相对于前一方法十分明显,不需要论证。从历史上看,1883 年瑞典人 De Laval 试制了第一台单级蒸汽轮机,1884 年英国人 Parsons 就试制了第一台多级(反动式)蒸汽轮机;1900 年美国人 Curtis 制成双列速度级的单级蒸汽轮机,1902 年法国人 Rateau 就制成第一台冲动式多级汽轮机。所以,多级汽轮机实际上是和单级汽轮机几乎同时发展起来的。以后不多几年各种形式的多级汽轮机相继出现,而且都得到迅速发展,很快成为汽轮机的基本形式,单级汽轮机的应用则被限制在比较窄小的范围之内。

5.1.1　多级汽轮机的叠置

根据第 3 章中的分析和推导,汽轮机级的轮周功率为 $N_u = G h_s^* \eta_u$。为了增大级的轮周功率 N_u,可以有三方面的途径:增加汽轮机级的等熵滞止焓降 h_s^*、增加蒸汽的流量 G 以及提高轮周效率 η_u。以下对这三种途径分别进行分析。

对于各种类型的汽轮机级,增加等熵滞止焓降 h_s^* 将导致喷管出口汽流速度 c_1 的增加。为了保证汽轮机级有较大的相对内效率,则级的设计速比必须接近最佳速比。对于第 2 章所介绍的四种类型汽轮机级,使级的轮周效率达到最大的最佳速比 x_{opt} 如下:

冲动级
$$x_{opt} = \left(\frac{u}{c_1}\right)_{opt} = \frac{\cos\alpha_1}{2}$$

反动级
$$\left(\frac{u}{c_1}\right)_{opt} = \cos\alpha_1$$

带反动度的冲动级
$$\left(\frac{u}{c_1}\right)_{opt} = \frac{\cos\alpha_1}{2(1-\Omega)}$$

双列复速级
$$\left(\frac{u}{c_1}\right)_{opt} = \frac{\cos\alpha_1}{4}$$

当级的等熵滞止焓降 h_s^* 增加时,相应地级的圆周速度 u 也要提高才能满足最佳速比的要求。这将导致叶轮和叶片受到的离心力增大,最终受到材料强度的限制。因此,在保证最佳速比的前提下,汽轮机级的等熵滞止焓降是不能任意增大的。

再从流量的角度看,当流量 G 增加时,相应地要求级的通流面积增加。这势必要求级的平均直径 d_m 增大或叶片高度 l 增加。这两方面的增大均会导致叶轮和叶片受到的离心力增大,同样也受到材料强度的限制。

另外,经过几十年的发展,汽轮机级的轮周效率 η_u 已经达到了相对很高的水平,尽管轮周效率仍然在持续提高,但这方面的进步变得很缓慢。轮周效率的提高也要求速比保持在最佳速比附近。通过提高轮周效率来增加汽轮机功率能达到的成效很小。

由于受到上述条件的制约,目前常规工作条件下双列复速级所能利用的等熵焓降也只有 $250 \sim 340$ kJ/kg,其级的压比 p_0/p_2 也仅为 5 左右。

如前所述,采用多台单级汽轮机,按压力高低排列,每台汽轮机分段利用总绝热焓降的方法在绝大多数情况下仅有理论意义。而将若干汽轮机级按压力高低排列,逐级利用总绝热焓降的方法则被普遍采用。按这种方法叠置而成的汽轮机称为多级汽轮机。它不仅能够提高汽轮机的功率,同时还保证了汽轮机具有较高的效率。

5.1.2　多级汽轮机的工作过程与特性指标

1. 多级汽轮机通流部分的基本结构

多级汽轮机从结构上可以分为冲动式和反动式两类。依据其产量所占的比重,这两类汽轮机差不多各占一半。对两类汽轮机进行比较,一般而言具有如下一些基本特点:在同样的蒸汽参数和汽轮机功率条件下,冲动式汽轮机的最佳速比小,级的比功大,因而级数较少;反动式汽轮机则与之相反。但是,随着汽轮机功率的增大,二者级数的差异减小。这主要是由于为了提高效率,冲动式汽轮机级通常都带有一定的反动度;另外,大功率冲动式汽轮机的中压缸和低压缸都采用扭叶片设计,各级反动度沿径向增大的趋势明显;尤其是冲动式汽轮机的低压缸中长叶片的特征更加明显,在中径处采用的叶型已接近反动式,级的热力特性与反动级非常相近。从叶栅流动效率的角度看,通常反动式汽轮机的叶栅损失低于冲动式,对提高汽轮机的效率是有利的。但是,由于冲动式汽轮机叶栅均具有一定的反动度,二者的差距有所缩小。两种类型的汽轮机在漏汽损失与轴向推力大小等方面的差异将在后续章节中予以详细介绍。

图 5-1 给出一台 12 000 kW 冲动式多级凝汽式汽轮机通流部分纵剖面的示意图。由图可见,通流部分主要结构具有如下特征:

汽轮机主轴上安装有若干个叶轮,叶轮上安装有动叶片。两个叶轮之间装有隔板,隔板安装在汽缸上,隔板上装有静叶片,即喷管叶片。汽轮机的基本组成单元是汽轮机级,由喷管叶栅和动叶栅组成。多级汽轮机的第一级称为调节级,常采用双列复速级,其余级称为压力级。汽轮机前后两端安装有汽封,称之为轴封,隔板与叶轮轮毂的间隙处装有隔板汽封,动叶顶端与汽缸内壁的间隙处有叶顶汽封,目的是减小透平级的漏汽量。

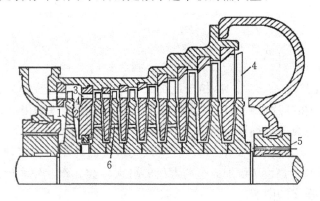

1—叶轮;2—隔板;3—喷管;4—动叶;5—轴封;6—平衡孔
图 5-1　冲动式多级汽轮机示意图

图 5-2 给出一台反动式多级汽轮机通流部分纵剖面的示意图。由图可见,反动式多级汽轮机在结构上与冲动式多级汽轮机有显著不同之处。反动式汽轮机没有叶轮,多级动叶片安装在直径较大的转鼓之上。冲动式汽轮机的隔板径向尺寸较大,反动式汽轮机则没有隔板,静叶片直接安装在汽缸内壁上。另外,由于反动式汽轮机的轴向推力大,用于平衡轴向推力的平衡活塞径向尺寸较大也是反动式汽轮机区别于冲动式汽轮机的一个特征。

2. 多级汽轮机的工作过程

多级汽轮机的工作过程为:蒸汽首先通过主汽阀、调节阀,进入汽轮机的调节级,在此过程中存在进汽节流损失;汽流在调节级中膨胀、做功,汽流的压力、温度和焓值降低;随后,从调节级出来的汽流逐级进入各压力级,在每个压力级中继续膨胀做功。汽流的压力、温度和焓值逐渐降低;最后,从末级出来的蒸汽排出汽轮机,在排汽过程中存在排汽节流损失。

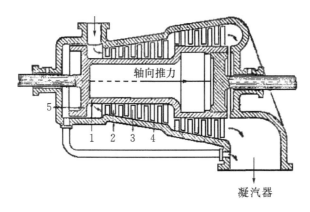

1—转鼓；2—动叶；3—喷管；4—汽缸；5—平衡活塞

图 5-2　反动式多级汽轮机示意图

　　图 5-3 表示一台多级汽轮机工作蒸汽在 i-s 图上的过程曲线。包括进汽节流过程、九个级内的膨胀过程以及排汽节流过程。轴封漏汽过程无法在这幅 i-s 图上表示，但各级内的漏汽损失已经包含在过程曲线所代表的损失中。图中大体上表示出各级所利用的绝热焓降大小的变化情况：双列复速级（调节级）的焓降最大，非调节级的焓降则随着级平均直径和反动度的不同而变化。蒸汽在倒数第三级的喷管中开始向湿蒸汽区膨胀，但是完全在湿蒸汽区工作的为最后两级。

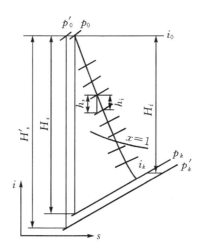

图 5-3　多级汽轮机的工作过程

　　为了表达清晰，我们约定对某一个汽轮机级中的比焓与比焓降以小写字母表示，而对涉及多级汽轮机的比焓与比焓降则以大写字母表示。如图 5-3，中 h_i 与 h_s 表示多级汽轮机中某一个汽轮机级的有效焓降和等熵焓降，而 H_i 与 H_s 则表示多级汽轮机的有效焓降和等熵焓降。

　　多级汽轮机中，每一个级的工作过程基本上不会因为级的叠置而不同于第 2、3 两章所分析的情况。图 5-3 中的各级过程线为了简洁没有将级内的反动度表示出来，但图中所示 h_i 与 h_s 之比仍旧代表非调节级的相对内效率。

在忽略调节阀前节流过程和前汽封漏汽的情况下,多级汽轮机的有效焓降为

$$H_i = \sum h_i = i_0 - i_k \tag{5-1}$$

实际做功能力为

$$N_i = GH_i = G\sum h_i = \sum Gh_i \tag{5-2}$$

多级汽轮机总的等熵焓降为

$$H_s = i_0 - i_{sk} \tag{5-3}$$

蒸汽提供的可供做功的总能量为 GH_s。这样多级汽轮机的内效率 η_{oi}^T 可以表达为

$$\eta_{oi}^T = \frac{GH_i}{GH_s} = \frac{G(i_0 - i_k)}{G(i_0 - i_{sk})} = \frac{i_0 - i_k}{i_0 - i_{sk}} \tag{5-4}$$

多级汽轮机的内功率表达为

$$N_i = GH_i = GH_s\eta_{oi}^T \tag{5-5}$$

可以看到,计算多级汽轮机的内效率和功率的方法在形式上和单级汽轮机中完全一样,也是扣除喷管损失、动叶损失和余速损失后的量,当然具体数值不同。

汽轮机的类型对多级汽轮机的工作过程有一些影响,但这种影响不是根本性的,而只体现在具体数据上。例如,对于背压式汽轮机来说,它的应用条件和工作参数范围与凝汽式汽轮机相差很大,但是从整个工作过程以及内效率和内功率的表达式来看,两类汽轮机之间并不存在本质上的差别。

3. 多级汽轮机的优点

采用级的叠置这种方法构成的多级汽轮机,其优点是非常清楚的。这里简单总结如下:

(1)功率大。多级汽轮机的总功率等于每个汽轮机级功率之和,实现了增大单机功率的目的。

(2)效率高。这主要是由于如下三方面的原因造成的:一是由于多级汽轮机的焓降大,在出口背压大致不变的条件下,进口蒸汽参数(初压 p_0、初温 t_0)就很高。从热力循环的角度看,循环的热效率提高;另外,有更多的汽轮机级工作在过热蒸汽区,部分程度上抵消了工作在湿蒸汽区的低效率汽轮机级对多级汽轮机效率的不利影响。二是由于采用多级结构,每一汽轮机级只利用总焓降的一部分,容易保证每个汽轮机级均在最佳速比条件下工作。三是与单级汽轮机不同,多级汽轮机中间级的余速动能有可能被下一级所利用。这个问题将在 5.3 节中予以讨论。

5.1.3 多级汽轮机的特殊问题

多级汽轮机中,每个基本工作单元(汽轮机级)的工作过程和原理与前面详细讨论过的汽轮机级几乎完全一样,但与单级汽轮机相比,多级汽轮机的性能计算需要考虑一些特殊问题,主要有:

(1)整台汽轮机的内效率与每个汽轮机级内效率的平均值的关系问题。

(2)余速利用问题,即前一级的排汽余速作为下一级的进口初速度被利用的可能性和具体条件。

(3)级的漏汽损失问题,即如图 5-1 和图 5-2 中所示一个中间级的汽封漏汽引起损失的问题。由于结构上的不同,这个问题需要对冲动式和反动式汽轮机分别进行讨论。

另外,由于蒸汽在多级汽轮机中的焓降比在单级汽轮机中大很多倍,从而产生以下另外三个特殊问题。

(4)湿蒸汽问题,即多级汽轮机中工作于湿蒸汽区的汽轮机级中湿蒸汽流动引起的损失和水蚀等问题。这个问题涉及火电汽轮机低压部分的末几级,以及核电汽轮机高、低压部分的绝大多数汽轮机级。

(5)轴向推力及其平衡问题。这个问题在单级汽轮机中并不突出,但在多级汽轮机中则必须仔细考虑,有时甚至会影响到汽轮机总体设计方案的选择。

(6)多级汽轮机的热力设计问题。主要包括多级汽轮机的通流部分形状、级数的确定、各级焓降的分配以及热力设计程序等内容。

以下几节将分别阐述这些问题的成因与处理方法。

5.2　内效率与重热系数

5.2.1　重热系数及其物理意义

内效率与重热系数的问题可以通过比较一台单级汽轮机级和一台多级汽轮机内的焓降和效率来进行分析。在忽略进、排汽节流过程影响的前提下,对于单级汽轮机而言,级的等熵(绝热)焓降 h_s 就等于单级汽轮机的等熵(绝热)焓降 H_s,而级的内效率 η_{oi} 也等于单级汽轮机的内效率 η_{oi}^{T},这无需加以解释。那么,对于多级汽轮机的情形,是否还存在同样的关系呢?即:各级绝热焓降之和 $\sum h_s$ 是否等于汽轮机总的绝热焓降 H_s?各级的平均内效率 η_{oi}^{m} 是否等于汽轮机的内效率 η_{oi}^{T}?

为了回答上述两个问题,以一台四级冲动式汽轮机中的膨胀过程为例进行分析。图 5 - 4 给出了该汽轮机的过程线。为了简单起见,忽略汽轮机的进、排汽节流损失,并假定各级的内效率都相同,用 η_{oi}^{m} 表示。

对于四个汽轮机级,有如下关系:

$$\eta_{oi}^{m} = \frac{h_i^{I}}{h_s^{I}} = \frac{h_i^{II}}{h_s^{II}} = \frac{h_i^{III}}{h_s^{III}} = \frac{h_i^{IV}}{h_s^{IV}}$$

从上式可得

$$h_i^{I} + h_i^{II} + h_i^{III} + h_i^{IV} = \eta_{oi}^{m}(h_s^{I} + h_s^{II} + h_s^{III} + h_s^{IV}) \tag{5-6}$$

式(5 - 6)等号左端为多级汽轮机的有效焓降 H_i:

$$H_i = h_i^{I} + h_i^{II} + h_i^{III} + h_i^{IV}$$

式(5 - 6)等号右端括号中的项为各级等熵焓降之和 $\sum h_s$:

$$\sum h_s = h_s^{I} + h_s^{II} + h_s^{III} + h_s^{IV}$$

这样,式(5 - 6)就可写成

$$H_i = \eta_{oi}^{m} \sum h_s \tag{5-7}$$

或者

$$\eta_{oi}^{m} = \frac{H_i}{\sum h_s} \tag{5-8}$$

而汽轮机的内效率为

$$\eta_{oi}^{T} = \frac{H_i}{H_s} \qquad\qquad (5-9)$$

式(5-8)与式(5-9)相除,可得

$$\frac{\eta_{oi}^{T}}{\eta_{oi}^{m}} = \frac{\sum h_s}{H_s} \qquad\qquad (5-10)$$

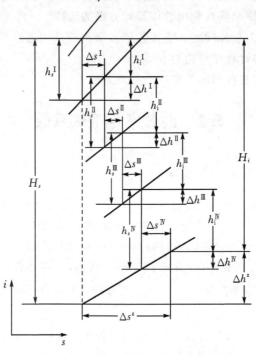

图 5-4　四级汽轮机中的膨胀过程

这样,本节前面提出的两个问题,就归结为式(5-10)是否等于1的问题。按照热力学一般关系式 $di = Tds + vdp$,沿着等压线,该式变成 $\left(\dfrac{di}{ds}\right)_p = T$。这意味着在水蒸气的 $i-s$ 图上,朝着熵增方向等压线是扩散的。这一结论结合图5-4就可以看到,式(5-10)中 $\sum h_s > H_s$,$\eta_{oi}^{T} > \eta_{oi}^{m}$,也即多级汽轮机各级绝热焓降之和大于汽轮机总的绝热焓降,多级汽轮机的内效率也大于各级平均的内效率。由于表达式(5-10)的值总是大于1,为此,将其改写为

$$\frac{\eta_{oi}^{T}}{\eta_{oi}^{m}} = \frac{\sum h_s}{H_s} = 1 + \alpha \qquad\qquad (5-11)$$

其中,α 永远是一个正值,代表 $\dfrac{\eta_{oi}^{T}}{\eta_{oi}^{m}}$ 或 $\dfrac{\sum h_s}{H_s}$ 大于1的部分,称之为重热系数,即

$$\alpha = \frac{\eta_{oi}^{T}}{\eta_{oi}^{m}} - 1 = \frac{\sum h_s}{H_s} - 1 \qquad\qquad (5-12)$$

这样,多级汽轮机内效率与各级平均内效率的关系也可以表达为

$$\eta_{oi}^{T} = (1 + \alpha)\eta_{oi}^{m} \qquad\qquad (5-13)$$

不难看出,各级内效率相同的简化假设并不影响重热系数的定义和结论。如果各级的内效率都不相同,可以用 η_{oi}^{m} 来代表各级内效率的平均值,最后还是得到式(5-13)。此外,各级有无反动度对分析也无关紧要。从反动式多级汽轮机出发,同样可以得出式(5-13)。

重热系数 α 必定是正值,这一点还可以从另一个角度来论证。图 5-4 中 Δs^{I}、Δs^{II}、Δs^{III}、Δs^{IV} 和 Δh^{I}、Δh^{II}、Δh^{III}、Δh^{IV} 分别代表级内蒸汽做功后,由于损失而在排汽等压线上引起的熵的增加和排汽焓的升高($\mathrm{d}i=T\mathrm{d}s+v\mathrm{d}p$)。蒸汽通过整个汽轮机后的熵增为 Δs^{z}。显然

$$\Delta s^{z} = \Delta s^{\mathrm{I}} + \Delta s^{\mathrm{II}} + \Delta s^{\mathrm{III}} + \Delta s^{\mathrm{IV}} \tag{5-14}$$

设各级的平均排汽温度为 T_2^{I}、T_2^{II}、T_2^{III}、T_2^{IV},而汽轮机的排汽温度为 T_2^{z},因为在等压过程中熵的增量等于焓的增量除以过程平均温度,所以式(5-14)可以改写为

$$\frac{\Delta h^{z}}{T_2^{z}} = \frac{\Delta h^{\mathrm{I}}}{T_2^{\mathrm{I}}} + \frac{\Delta h^{\mathrm{II}}}{T_2^{\mathrm{II}}} + \frac{\Delta h^{\mathrm{III}}}{T_2^{\mathrm{III}}} + \frac{\Delta h^{\mathrm{IV}}}{T_2^{\mathrm{IV}}} \tag{5-15}$$

其中,Δh^{z} 代表汽轮机排汽焓值的增量。

在 i-s 图上,各等温线上的温度数值沿着 i 轴增加的方向而升高,所以必然有

$$T_2^{z} < T_2^{\mathrm{I}}, \quad T_2^{z} < T_2^{\mathrm{II}}, \quad T_2^{z} < T_2^{\mathrm{III}}, \quad T_2^{z} < T_2^{\mathrm{IV}}$$

如果式(5-15)中等号右方各项的分母都代以 T_2^{z},由于上述不等式的成立,则可以得到不等式

$$\frac{\Delta h^{z}}{T_2^{z}} < \frac{\Delta h^{\mathrm{I}}}{T_2^{z}} + \frac{\Delta h^{\mathrm{II}}}{T_2^{z}} + \frac{\Delta h^{\mathrm{III}}}{T_2^{z}} + \frac{\Delta h^{\mathrm{IV}}}{T_2^{z}}$$

或者

$$\Delta h^{z} < (\Delta h^{\mathrm{I}} + \Delta h^{\mathrm{II}} + \Delta h^{\mathrm{III}} + \Delta h^{\mathrm{IV}})$$

根据图 5-4,上式可以写为

$$H_s - H_i < (h_s^{\mathrm{I}} - h_i^{\mathrm{I}}) + (h_s^{\mathrm{II}} - h_i^{\mathrm{II}}) + (h_s^{\mathrm{III}} - h_i^{\mathrm{III}}) + (h_s^{\mathrm{IV}} - h_i^{\mathrm{IV}})$$

$$H_s - H_i < \sum h_s - H_i$$

即

$$H_s < \sum h_s$$

因此,同样得到式(5-11),以及 $\alpha > 0$ 的结论。

这样我们看到,根据 i-s 图上等压线朝着熵增方向扩散的事实以及 T_2^{z} 小于 T_2^{I},T_2^{II},… 的事实,都得到 $\alpha > 0$ 的结论。两个事实引出同一个结论的原因在于这两件事实其实是同一个问题的两个方面,因为热力学中已经证明 i-s 图上等压线在某一点的斜率等于该点的绝对温度,即

$$\left(\frac{\mathrm{d}i}{\mathrm{d}s}\right)_p = T \tag{5-16}$$

但是,式(5-16)并不能排除上述两个事实同时反过来的可能性,即等压线朝着熵增的方向收敛和 $T_2^{z} > T_2^{\mathrm{I}}$,$T_2^{z} > T_2^{\mathrm{II}}$,…。这时岂不是这两个事实共同引出 $\alpha < 0$ 的结论来了? 但这是不可能出现的情况,因为它违反了热力学的另一原理,即蒸汽在等压过程加热时温度必然升高,或者说蒸汽在级中膨胀而做功时温度必然降低。因此,只能得到这样的结论:在实际的多级汽轮机中 $\alpha > 0$。

从式(5-13)形式上看,似乎重热系数越大,对提高多级汽轮机的效率越有利。实际上,当重热系数较大时,各级中的损失必然也较大,各级的平均内效率 η_{oi}^{m} 也必然处于较低的水平,多级汽轮机的效率是比较低的。这可以通过比较两个假想的极端条件下的流动过程来看得更清

楚。对于理想的等熵流动过程，理论上不存在任何损失，此时有 $\eta_{oi}^{m} = \eta_{oi}^{T} = 1, \sum h_s = H_s$，因此 $\alpha = 0$。对于另外一种情形，我们假设多级汽轮机中的流动为节流过程，则 $\eta_{oi}^{m} = \eta_{oi}^{T} = 0$，此时 $\sum h_s \gg H_s$，重热系数 α 的值是很大的。当然，多级汽轮机中的实际流动过程既不是等熵过程，也不会是节流过程。

现在我们再回过头来看重热系数 α 所代表的物理意义和其实质。在多级汽轮机中，前一级中的各种流动损失可以归结为消耗了汽流的动能而转化为汽流的内能。因此，前一级中的损失提高了下一级的进汽温度，在相同的压差下使下一级的绝热焓降比没有流动损失时要大一些，从而提高了下一级的做功能力和效率。这就是重热系数所代表的物理意义。也可以说，在上一级中由于各种损失所消耗掉的可以转化为输出功的能量在下一级中得到部分利用。

5.2.2　重热系数曲线

实际多级汽轮机中重热系数 α 的数值范围一般为 $0.02 \sim 0.08$。相应地多级汽轮机的效率为

$$\eta_{oi}^{T} = (1.02 \sim 1.08)\eta_{oi}^{m} \tag{5-17}$$

当然，若与 1 相比，即使当 $\alpha = 0.08$ 时也还是一个较小的百分数。但是就 α 本身来说，从 $0.02 \sim 0.08$ 却代表了 300% 这样一个很大的变动范围。α 变动范围大的原因是各种多级汽轮机的工作条件相差很大。由上一小节的分析，不难看出 α 的大小除了与各汽轮机级的效率 η_{oi}^{m} 和多级汽轮机的效率 η_{oi}^{T} 有关之外，还与级组的进、排汽压比或绝热焓降、汽轮机级数、膨胀过程曲线的位置和形状等因素有关系。

由于影响 α 的因素很多，所以有各种方式来表示 α 与这些因素之间的定量关系。较普遍的方法是用曲线表示 $2 \sim 3$ 个参数（H_s、p_0、t_0、p_0/p_k、过热度等）对无穷多级数汽轮机重热系数 α_∞ 的影响，然后再用修正系数考虑级效率 η_{oi}^{m} 和实际级数 z 的影响。图 5-5 表示的是级数 $z \to \infty$，级平均效率 $\eta_{oi}^{m} = 80\%$ 条件下的 α_∞ 与 H_s 和过热度之间的关系。图中横坐标 H_s 是指所考虑级组的总的绝热焓降，纵坐标为重热系数 α_∞，过热度是指级组进口蒸汽的过热度。多级汽轮机的调节级由于部分进汽或采用双列速度级以致级效率明显低于以后各压力级的平均效率 η_{oi}^{m} 时，就不能与这些级放在同一个级组内考虑。对图中曲线代表的意义说明如下：

（1）当进口蒸汽过热度为 0℃时，表明整个级组都在湿蒸汽区工作，饱和湿蒸汽的特点是一定的压力对应一定的饱和温度，反之亦然。在湿蒸汽区沿着等压线有 $\left(\dfrac{\mathrm{d}i}{\mathrm{d}s}\right)_p = T(p)$，即每条等压线的斜率不变，也就是说等压线的扩散程度都相同，因而 α_∞ 正比于 H_s。

（2）其它五条曲线对应不同的进口过热度。它们都分成倾斜度明显不同的两段，这是因为它们都兼跨过热区和饱和区的缘故。α_∞ 上升比较快的一段对应在过热区工作的情形，而 α_∞ 上升比较慢的一段对应蒸汽从过热区跨入饱和区工作的情形。进口蒸汽的过热度越大，级组内蒸汽跨入饱和区工作所需的绝热焓降 H_s 也越大，因而相应曲线上的转折点在图中的位置也越高。

（3）在过热区当 H_s 相同时，进口蒸汽过热度越小的级组 α_∞ 越大。这一现象的产生可由图 5-6 所示的两个具体级组的过程曲线的对比得到解释。两个级组进口初压 p_0 都为 0.981 MPa（对应的饱和温度约为 180℃），但初温不同，分别为 430℃ 和 230℃；其背压 p_2 分

别为0.579 MPa 和0.432 MPa;两个级组均工作于过热区,且绝热焓降 H_s 相同,但显然前者的过热度要比后者高得多。在相同的进汽压力条件下,背压越低表示膨胀程度越大,级组进出口两条等压线之间的扩散程度也越大,因此在 η_{oi}^m 相同的条件下 α_∞ 就越大,这就解释了在过热区 H_s 相同时进口蒸汽过热度小的级组 α_∞ 大这一现象。同时,也能理解五条曲线彼此交叉起来的现象。

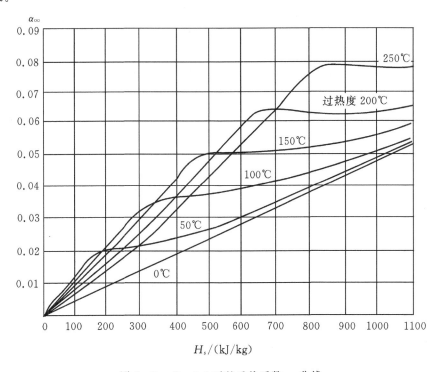

图 5-5　$\eta_{oi}^m = 0.8$ 时的重热系数 α_∞ 曲线

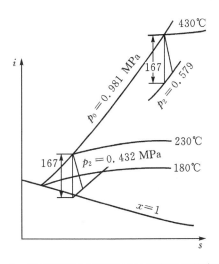

图 5-6　过热区两个不同进口过热度级组的膨胀过程

实际的计算表明,当 H_s 和过热度给定时,级组的进汽压力 p_0 对 α_∞ 的影响极小,所以

图 5-5 中曲线适用的进汽压力范围很大。在 $p_0 = 0.15 \sim 4.9$ MPa 的范围内，图 5-5 比较准确，但当 p_0 超过 4.9 MPa 时，也基本上适用。由于图 5-5 以 H_s 为主变数表示 α_∞ 的变化，所以适用于 H_s 不同的各种汽轮机级组，例如凝汽式汽轮机的非调节级组，背压式汽轮机级组，中间过热汽轮机的高压级组、中压级组和低压级组等。

由于图 5-5 是针对无穷多级数和 80% 级效率时的过程曲线计算出来的，因此应用于有限级数和其它级效率的过程曲线时，需要对由图查到的 α_∞ 进行修正，修正的公式为

$$\alpha = \alpha_\infty \cdot \frac{z-1}{z} \cdot \frac{1 - \eta_{oi}^m}{1 - 0.8} \tag{5-18}$$

式中，z 代表实际级组的级数；η_{oi}^m 代表各级内效率的平均值。级数和平均内效率对重热系数的影响表示在图 5-7 中。

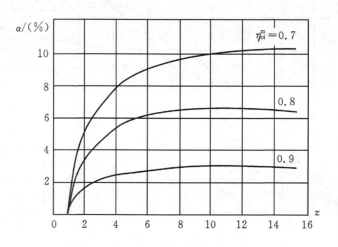

图 5-7 级数、级效率对重热系数的影响

汽轮机或级组内过程曲线的形状对 α_∞ 也有影响。根据式 (5-16) 所表明的 i-s 图上等压线朝着熵增方向扩散的现象，很容易理解为什么无穷多级数的汽轮机过程曲线在 i-s 图上必定是略向左下方弯曲（见图 5-8 中曲线 1），才能保证各级的 η_{oi}^m 相等。如果过程曲线向左下方弯曲太多（见图 5-8 中曲线 2），则 η_{oi} 对各级就不可能相等，必定是由高压第一级的某个数值逐渐减小到低压末级的另一个数值。反之，在曲线 3 所代表的汽轮机级组中，η_{oi} 是由第一级到末级逐渐增加的。显然，这三条过程曲线的 $\sum h_s$ 不可能相同。根据直观就可以判断出，曲线 3 的 $\sum h_s$ 最大，因为曲线 3 离开进汽等熵线（垂直虚线）最远，从而最大限度地利用了等压线朝熵增方向的扩散性，曲线 2 的 $\sum h_s$ 最小，而曲线 1 的 $\sum h_s$ 中等。如果图中的倾斜虚线也代表一条过程曲线，则它的

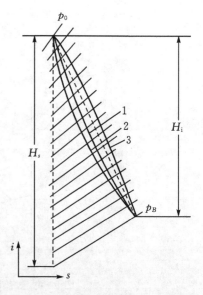

图 5-8 过程曲线形状对 α_∞ 的影响

$\sum h_s$ 仅次于曲线 3 的 $\sum h_s$，但几条过程曲线的有效焓降 $\sum h_i = H_i$ 都相同，η_{oi}^{T} 也相同。因此，根据式(5-11)可知它们的重热系数 α_∞ 必定都不相同，$\sum h_s$ 越大，α_∞ 也越大。这样我们就看到过程曲线的形状对 α_∞ 的影响。

过程曲线形状对 α_∞ 的影响无法在 α_∞ 曲线图上表示出来，因为过程曲线形状的变化本身就无法定量地表示。但是，从定性的分析中仍能得到有用的结论：当整个汽轮机或级组的内效率 η_{oi}^{T} 已经给定时，在设计各汽轮机级时应该设法使过程曲线的形状接近曲线 3 而远离曲线 2，或者说应降低高压级的内效率而提高低压级的内效率，因为这样就可以得到较大的 α_∞，而相应地可减小 η_{oi} 的平均值，从而降低汽轮机的制造费用。

5.2.3　重热系数的计算

实际汽轮机的重热系数是在各汽轮机级设计完成以后，根据过程线来确定的。为了实际计算多级汽轮机过程曲线的重热系数，一般需要利用水蒸气的 $T\text{-}s$ 图。现在，我们从基本原理上说明由 $T\text{-}s$ 图计算 α_∞ 的方法。

图 5-9 表示的是前面的四级冲动式汽轮机在 $T\text{-}s$ 图上的实际过程曲线($1-3-5-7-1'$)和理想过程曲线($1-2-9$)。

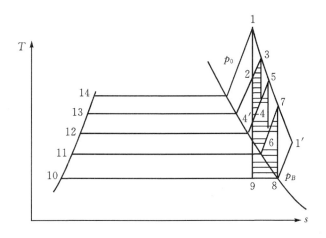

图 5-9　$T\text{-}s$ 图上的多级汽轮机过程曲线

由热力学知识可知，H_s 可以用面积($1-9-10-14-1$)来代表，而 h_s^{I} 可用($1-2-13-14-1$)来代表。如果第一级中的蒸汽膨胀是无损失的，则第二级的进汽状态为点 2，而它的绝热焓降 h_s^{II} 应等于面积($2-4'-12-13-2$)。但是，由于第一级内有损失，所以第二级的进汽点是 3，实际绝热焓降就相应地增加到 $h_s^{\mathrm{II}}=$ 面积($3-4-4'-12-13-2-3$)。不难看出，四级绝热焓降之和为

$$h_s^{\mathrm{I}} + h_s^{\mathrm{II}} + h_s^{\mathrm{III}} + h_s^{\mathrm{IV}} = \text{面积}(1-2-3-4-5-6-7-8-10-14-1)$$

因此，根据 $\alpha = (\sum h_s - H_s)/H_s$ 的定义，就得到

$$\alpha = \frac{\text{影线面积}}{\text{面积}(1-9-10-14-1)}$$

在极限情况下，$z \to \infty$，$\alpha = \alpha_\infty$，影线面积 ＝ 面积($1-9-1'-1$)。所以

$$\alpha_\infty = \frac{\text{面积}(1-9-1'-1)}{\text{面积}(1-9-10-14-1)} = \frac{\text{面积}(1-9-1'-1)}{H_s} \qquad (5-19)$$

式(5-19)就是利用 $T-s$ 图计算 α_∞ 时所用的公式。只要把式中两块面积确定下来,二者相除就可以直接得到 α_∞。面积$(1-9-10-14-1) = H_s = i_0 - i_s$,从蒸汽表上也可以查到,但是面积$(1-9-1'-1)$ 则只能从 $T-s$ 图上量取。

过程曲线最好是先在 $i-s$ 图上确定,然后转绘到 $T-s$ 图上,可能有利于获得较高的精度。先将 $i-s$ 图(见图5-10)上的绝热焓降分成适当的段数(不一定等分),例如四段,根据所得的 i_1 和 i_2 的值以及所要求的各级内效率 $\eta_{oi}^m = $ 常数,就可以按照下式计算 i_s:

$$i_s = i_1 - \eta_{oi}^m(i_1 - i_2) \qquad (5-20)$$

有了 i_s 就可以在通过点 2 的等压线上定出点 3 的温度,然后根据压力、温度的值将点 3 转绘到 $T-s$ 图上去。其它各段的点 5、点 7、点 $1'$ 等都根据同样道理确定。将这些点用光滑的曲线连起来就得到无穷多级数汽轮机的过程曲线。

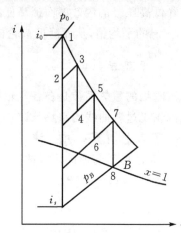

图 5-10　$i-s$ 图上的多级汽轮机过程曲线

H_s 的分段并不需要很多,大概按照每 40 kJ/kg分为一段的标准已能足够保证过程曲线的准确度。但是必须知道,如果不去量取 $T-s$ 图上光滑过程曲线下的面积,而只是将 $i-s$ 图上有限段数的绝热焓降加起来得到 $\sum h_s$ 并代替这个面积,那么所得的重热系数 α_z 就大致比准确的 α_∞ 小 $\dfrac{z-1}{z}$ 倍。

为了确定 α_z 和 α_∞ 之间的近似理论关系,也可以利用 $T-s$ 图。为了简单,首先假设过程曲线全部在饱和区(见图5-11(a))或者全部在过热区(见图5-11(b)),并假设过程曲线和过

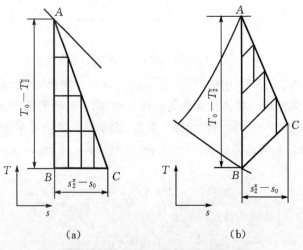

　　　　(a)　　　　　　　　　　　　　(b)

图5-11　$i-s$ 图上的多级汽轮机过程曲线

热区内的等压线都是直线。如果汽轮机的级数为 z，各级的温差相同，熵增也近似相同，则根据图形可得

$$\alpha_\infty = \frac{\Delta ABC}{H_s} = \frac{(T_0 - T_2^z)(s_2^z - s_0)}{2H_s}$$

$$\alpha_z = \frac{(T_0 - T_2^z)(s_2^z - s_0)}{2H_s} - \frac{z}{2H_s} \cdot \frac{(T_0 - T_2^z)}{z} \cdot \frac{(s_2^z - s_0)}{z} = \frac{(T_0 - T_2^z)(s_2^z - s_0)}{2H_s}\left(1 - \frac{1}{z}\right)$$

由此得

$$\alpha_z = \alpha_\infty \frac{z-1}{z} \tag{5-21}$$

式(5-21)就是前面修正公式(5-18)中的因子 $\dfrac{z-1}{z}$ 的来源。此式的近似性很明显，尤其是当过程曲线跨过饱和线时，近似性更有所增加。但是，如果考虑到 α_∞ 的绝对值本来就是一个不大的百分数，则式(5-21)还是可以放心应用的。

对于完全呈直线形状的过程曲线，有人在一定条件下推导出下式来直接计算有限级数级组的重热系数：

$$\alpha = (1 - \eta_{oi}^T) \frac{T_0 - T_{2s}}{T_2 + T_{2s}} \cdot \frac{z-1}{z} \tag{5-22}$$

其中，T_0 和 T_{2s} 分别代表级组前的蒸汽绝对温度和理想过程曲线终点的蒸汽绝对温度，T_2 代表实际过程曲线终点的蒸汽绝对温度。对于跨过饱和线的过程曲线应用式(5-22)时，需要分段求出 α，再按下式计算整个过程曲线的重热系数：

$$1 + \alpha = \frac{(1 + \alpha_上)H_{s上} + (1 + \alpha_下)H_{s下}}{H_s} \tag{5-23}$$

表达式中符号如图 5-12 所示。

用式(5-22)检查许多实际直线型过程曲线之后，得到经验公式

$$\alpha = K(1 - \eta_{oi}^T)\left(\frac{H_s}{418.7}\right)^{1.2} \frac{z-1}{z} \tag{5-24}$$

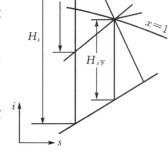

图 5-12　直线型过程曲线

式(5-24)应用于跨过饱和线的情况时也需要分两段，然后按式(5-23)求 $(1+\alpha)$。K 对 $H_{s上}$ 应取 0.21，对 $H_{s下}$ 应取 0.084。

据认为，根据式(5-22)和式(5-23)所得到的 $(1+\alpha)$ 的误差百分数不超过 0.25%；根据式(5-24)和式(5-23)所得到的 $(1+\alpha)$ 的误差则在 $(0.5 \sim 1)\%$ 的范围内。式(5-24)的误差虽然较大，但是作为一般地估计重热系数还是可以用的。为了应用起来方便，可将式(5-24)中的 K、$(1 - \eta_{oi}^T)$ 和 $\dfrac{z-1}{z}$ 三个因子合并成一个系数 K_a，并预先绘成曲线如图 5-13 所示。于是得

$$\alpha = K_a\left(\frac{H_s}{418.7}\right)^{1.2} \tag{5-25}$$

根据给定的级数 z 和级组效率 η_{oi}^T，由图查到 K_a 之后，再按式(5-25)直接计算出 α 和 $(1+\alpha)$。

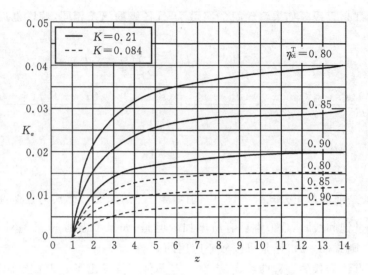

图 5 - 13　系数 K_a 的曲线

5.3　余速利用

在第 2 章中介绍的汽轮机级的工作原理表明:蒸汽在汽轮机级内膨胀、做功之后,离开汽轮机级时汽流还具有一定的速度 c_2,这个速度对应着一定的能量 $\dfrac{c_2^2}{2}$。对单级汽轮机而言,$\dfrac{c_2^2}{2}$ 所代表的能量是一种纯粹的损失,称为余速损失 h_{c_2},相应的损失系数为 $\xi_{c_2} = h_{c_2}/h_s^*$。但是对多级汽轮机而言,情况则有所不同。在多级汽轮机环境下,前一级的排汽就是后一级的进汽。前一级排汽进入后一级时,所发生的余速能量转换不外乎以下三种情况:

(1)前一级的排汽余速完全没有被下一级所利用,余速动能是一种纯粹的损失。此时,下一级汽流的进口初速度 $c_0 = 0$,级内工作情况与单级汽轮机情况完全相同。我们称之为余速动能完全没有被利用。

(2)前一级的排汽余速动能全部被下一级所利用。此时,上一级的余速 c_2 就是下一级喷管叶栅的进口初速度 c_0。对于下一级而言,在相同的膨胀压差下,由上一级而来的余速动能 $\dfrac{c_0^2}{2}$ 使下一级的绝热焓降由 $c_0 = 0$ 时的 h_s 增加到滞止焓降 h_s^*,相应的做功能力也增大。这种情况称为余速动能在下一级中得到完全利用。

(3)前一级排汽余速的动能,一部分被耗散,变成热能并被蒸汽吸收,相应地排汽的焓值有所上升;而另一部分则以动能的形式被下一级所利用,同样增加了下一级的绝热焓降和做功能力。这种情况称为余速动能在下一级中被部分利用。

为了定量地衡量余速动能被利用的程度,这里引入余速利用系数 μ:

$$\mu = \frac{\mu \dfrac{c_2^2}{2}}{\dfrac{c_2^2}{2}} \tag{5-26}$$

余速利用系数 μ 代表级的余速动能被下一级利用的部分与全部余速动能的比值。引入余速利用系数 μ 后，上述三种情况就可用 $\mu=0$，$\mu=1$ 以及 $0<\mu<1$ 来表示。

5.3.1 余速利用的条件

在实际多级汽轮机中，相邻两个汽轮机级之间的流动情况比较复杂，余速利用的情况和余速利用系数的大小也难以准确确定。一般来说，余速利用的条件为：

(1)相邻两个汽轮机级的平均直径接近相等，蒸汽通过两个汽轮机级时，径向速度不明显；

(2)后一级喷管叶栅的进汽方向与前一级的排汽方向相符；

(3)相邻两级都是全周进汽；

(4)相邻两级之间的流量没有变化。

通常，当上述四个条件都满足时，一般取 $\mu=1$，认为余速完全被利用；当第三个条件不满足时，$\mu=0$，表示余速完全没有利用；当第四个条件不满足时(如在抽汽式汽轮机的抽汽口)，$\mu=0.5$，余速部分被利用；实际流动条件是否满足第 1 条和第 2 条的衡量标准并不严格，相应的 μ 变动范围可能在 $0.3\sim0.8$ 之间。

5.3.2 余速利用对汽轮机级效率的影响

在多级汽轮机中，前一级的排汽余速动能是否被下一级利用对前一级效率没有影响，但它改变了下一级的进汽状态，从而改变了下一级的工作条件。我们通过 $\mu=0$ 和 $\mu>0$ 时的两种情况对比来分析余速利用对下一级效率的影响。

(1)假设下一级完全没有利用上一级的余速动能，则下一级的绝热滞止焓降就是级前、后压差(p_0-p_2)所对应的理想焓降，即 $h_s^*=h_s$，其工作过程如同单级汽轮机。在这种情况下，下一级的内效率为

$$\eta_{oi}=\frac{\text{对外做功}}{\text{级提供的能量}}=\frac{h_i}{h_s}=\frac{h_i}{h_s^*} \tag{5-27}$$

(2)假设下一级全部或部分利用了上一级的余速动能 $\mu\dfrac{c_2^2}{2}$。此时，下一级前、后压差(p_0-p_2)对应的理想焓降为 h_s，而级的等熵滞止焓降为 $h_s^*=h_s+\mu\dfrac{c_2^2}{2}$。下一级的内效率为

$$\eta'_{oi}=\frac{\text{对外做功}}{\text{级提供的能量}}=\frac{h'_i}{h_s}=\frac{h'_i}{h_s^*-\mu\dfrac{c_2^2}{2}} \tag{5-28}$$

上述两个表达式中分母的差异显而易见。另外，在 $\mu>0$ 的条件下，表达式(5-28)中的 h'_i 中包含了由进口初速动能转换为有效焓降的部分，在数值上要比式(5-27)中的 h_i 大，因此 $\eta'_{oi}>\eta_{oi}$。可以看到，余速利用之后，除末级之外的各级内效率 η_{oi} 都会有所提高。图 5-14 给出一个带反动度的冲动级当 $\mu=0.5$ 时 $i-s$ 图上过程曲线的示意图。

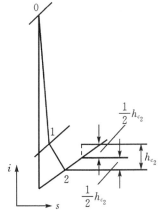

图 5-14 $\mu=0.5$ 的汽轮机级过程曲线

5.3.3 余速利用对多级汽轮机效率的影响

1. 余速利用与汽轮机工作过程

图 5-15 是在 p_0 和 p_z 压力范围内工作的多级汽轮机 $i-s$ 图,汽轮机的等熵焓降是 H_s,进口状态点为点 0。图中画出了余速完全未利用($\mu=0$)和完全利用($\mu=1$)两种情况下的膨胀过程线。通过对比这两种情况下多级汽轮机内的工作过程,就可以看到余速利用对多级汽轮机效率的影响。

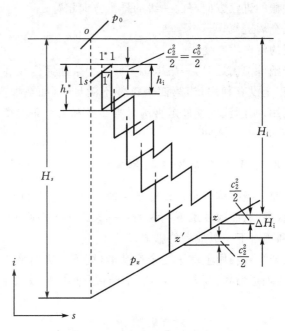

图 5-15 直线型过程曲线

（1）在余速完全没有利用($\mu=0$)的情况下,第一级出口的理想排汽点在 $1s$ 处;考虑除余速损失外的各项损失后,排汽点在点 $1'$;再考虑余速损失 $c_2^2/2$,排汽点在点 1。点 1 即是第二级实际的进口状态点。第二级余速完全未被第三级利用,情况如同第一级。这样,蒸汽在多级汽轮机中逐级膨胀、做功,最后汽轮机出口蒸汽的状态在 z 点,减去末级出口余速动能后,可得多级汽轮机的内效率为

$$\eta_{oi}^{T} = \frac{H_i}{H_s} \tag{5-29}$$

（2）在余速完全利用($\mu=1$)的情况下:第一级的理想排汽点在 $1s$ 处;考虑除余速损失外的各项损失后,蒸汽的焓有所升高,排汽点在点 $1'$;点 $1'$ 即是第二级实际的进口状态点,第一级的排汽余速 c_2 作为第二级的进口初速度 $c_0=c_2$,对应的等熵滞止点为 1^*。第二级的排汽余速被第三级完全利用,情况同第一级。蒸汽在多级汽轮机中逐级膨胀、做功,除最后一级外每级的余速都被下一级完全利用,汽轮机的最终出口状态点在 z' 处,减去末级出口余速动能后,多级汽轮机的内效率为

$$(\eta_{oi}^{T})' = \frac{H_i + \Delta H_i}{H_s} > \frac{H_i}{H_s} = \eta_{oi}^{T} \tag{5-30}$$

　　对比上述两种情况下多级汽轮机内效率的表达式(5-29)和式(5-30)就可以看出,余速的利用使整个多级汽轮机的内效率提高了。

　　现在我们再回过头来明确一下上述分析中除余速损失之外各项损失的具体含义。这里的各项损失,实际上就是第 3 章介绍单级汽轮机时所介绍的损失项。这些损失包括喷管损失 h_n、动叶损失 h_b、叶轮摩擦损失 h_f、部分进汽时的鼓风损失 h_v 和弧端损失 h_e,即

$$h_n + h_b + h_f + h_v + h_e = (\zeta_n + \zeta_b + \zeta_f + \zeta_v + \zeta_e)h_s^*$$

　　当然,对于调节级以后的各级,采用部分进汽的情况较少,此时就可以忽略鼓风损失 h_v 和弧端损失 h_e 的影响。另外,为了使图形清楚,图 5-15 中点 $1'$ 的位置故意画得比实际的情况要低。

　　对于多级汽轮机中余速部分利用($0 < \mu < 1$)的情形,可以判断,其膨胀过程线必然介于余速全部利用($\mu = 1$)和余速全部未被利用($\mu = 0$)两种情形之间。由于余速部分利用而引起的多级汽轮机有效焓降的增加 $\Delta H''$ 必然是介于 0 和 $\Delta H'$ 之间。这种情况读者可以自行绘图分析。

　　在实际的多级汽轮机中,各级余速利用的情况并不像上述分析中假设的那样简单。实际上,多级汽轮机中一些级的余速被下一级完全或部分利用,而另一些级的余速则完全不被利用。在余速完全不利用的汽轮机级中,其工作情况如上述分析中(1)所示;在余速完全利用的汽轮机中,其工作情况如上述分析中(2)所示;在余速部分利用的汽轮机中,其工作情况介于二者之间。在余速完全利用、部分利用、完全不利用三种情况都存在的多级汽轮机中,整个膨胀过程线将介于余速完全利用和完全不利用两条膨胀线之间,汽轮机最终的排汽点也介于 z 和 z' 之间。通过以上分析可以看出:无论余速是完全利用还是部分利用,多级汽轮机的内效率 η_{oi}^T 均会增大,即 $(\eta_{oi}^T)' > \eta_{oi}^T$。

　　2. 余速利用对汽轮机效率的影响

　　现在我们推导一个简便公式,以便于估算式(5-30)中由于余速利用导致的两台汽轮机内效率的差值。由图 5-15 可以看出,ΔH_i 就等于末级之外各级可以利用的余速能量之和。为了推导简便,做下述假设:

　　(1)因为各级余速能量不一定相同,所以取一个平均值 h_{c_2},各级余速损失系数的平均值亦取为 ξ_{c_2};

　　(2)同样,假设各级内效率的平均值为 η_{oi}^m,平均绝热焓降为 h_s^*;

　　(3)假设汽轮机的级数为 z。

　　在以上假设下,则有

$$\Delta H_i = (z-1)h_{c_2} \cdot \eta_{oi}^m$$

由式(5-30)得

$$(\eta_{oi}^T)' - \eta_{oi}^T = \frac{\Delta H_i}{H_s} = \frac{(z-1)h_{c_2}}{H_s} \cdot \eta_{oi}^m = \frac{z-1}{z} \cdot \frac{zh_{c_2}}{H_s} \cdot \eta_{oi}^m$$

其中,$h_{c_2} = \xi_{c_2} h_s^*$,因此有 $zh_{c_2} = \xi_{c_2} \cdot zh_s^* = \sum h_s^* \cdot \xi_{c_2}$。将其代入上式,即

$$(\eta_{oi}^T)' - \eta_{oi}^T = \frac{z-1}{z} \cdot \frac{\sum h_s^*}{H_s} \cdot \xi_{c_2} \cdot \eta_{oi}^m = \frac{z-1}{z} \cdot (1+\alpha) \cdot \xi_{c_2} \cdot \eta_{oi}^m$$

$$(\eta_{oi}^T)' = \eta_{oi}^T + (1+\alpha) \cdot \eta_{oi}^m \cdot \xi_{c_2} \cdot \frac{z-1}{z}$$

其中，$(1+\alpha)\eta_{oi}^{m}=\eta_{oi}^{T}$，则有

$$(\eta_{oi}^{T})' = \eta_{oi}^{T} + \eta_{oi}^{T} \cdot \xi_{c_2} \cdot \frac{z-1}{z} = \eta_{oi}^{T} \cdot \left(1+\xi_{c_2}\frac{z-1}{z}\right) \qquad (5-31)$$

或

$$(\eta_{oi}^{T})' = (1+\alpha) \cdot \eta_{oi}^{m} \cdot \left(1+\xi_{c_2}\frac{z-1}{z}\right) \qquad (5-32)$$

5.3.4　余速利用对汽轮机级轮周效率 η_u 的影响

为了能够看清余速利用对汽轮机级特性的一般影响关系，我们来推导利用余速的汽轮机级的轮周效率公式。

对纯冲动级而言，可以认为 $\beta_2=\beta_1$，$c_1=\varphi c_{1s}=\varphi c_a$，$w_2=\psi w_1$。根据速度三角形的关系，有

$$c_2^2 = c_{2z}^2 + c_{2u}^2$$

其中

$$c_{2z} = w_{2z} = \psi w_{1z} = \psi c_{1z} = \psi c_1 \sin\alpha_1$$
$$c_{2u} = w_{2u} - u = \psi w_{1u} - u = \psi(c_1\cos\alpha_1 - u) - u$$

这样就有

$$c_2^2 = \psi^2 c_1^2 + u^2 (1+\psi)^2 - 2uc_1\psi(1+\psi)\cos\alpha_1 \qquad (5-33)$$

利用余速之后级的轮周效率为

$$\eta'_u = \frac{h_u}{E_0} = \frac{2u(c_1\cos\alpha_1 + c_2\cos\alpha_2)}{\left(\dfrac{c_1}{\varphi}\right)^2 - \mu_1 c_2^2} \qquad (5-34)$$

其中，E_0 为级的理想可利用能量。把式$(5-33)$代入式$(5-34)$，整理得到余速利用条件下纯冲动级的轮周效率 η'_u 为

$$\eta'_u = \frac{2x_1\varphi^2(\cos\alpha_1 - x_1)(1+\psi)}{1-\mu_1\varphi^2[\psi^2 + x_1^2(1+\psi)^2 - 2x_1\psi(1+\psi)\cos\alpha_1]} \qquad (5-35)$$

在 φ、ψ、x_1、α_1 取一般数值时，式$(5-35)$分母小于1，即利用余速的级的轮周效率总是大于未利用余速的级的轮周效率。

取 $\varphi=0.97$，$\psi=0.94$，$\alpha_1=13°$，按照表达式$(5-35)$绘制轮周效率与速比的关系曲线如图$5-16$所示。从 $\mu_1=0$ 与 $\mu_1=1$ 两条效率曲线的对比中，可以看出：

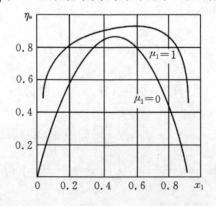

图 $5-16$　轮周效率与速比的关系

（1）余速利用使速比 x_1 在实用范围内对轮周效率的影响显著减弱。这是因为 x_1 对 η_u 的影响主要是通过 h_{c_2} 的影响表现出来的。在 x_1 偏离最佳值后，余速损失就增加，遂使轮周效率下降；现在余速可以利用，速比 x_1 对 η_u 的影响自然减弱。所以在多级汽轮机中，除末级外，不一定要求各级 α_2 接近 $90°$。

（2）余速利用使得轮周效率曲线失去了相对于最高效率点的基本对称性。这是因为 x_1 由最佳值增加或减小同一个百分数，速度三角形上的速度向量 Δc_u 或 Δw_u 的相应变化是不相等的。同时，在 u 为常数时，c_1 是反比于 x_1 而变化的。因此，表达式（5-34）中 h_u、E_0 在两种情况下的变化就不相等。

（3）余速利用使 $(x_1)_{opt}$ 相对于余速不利用时增大了。

（4）在利用余速的级中 α_1 对轮周效率的影响减小了，特别是在 $x_1 < (x_1)_{opt}$ 范围内减小得更多，这一现象的原因同第（1）条大致相同。

5.4　级的漏汽损失

之前，我们讨论汽轮机级的工作过程、能量转换时，假定通过汽轮机级的流量全部通过了静叶栅和动叶栅通道。但实际上，汽轮机级通流结构中存在间隙，在间隙处会发生不同程度的漏汽。对汽轮机级而言，这些间隙处的漏汽使级的做功能力减小，这种做功能力的损失称为漏汽损失。

关于多级汽轮机中某一个中间级的漏汽问题，在冲动式和反动式汽轮机级中的具体表现形式相差较大。由于两种级的结构不同，不但级的漏汽条件和漏汽量的大小不同，而且漏汽量对级效率的影响或漏汽损失的相对重要性在两种级中也有显著的差别，因此有必要分别讨论冲动式和反动式汽轮机的漏汽损失问题。

5.4.1　冲动式汽轮机级的漏汽损失

冲动式汽轮机级通流部分的主要结构如图 5-17 所示。通过汽轮机级总的蒸汽流量为 G，其中一小部分流量 G_δ 通过隔板汽封泄漏至隔板与叶轮之间的间隙中，只有流量为 G_1 的蒸汽通过静叶栅通道。如果汽轮机级有一定的反动度，则动叶前后存在压差 $\Delta p = p_1 - p_2$。在压差 Δp 的作用下，有一小部分流量 $G_{\delta t}$ 通过动叶叶顶间隙泄漏至动叶下游，而没有参与动叶中的功能转化过程。通过动叶栅通道的实际流量为 G_2。一般地说，冲动式汽轮机级的漏汽问题应该包括通流部分隔板汽封漏汽和动叶叶顶轴向间隙漏汽两个部分。以下分别讨论这两个位置处的漏汽问题，以及冲动式汽轮机级的漏汽所引起的平衡孔计算问题。

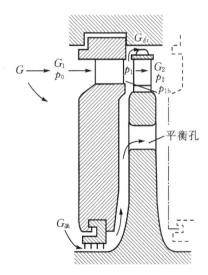

图 5-17　冲动式汽轮机中间级纵剖面图

1. 动叶叶顶轴向间隙漏汽

在第 3 章中计算单级汽轮机的效率时介绍了汽

轮机的各项损失。其中包括一项结构损失，它考虑了汽轮机级的结构漏汽（即动叶叶顶轴向间隙漏汽）和汽流不稳定性造成的损失。对这一损失项对级相对内效率的影响采用了一种简便的处理方法，即将计算得到的轮周效率 η_u 乘以 $0.975(0.975\eta_u)$，见 3.1 节。

这种处理方法一般适用于小功率单级汽轮机。现代大功率冲动式汽轮机各级反动度沿径向增加的趋势明显，在这种情况下，冲动式汽轮机动叶叶顶轴向间隙漏汽的计算就与本节后面将介绍的反动式汽轮机动叶叶顶轴向间隙漏汽的计算相同。因此，对冲动式汽轮机级的漏汽，我们主要讨论由隔板汽封漏掉的蒸汽的计算和处理的问题。

2. 隔板汽封漏汽

由图 5 - 17，隔板及喷管之前的压力为 p_0；轴向间隙中的平均压力为 p_1，而叶根处则为 $p_{1h}<p_1$；动叶之后的压力为 $p_2<p_1$，表示级内有一定的反动度，即 $\Omega>0$。一般冲动式汽轮机中间级的绝热焓降 h_t 不大，级的压比大于临界值，即 $p_2/p_0>\varepsilon_{cr}$，反动度在 $0.05\sim0.1$ 范围内变化，而叶根处反动度在 0.03 以下。在这种情况下，级的反动度可以近似地用动叶前后的压差与级前后的压差之比来表示，即

$$\Omega \approx \Omega_p = \frac{p_1 - p_2}{p_0 - p_2} = 0.05 \tag{5-36}$$

同理，叶根处的反动度为

$$\Omega_h \approx \frac{p_{1h} - p_2}{p_0 - p_2} = 0.03 \tag{5-37}$$

这样就可以看出 p_1-p_2 和 $p_{1h}-p_2$ 的绝对值是很小的。例如，当 $p_0=0.49$ MPa，$p_2=0.275$ MPa，$p_1-p_2\approx10.8$ kPa，$p_{1h}-p_2\approx8.2$ kPa 时，在 $i-s$ 图上就很难看出差别。即使 p_0 高到 4.9 MPa，p_2 达到 2.75 MPa，两个压差还是只有 0.1MPa 左右。这种压差的实际数量级是我们在下面的分析中选用某些数据时的根据之一。

对于采用曲径式汽封的隔板汽封，其漏汽量计算公式可以直接采用 3.6 节的结论来计算。对隔板汽封而言，隔板汽封前的压力 p_0 就是级前的压力 p_0。对于汽封后的压力 p_z，由于冲动式汽轮机级的反动度较小，喷管出口根部压力 p_{1h} 略大于级后压力 p_2；另外 $p_z<p_{1h}$，可以认为 $p_z\approx p_2$。需要注意的是，汽封后压力取为 $p_z\approx p_2$ 是一种近似的处理方式，因为对于轮盘两侧空间内蒸汽径向压力梯度的影响要不要考虑，以及如何考虑缺乏一致的意见。当汽封结构和形式确定时，隔板汽封齿数 z 和几何结构参数 d_δ、δ 以及汽封的漏汽流量系数 μ_δ（由对应汽封的试验图表查出）均为已知量。因此，隔板汽封的漏汽量为

$$G_{\delta h} = \mu_\delta A_\delta \sqrt{\frac{p_0^2 - p_z^2}{z p_0 v_0}} \tag{5-38}$$

隔板漏汽损失系数为

$$\xi_{\delta h} = \frac{G_{\delta h}}{G} \cdot \eta_u \tag{5-39}$$

它代表由于隔板漏汽，部分工质未参与喷管中的能量转换过程而引起的轮周效率损失。这样，考虑隔板汽封漏汽损失后的轮周效率 η'_u 为

$$\eta'_u = (1 - \frac{G_{\delta h}}{G})\eta_u = \eta_u - \xi_{\delta h} \tag{5-40}$$

3. 平衡孔的确定

由图 5 - 17 看到，如果不采取一定的措施，从隔板汽封处泄漏的蒸汽将会通过隔板与叶轮

之间的间隙进入动叶栅通道中,会对主流的流动产生相当大的扰动,从而引起流动效率的降低和做功能力的减小。为了避免这种情况发生,在动叶叶轮上必须开设平衡孔,从而保证隔板汽封漏汽能通过平衡孔流至级后,而不会进入动叶栅通道对主流流动造成干扰。但是,另一方面,不合理的平衡孔设计也可能导致从喷管流出的蒸汽漏到隔板与叶轮之间的间隙中,这种情况也必须通过对平衡孔的合理设计来避免。图 5-18 给出了级间漏汽的三种情况。

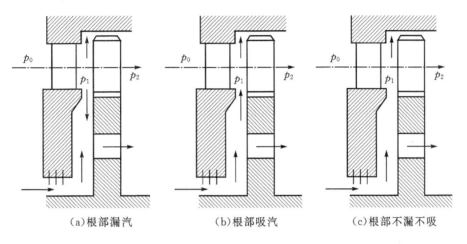

(a)根部漏汽　　　　　　(b)根部吸汽　　　　　　(c)根部不漏不吸

图 5-18　不同根部反动度条件下汽流在级内的流动情况

　　分析冲动式汽轮机隔板汽封漏汽问题的目的之一是为了确定轮盘上平衡孔的面积,使从隔板汽封漏过来的蒸汽量正好通过平衡孔,保证隔板与叶轮之间的环形间隙中既无吸汽现象(隔板汽封漏汽流入通流部分),也无漏汽现象(蒸汽由通流部分漏到隔板与轮盘之间)。为此,设计中要计算通过平衡孔的蒸汽流量,为了计算流量,首先要确定平衡孔两端的压差。

　　由平衡孔到叶根这一段距离内的径向压力梯度使得平衡孔之前的压力略低于 p_{1h},而其后的压力略低于 p_2,但如果两侧的径向压力梯度可以看作相同,则显然平衡孔两端的压差 Δp 可以近似取为

$$\Delta p \approx p_{1h} - p_2$$

视平衡孔内的流动为绝热流动,则微分形式的能量方程为

$$c\mathrm{d}c + v\mathrm{d}p = 0$$

对上式积分,得到通过平衡孔时的汽流速度为

$$c^2 = -2\int_{p_{1h}}^{p_2} v\mathrm{d}p = 2\int_{p_2}^{p_{1h}} v\mathrm{d}p$$

　　如果级的反动度 Ω 较小,则平衡孔进、出口的压差 $\Delta p \approx p_{1h} - p_2$ 也很小,平衡孔中汽流的比容变化不大,可以取 p_{1h} 与 p_2 两个压力之下蒸汽比容的平均值 v 来代替。这样,上述积分式就可以写为

$$c = \sqrt{2v(p_{1h} - p_2)} \tag{5-41}$$

根据连续方程,当隔板汽封漏汽 $G_{漏}$ 正好全部通过平衡孔时,有

$$G_{漏} = \mu_p \frac{A_p c}{v}$$

或者将其变为平衡孔面积的表达式,并利用式(5-41),可得

$$A_\text{p} = \frac{G_{\delta h} v}{\mu_\text{p} c} = \frac{G_{\delta h}}{\mu_\text{p} \sqrt{\dfrac{2(p_{1h} - p_2)}{v}}} \tag{5-42}$$

式中，$G_{\delta h}$ 为通过平衡孔的流量，即隔板汽封漏汽量；$p_{1h} - p_2$ 为平衡孔前、后的压差；v 为压力 p_{1h} 和 p_2 下蒸汽的平均比容；A_p 为平衡孔的通流面积；μ_p 为平衡孔的流量系数。

　　根据几何关系，平衡孔的直径为

$$d_\text{p} = \sqrt{\frac{4A_\text{p}}{n\pi}} \tag{5-43}$$

式中，n 是平衡孔的数目，必须是整数，一般取 $n = 5\sim7$；d_p 是平衡孔直径的计算值，在加工时平衡孔的实际直径要根据标准钻头的直径来选定，一般略大于计算值 d_p。

　　从上述过程可以看出，要计算平衡孔的直径，还需要确定平衡孔的流量系数 μ_p。试验研究表明，平衡孔的流量系数 μ_p 一般随下列三个无量纲参数而变：

$$\frac{u}{c}, \quad \frac{s}{d_\text{p}}, \quad \frac{d_\text{p}}{r_\text{p}}$$

此处，u 是平衡孔处的圆周速度，m/s；c 是平衡孔内的汽流速度，m/s；s 是平衡孔进口端面与隔板之间的轴向距离，mm；d_p 是平衡孔的直径，mm；r_p 是平衡孔中心所处的半径，mm。

　　根据已发表的资料，将流量系数 μ_p 与这三个参数在它们实用变化范围内的关系绘成曲线，可得图 5-19。对于现代多级汽轮机的中间级来说，$s/d_\text{p} = 0.15\sim0.3$，是常见的 s/d_p 变动范围。由图 5-19 可见，在这一范围内，μ_p 随 s/d_p 的变化相当剧烈。在 u/c 和 d_p/r 两个参数之中，对 μ_p 影响较大的是 u/c。一般情况下，μ_p 的值在 $0.25\sim0.5$ 之间变动。

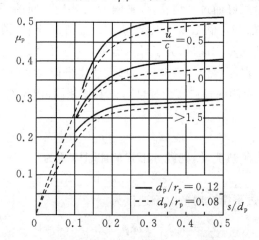

图 5-19　平衡孔流量系数 μ_p 的曲线

　　由式 (5-42) 和 μ_p 曲线对 s/d_p 的依赖关系立刻看出，求解此式必须用试凑法。同时还可看到，由于平衡孔数目必须是整数，而且孔径 d_p 又只能根据标准钻头规定的尺寸选择，因此 A_p 的实际数值不一定能够等于它的计算值。这种情况下，应使 A_p 有些富裕量以确保叶片根部不发生吸汽现象。由此可见，过分精致地考虑式 (5-38) 和式 (5-41) 中压差的合理选取问题实际上并无必要。

5.4.2　反动式汽轮机级的漏汽损失

现代反动式汽轮机中间级的纵剖面结构大致如图 5-20 所示。在静叶片的内径一端装有径向和轴向汽封,这就相当于冲动式汽轮机的隔板汽封,维持着静叶与转鼓之间的径向间隙,以及静叶与动叶根部之间的轴向间隙。在动叶片外径一端的轴向和径向间隙处,也分别安装有汽封。总的看来,内径和外径处的汽封装置都属于曲径式汽封的类型。

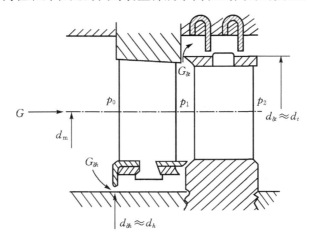

图 5-20　反动式汽轮机中间级通流结构

1.反动式汽轮机级间漏汽特点

根据反动式汽轮机中间级的基本结构及工作原理,不难看出其级间漏汽问题的两个特点：一是静叶内径汽封的漏汽量 $G_{\delta h}$ 比冲动级隔板汽封漏汽量大,这主要是由于汽封直径大($d_{\delta h} \approx d_h$),而汽封片数 z 很少(2~3)的缘故;二是动叶外径汽封漏汽量 $G_{\delta t}$ 相当可观,不像在冲动级中那样微不足道,原因是级的反动度大($\Omega = 0.5$),相应地动叶前、后的压差也大($p_1 - p_2 \approx p_0 - p_1$)。上述两个特点导致反动式汽轮机汽封漏汽量要比冲动式汽轮机的漏汽量大。

2.反动式汽轮机级的漏汽量的计算

利用第 3 章介绍的曲径式汽封漏汽量计算公式

$$G_\delta = \mu_\delta A_\delta \sqrt{\frac{p_0^2 - p_z^2}{z p_0 v_0}}$$

可以分别计算出内径汽封漏汽量 $G_{\delta h}$ 和外径汽封漏汽量 $G_{\delta t}$。如前所述,反动式汽轮机中这两项漏汽损失都比较大,都需要单独进行计算。

3.反动式汽轮机级的漏汽损失的计算

$G_{\delta h}$ 和 $G_{\delta t}$ 确定之后,级的轮周功可以表示为

$$W_u = u[(G - G_{\delta h} - G_{\delta t})c_{1u} + (G - G_{\delta t})c_{2u}] \tag{5-44}$$

式中的 $G - G_{\delta h} - G_{\delta t}$ 代表进入动叶栅的实际参与做功的蒸汽流量;$G - G_{\delta t}$ 是由动叶栅流出来的实际参与做功的蒸汽流量。于是,考虑漏气损失之后的轮周效率 η'_u：

$$\eta'_u = \frac{u[(G - G_{\delta h} - G_{\delta t})c_{1u} + (G - G_{\delta t})c_{2u}]}{G h_s^*}$$

$$= \frac{u}{h_s^*}\left[\left(1-\frac{G_{\delta h}}{G}-\frac{G_{\delta t}}{G}\right)c_{1u}+\left(1-\frac{G_{\delta t}}{G}\right)c_{2u}\right]$$

$$= \eta_u\left(1-\frac{G_{\delta t}}{G}\right)-\frac{uc_{1u}}{h_s^*}\frac{G_{\delta h}}{G} \tag{5-45}$$

式中，η_u 代表不考虑级间漏汽损失时的轮周效率。由一般汽轮机级的速度三角形可知 c_{2u} 是很小的。如果近似地取 $c_{2u}\approx0$，则 $c_{1u}\approx c_{1u}+c_{2u}$。这样式(5-45)就简化为

$$\eta'_u = \eta_u\left(1-\frac{G_{\delta h}+G_{\delta t}}{G}\right)=\eta_u-\xi_\delta \tag{5-46}$$

式(5-46)与冲动级的表达式(5-40)形式上相同，但是其中的损失系数 ξ_δ 为

$$\xi_\delta = \eta_u\frac{G_{\delta h}+G_{\delta t}}{G} \tag{5-47}$$

代表由于汽封漏汽，部分工质未参与级内能量转换而引起的轮周效率损失。相应的漏汽损失为

$$\delta h_\delta = \xi_\delta h_s^* = \frac{G_{\delta h}+G_{\delta t}}{G}\eta_u h_s^* \tag{5-48}$$

反动式汽轮机由于全周进汽和没有轮盘，所以鼓风损失为零，而摩擦损失也极小，接近于零，即 $\xi_{f,v}=0,\xi_e=0$。因此，轮周效率扣掉级间漏汽损失之后就得到级的相对内效率

$$\eta_{oi} = \eta_u-\xi_\delta \tag{5-49}$$

最后再来看一下漏汽损失系数对效率曲线的影响。冲动级中 $\xi_{\delta h}$ 主要取决于隔板汽封的直径，与级的直径大小无关，但高压反动级的汽封直径基本上就等于级的直径，这就使 ξ_δ 与速比 $\frac{u}{c_a}$ 或 $\frac{u}{c_1}$ 发生了关系。当 $\frac{u}{c_a}$ 选取较大数值时，一方面，d_m、$d_{\delta h}$ 和 $d_{\delta t}$ 都相对增加，因而 h_δ 也增加；另一方面 c_a 和 h_s^*（$\propto c_a^2\propto d_m^2$）则相对减小，所以 $\xi_\delta = \Delta h_\delta/h_s^*$ 就变成与 $\frac{u}{c_a}$ 的三次方成比例了，即 $\xi_\delta\propto\left(\frac{u}{c_a}\right)^3$。将这种关系表示在反动级的效率曲

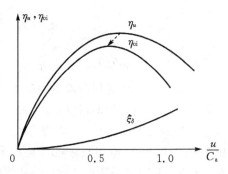

图 5-21 ξ_δ 对轮周效率曲线的影响

线图上，就得到图 5-21。将这幅图与第 3 章的图 3-20 相对照，就不难看出反动级中的 ξ_δ 对 η_u 的影响以及对 $\left(\frac{u}{c_a}\right)_{opt}$ 的影响是与部分进汽的冲动级和复速级中（$\xi_f+\xi_u+\xi_e$）的影响相似的。

在低压反动级中，一方面，p_0 减小、v_0 增大，使 ξ_δ 大为减小；另一方面，因为叶片高度 l 增大使 $d_{\delta h}$ 和 $d_{\delta t}$ 都不再接近 d_m，所以 ξ_δ 也不一定再与 $\frac{u}{c_a}$ 的三次方成比例。因此，ξ_δ 对 η_u 的影响就比在高压反动级中大为减弱，反而接近冲动级中 ξ_δ 的地位。

5.5 湿蒸汽级的能量转换

湿蒸汽是干蒸汽和水滴的混合物。工作在湿蒸汽区域的级称为湿蒸汽级。火电凝汽式汽

轮机低压部分的末几级、压水堆核电汽轮机高压部分的全部级和低压部分的末几级以及地热电站汽轮机中的级均为湿蒸汽级。湿蒸汽级中水分存在对级的工作产生如下两个方面的影响：

一方面是由于水分的存在,级内蒸汽的流动和能量转换受到一定的影响,这种影响表现为一种能量损失,称为湿汽损失,这是本节研究的主要问题。

水分的另一方面影响是对叶片和汽缸材料形成水蚀作用。水滴在高速汽流的夹带下,以相当高的速度冲击动叶和冲刷汽缸表面,造成叶片和汽缸表面磨蚀,引起动叶和汽缸的安全问题。关于这一方面,在本节中只限于说明水蚀产生和湿汽损失的联系,而不准备分析水分对材料的机械作用,因为后一方面超出了本书研究的范围。

5.5.1　湿蒸汽在汽轮机中的流动过程和湿汽损失产生的原因

5.5.1.1　湿蒸汽在级内的流动过程

第 2 章中曾经从喷管和动叶通流能力的角度,讨论过湿蒸汽的流动问题。现在我们结合能量转换的问题来研究湿蒸汽的流动,情况要比前面复杂。湿蒸汽对叶栅通流能力的影响只与过饱和现象有关而且可以通过实验测量直接定量地确定。而湿蒸汽对汽轮机级能量转换(由蒸汽动能到机械功的转换)过程的影响,则除了与过饱和现象之外,还和水滴的运动学和动力学现象有关,而且这种影响的大小无法独立地直接测量,只能间接地推断确定。湿蒸汽流动问题的研究涉及的内容十分广泛,在本节中仅对湿蒸汽流动过程中涉及的一些物理现象进行初步介绍。

首先以拉伐尔喷管中的流动为例来介绍湿蒸汽问题中的过饱和现象。图 5-22 将拉伐尔喷管中的流动表示在 i-s 图上,为了简化问题的分析,仅考虑等熵流动的情形。

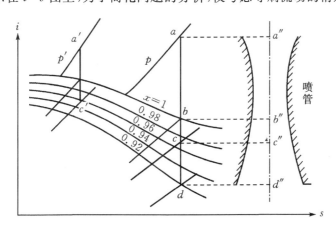

图 5-22　拉伐尔喷管中的蒸汽膨胀

喷管进口 a'' 处蒸汽处于过热状态,对应 i-s 图上的点 a。过热蒸汽从点 a 开始等熵膨胀至饱和线上的点 b。按照平衡态热力学理论,此时随着膨胀的进行,蒸汽的湿度应当逐渐增大,与 i-s 图上的过程相一致,也即蒸汽应始终保持热力学平衡状态。但实际上,蒸汽分子凝结成水滴的过程是需要一定条件才能实现的。蒸汽分子一方面随主流运动,另一方面也在不停地进行布朗运动。当若干个气态分子偶然碰撞在一起时,才可能形成处于热力学平衡态且具有一定半径的凝结核心;在蒸汽很纯净的情况下(杂质微粒提供的凝结表面积很小),当蒸汽中自发形成的凝结核心数目足够多时,其它蒸汽分子才能迅速地在凝结核心表面大量地凝结,宏观上即表现为蒸汽的湿度增加。纯净蒸汽中自发形成大量凝结核心需要一定的条件,即当地温度低于当地压力对应的饱和温度,并且只有当两个温度之差(称为过冷度)达到一定程度时,凝结核心才能出现。这样,喷管中从 b'' 到 c'' 各点蒸汽的实际状态,不可能与 i-s 图上从点 b 到点 c 的热力学平衡状态相对应。也就是说,纯净蒸汽在高速膨胀过程中,在饱和线下方的一定区域内并不立即凝结产生水分,而是仍然按照过热蒸汽的膨胀规律进行膨胀,蒸汽的绝热指数 κ 仍然等于 1.3 而不是等于 $1.035+0.1x_{\mathrm{m}}$,蒸汽的实际温度也低于当地压力对应的饱和温度。这种现象称为过饱和现象,此时蒸汽状态处于过饱和状态或过冷状态,是一种热力学不平衡的状态。

当蒸汽的热力学不平衡状态积累到一定程度,例如在 i-s 图上的点 c,过热蒸汽中几乎是瞬间产生数量巨大的凝结核心,蒸汽分子非常迅速地在这些凝结核心上凝结,并释放出大量凝结潜热,凝结潜热对汽流的加热作用使得蒸汽的温度恢复到当地压力对应的饱和温度,此时蒸汽状态接近热力学意义上的平衡状态。过饱和蒸汽膨胀的极限位置点称为 Wilson 点,Wilson点在 i-s 图上的位置与蒸汽的压力有关,大致位于 3.5%~4% 湿度线之间,不同压力下 Wilson 点的连线称为 Wilson 线。自发凝结形成的水滴直径很小,在 0.01~1μm 范围内。

i-s 图上从点 c 到点 d 的膨胀过程中湿蒸汽均接近热力学平衡状态,可以近似地认为 c'' 到 d'' 之间各点的湿度与点 c 到点 d 的湿度相对应。

5.5.1.2　湿汽损失产生的原因

从上面的分析看,湿蒸汽的流动过程是相当复杂的,它涉及到蒸汽的过饱和现象、自发凝结以及水滴的运动学和动力学现象等。对于凝汽式汽轮机的低压部分,水滴的产生与形态演变过程以及引起损失的原因大致如下:

1. 过饱和现象和过饱和损失

如前所述,蒸汽在汽轮机级通道中膨胀,在越过饱和线时将产生过饱和现象。由于过饱和现象的存在,在给定的压力范围(p_0-p_2)内,绝热焓降将有所减小(从 h_s^* 减小到 $h_s^{*'}$),相应地级的做功能力也会减小。$h_s^*-h_s^{*'}$ 代表一种能量损失,称之为过饱和损失。为了进一步分析过饱和损失产生的原因,以图 5-23 所示的蒸汽等熵膨胀过程进行说明。

图中蒸汽从压力 p_0 等熵膨胀到压力 p。剖面线内的实线如 BA 代表处于过饱和状态的蒸汽的等压线,它是过热区等压线的延伸,因此在 BA 上每一点的温度都不相同,且都低于压力 p 对应的饱和温度 $T_s(p)$;图中也画出了三条等温线,同样,这三条等温线是过热区等温线的延伸。而虚线如 BA' 则代表处于热力学平衡状态的蒸汽的等压线,也就是通常我们在水蒸气焓熵图上看到的等压线,沿着 BA',其上每一点的温度均为压力 p 对应的饱和温度 $T_s(p)$。

蒸汽初始状态 B' 位于饱和线上,其压力为 p_0,膨胀后的压力为 p。处于热力学平衡状态的蒸汽的等熵膨胀过程线为 $B'A'$,而处于过饱和状态的蒸汽的等熵膨胀过程线为 $B'A$。由于点 A 蒸汽未吸收蒸汽凝结所释放的凝结潜热,它的实际温度 T_G 要低于点 A' 蒸汽的实际温度 $T_s(p)$,二者温度之差称为过冷度 ΔT,$\Delta T=T_s(p)-T_G$,这也就是过饱和蒸汽又称为过冷蒸汽的原因。由点 A 蒸汽的实际温度 T_G 所确定的饱和压力为 $p_s(T_G)$,压力 p 与 $p_s(T_G)$ 的比值称为过饱和比 S,即 $S=p/p_s(T_G)$。过冷度 ΔT 和过饱和比 S 是非平衡凝结动力学中的重要

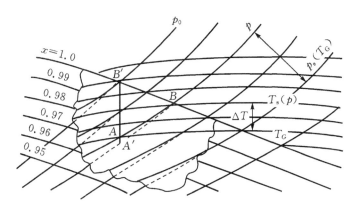

图 5 - 23　过饱和蒸汽的焓-熵图

参数,二者相互关联,可以进行相互转换,这里不再进行详细介绍。

　　从上述分析中可以看到,在相同的膨胀压力范围内,过饱和蒸汽膨胀过程的绝热焓降要小于处于热力学平衡状态的蒸汽膨胀的绝热焓降。这个损失就称为过饱和损失。图 5 - 24 表明过饱和损失在 p - v 过程曲线图上是与阴影面积的大小有一定关系的。

　　按照上述分析,当蒸汽膨胀到湿度大于 3.5% ~ 4% 时,过饱和现象消失;如果某一级中蒸汽在进入

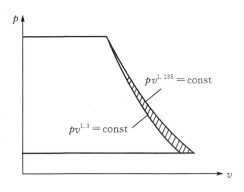

图 5 - 24　p - v 过程曲线图上的过饱和损失

喷管时湿度已经大于 4% 的话,这一级就不应该有过饱和损失。但是,有些湿蒸汽汽轮机研究者认为,不论一个级的进汽湿度有多大,蒸汽在级内膨胀的过程中总还是伴随着过饱和现象,因此多少有一些过饱和损失。这方面有一些证据存在,但是还无法完全定论。由于这种不确定的因素,这种情况下的过饱和损失就不能准确地定量计算。比较有把握一点的说法是,此时过饱和损失在湿蒸汽损失中所占的比重不大。

　　2. 水滴的形成与生长

　　前面已经介绍了当过饱和蒸汽膨胀到过饱和状态的极限位置 Wilson 点时,蒸汽中通过自发凝结产生了大量微小的凝结核心,其直径在 0.01μm 以下。凝结核心产生后,蒸汽与凝结核心之间不断进行传质传热过程。一方面,一部分凝结核心很快再蒸发为蒸汽;另一方面,蒸汽在凝结核心上继续凝结形成更大的水滴,这个过程称为水滴的生长。在水滴生长过程中,蒸汽由亚稳定的过饱和状态迅速恢复到热力学上的平衡湿蒸汽状态,过饱和现象逐渐消失,水滴温度与蒸汽温度十分接近。从宏观上来看,水滴生长过程中蒸汽的湿度持续增加。

　　蒸汽自发凝结形成凝结核心的过程很快,可以认为是一个瞬间的现象;而水滴的生长过程则需要相对较长的时间。生长后的水滴直径在 0.01 ~ 1.0μm 之间,称为一次水滴或一次雾滴。当水滴生长到一定程度时,运动中的水滴可能发生相互碰撞。由于水滴表面张力的作用,碰撞后的水滴可能合并形成一个较大的水滴,这样将导致水滴数目减少。

3. 水滴的运动与沉积

一次水滴随着汽流在叶栅通道中运动,由于水滴的惯性作用和受到蒸汽的湍流扩散作用,水滴的运动轨迹与蒸汽发生偏离。

对于直径较大的水滴,湍流扩散作用对它的影响相对较弱,其运动轨迹主要受到惯性力的作用。直径较大的水滴与汽流脱离的倾向导致水滴撞击并沉积在叶片和汽缸表面上,称之为水滴的惯性沉积。对于直径较小的水滴,其惯性力也较小,其运动轨迹主要受到湍流扩散作用的影响。大部分小水滴可以很好地跟随主流向叶栅下游运动,而小部分水滴则在湍流扩散作用下被带入边界层附近,依靠布朗运动穿越边界层,并最终沉积在叶片和汽缸表面,我们将其称为水滴的扩散沉积。

4. 水膜的运动、撕裂及二次水滴的形成

从湿蒸汽流中分离出来的水滴沉积在叶片和汽缸表面,形成厚度为 $10\sim300\mu m$ 的水膜。水滴沉积在静叶表面形成的水膜,在高速汽流剪切力的作用下向静叶出汽边运动;在静叶尾缘附近,水膜被高速流动的蒸汽撕裂,部分形成大水滴;在喷管出口到动叶进口这一段距离内,高速汽流剪切力的作用突破大水滴表面张力的约束而使其破碎为直径为 $5\sim500\mu m$ 的水滴,在有些情况下水滴直径甚至可达毫米量级;没有形成水滴的水膜部分(没有定量数据)经由级间的疏水孔口流出。静叶尾缘附近被撕裂形成的水滴称为二次水滴或粗糙水滴。沉积在动叶表面水膜不仅受到主流蒸汽的剪切作用,还受到离心力的作用,一部分在动叶尾缘形成二次水滴,一部分被甩向汽缸壁经由疏水结构排出。汽轮机中各种形式的水分形成、形态演变和运动过程如图 5-25 所示。

5. 摩擦阻力损失

从上述分析得知,汽轮机中的水滴大体上分为两类:大部分是通过蒸汽自发凝结、生长过程而形成的一次水滴,其直径小于 $1\mu m$;另外一小部分是水膜在叶片尾缘撕裂而形成的大水滴,其直径大致在几微米到几百微米的量级。这些直径大小不同的水滴运动速度都低于蒸汽的运动速度,水滴直径越大,与蒸汽的速度差异越大。这样,水滴被蒸汽夹带着向前运动时就会对蒸汽产生摩擦阻力,因而会消耗蒸汽的部分动能,由此而产生的损失称为摩擦阻力损失。

根据一定条件下的理论计算,第一类水滴的速度可能达到蒸汽速度的 80%～90%,因此这部分水滴虽然数量上大大超过第二类,但其所产生的摩擦阻力损失反而小。另外,由速度三角形可以估算,当水滴速度 c_w 达到蒸汽速度 c 的 75% 时,动叶片进口水滴相对速度的方向偏差最大不会超过 45°。所以在 $c_w=(0.8\sim0.9)c$ 的情况下,第一类水滴是可以比较顺利地进入动叶栅并产生一点有用功的。蒸汽流过动叶栅时所产生的第一类水滴也是如此。因此,总的看来,第一类水滴所产生的能量损失百分数远小于它的质量在级内流量中所占的百分数,因此也小于 $i-s$ 图上所表现的级后蒸汽湿度 y。

第二类水滴的情况大不一样。这些水滴直径大且基本上是从静止状态下被高速蒸汽带动,从脱离水膜到动叶进口的距离又相对很短,水滴受到蒸汽加速作用的时间大概是 0.001s 的数量级,因此动叶进口处这些水滴的速度 c_w 大大低于蒸汽的速度 c。图 5-26 的理论计算曲线表示了 $c=360$ m/s 时不同轴向距离情况下各种水滴的速度与蒸汽速度的比值 c_w/c。水滴在轴向间隙中的运动距离 s 实际上不会达到 150 mm。另外,根据理论计算,当其它条件相同时,蒸汽的速度 c 越低,c_w/c 也越小,如图 5-27 所示。因此,由这两幅图可知,第二类水滴

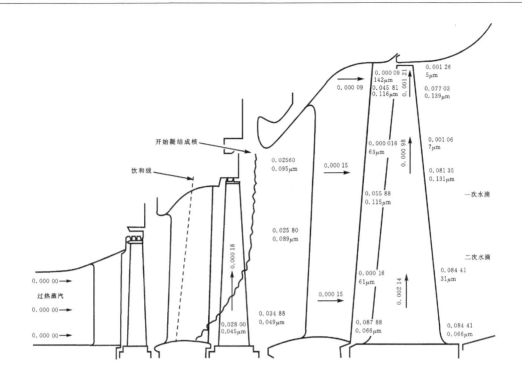

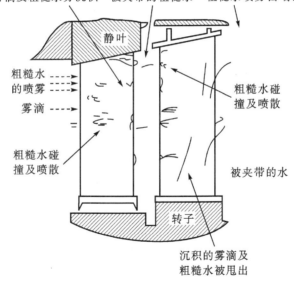

图 5-25　汽轮机中水分的形成、形态演变及运动过程

中的绝大部分都是以远低于 75% 的速度比值 c_w/c 趋近于动叶栅的。加速第二类水滴引起的能量损失百分数要大大超过其质量在级内流量中所占的百分数。

6. 制动损失与动叶片水蚀

根据上面的分析,一次水滴运动速度与蒸汽运动速度的偏差较小,可以比较顺利地随蒸汽

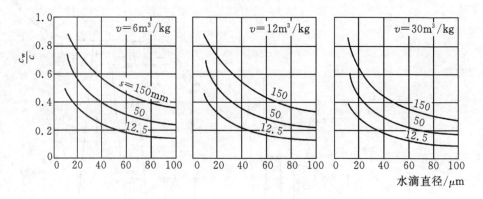

图 5 - 26　c_{w}/c 与水滴直径和蒸汽比容的关系

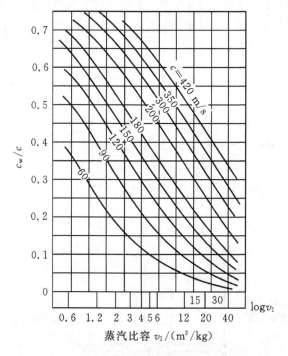

图 5 - 27　c_{w}/c 与蒸汽速度 c 的关系

流通过动叶栅通道;二次水滴运动速度与蒸汽运动速度的偏差较大,水滴不能顺利进入动叶栅通道,而是撞击在叶片背弧面进口部分(见图 5 - 28),从而对动叶产生制动作用。这种制动作用所消耗的汽轮机级的机械功叫做制动损失,这是湿汽损失中的第三个组成部分。

　　与二次水滴的制动作用紧密关联的另外一个现象是动叶片的水蚀。尽管二次水滴的绝对速度远低于蒸汽速度,但由于动叶片高速旋转,水滴撞击动叶片的相对速度很大,这一点可以从图 5 - 28 中给出的喷管叶栅出口蒸汽与水滴的速度三角形看出。同时也能看到,二次水滴撞击动叶片背弧面上靠近进气边的部位。当水滴撞击叶片表面的法向速度大于某一极限值时,汽轮机运行一段时间后,在这一部位就可能出现动叶片材料的水蚀损坏,如图 5 - 29 所示。

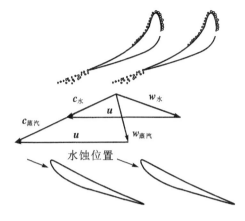

图 5-28 制动损失与叶片水蚀产生原理　　图 5-29 水蚀损坏的动叶片

显然,当水滴的大小不同时,其与主流蒸汽的速度差也不同,制动损失的大小和动叶片水蚀的程度也不相同。图 5-30 给出 $c_{1w}=0.5c_1$ 和 $c_{1w}=0.25c_1$ 两种情况下蒸汽与水滴的速度三角形以及水滴撞击动叶背弧面前沿的情形,可以看到二者有明显的差异。

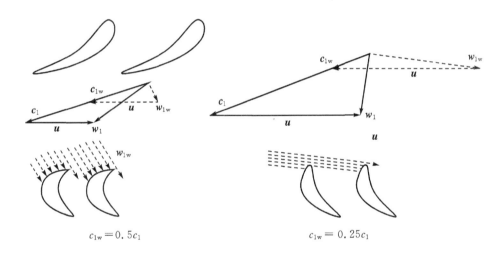

图 5-30 不同速度比的水滴进入动叶栅的情况

在汽轮机中,动叶片的水蚀与级的热力参数、气动参数以及结构参数有关。由于影响叶片水蚀的因素很复杂,目前还没有统一的定量评价水蚀程度的方法。各汽轮机制造厂根据运行经验,总结出了不同的判断水蚀严重程度的经验准则,其中几种在表 5-1 中列出。从表中能够看到,不同汽轮机制造厂家评价动叶水蚀程度时所考虑的影响因素有很大不同,但也存在相同之处。这几种准则都指出,随着级内湿度的增加,动叶水蚀的程度会增加;另外,随着圆周速度增加,动叶片水蚀的程度也会急剧增加。这比较客观地反映了叶片水蚀的情况,但这些表达式适用的范围以及是否能够定量准确地反映水蚀的程度,却还存在争议。

表 5 - 1　几种评价动叶片水蚀程度的经验准则

提出者	叶片水蚀系数 E 表达式	变量说明		评价方法
瑞士 EW	$E=\dfrac{y_0}{\eta v_2}\times\dfrac{c_{2a}}{200}\left(\dfrac{u}{100}\right)^4$	y_0	级前湿度	$E<1$,动叶可以工作到折旧期限; $E>1$,叶片的工作期限与 E 成比例地减小
		η	考虑除湿效果的系数	
		u	动叶叶尖的圆周速度	
		v_2	动叶出口比容	
		c_{2a}	动叶出口轴向速度	
西德 KWU	$E=\dfrac{y_0^8}{p_0}\left(d\,\dfrac{n}{3\,000}\right)^3$	y_0	级前湿度	$E<0.2$,动叶无水蚀危险; $E\geqslant0.8$,动叶轻微水蚀; $E>3.0$,动叶有严重水蚀危险
		p_0	级前压力	
		d	叶轮外径	
		n	转速,r/min	
美国西屋	$E=\dfrac{ky_1}{p_1^{3.15}c_s^{14}}\cdot\left(\dfrac{dn}{3\,600}\right)^{10.7}\cdot\dfrac{C_l^{1.8}}{A_s^{1.63}}\cdot\lambda$	k	系数,不锈钢为 1.98×10^{20},司太立合金为 1.65×10^{28}	E 为材料最大流失率
		y_1	平衡态湿度	
		p_1	动叶前压力	
		c_s	蒸汽速度	
		d	直径	
		n	转速	
		C_l	沿流线的静叶弦长	
		A_s	动静叶轴向间隙	
		λ	静叶栅喉节比 $\lambda=\sin\alpha_{1g}$,α_{1g} 为静叶出口几何角	
莫斯科动力学院—卡路嘉汽轮机厂	$E=\dfrac{kp_1^2u^4\sqrt{(1-\Omega)^3\lambda}}{\chi_a^3}\times$ $\left(1-\dfrac{k_1u\sqrt{sp_1(1-\Omega)}}{\chi_a^2}\right)\times$ $\left(y_2-\dfrac{k_2\Omega u^2}{\chi_a^2}\right)$	p_1	动叶前压力	E 为材料流失量
		Ω	级反动度	
		χ_a	速比	
		λ	大水滴在水分中的质量比例	
		u	圆周速度	
		s	动静间隙	
		y_2	级后蒸汽湿度	
		k	与金属材料有关的系数,$k_1=3.0\times10^{-2}$,$k_2=0.14\times10^{-4}$	

7. 疏水损失

　　沉积在静叶、动叶、汽缸表面的水膜以及部分蒸汽中的水滴被疏水装置排出汽轮机通流部分。疏水装置排出水分,损失了一部分工质和能量,由此造成的损失称为疏水损失,它也是湿汽损失的一个组成部分。

5.5.2 湿汽损失计算

上面结合汽轮机级内的湿蒸汽流动过程说明了湿汽损失的四个组成部分,即过饱和损失、摩擦阻力损失、制动损失和疏水损失产生的原因。采用试验测量的方法测量湿汽损失各组成部分的大小基本上不可能。当级内蒸汽的流动参数以及一次水滴和二次水滴的详细信息已知时,是可以采用一定的理论方法来定量计算湿汽损失各组成部分的大小的。但在很多情况下,要获得湿汽损失定量计算所需的各参数往往不现实。因此,必须有一个简便的方法来计算总的湿汽损失,以满足汽轮机设计的需要。

人们在实践中注意到,随着蒸汽的湿度增大,汽轮机效率降低的程度也是增大的。早在1912 年,K. Baumann(鲍曼)就由经验总结得出公式

$$\eta = \eta_{dry}(1 - 0.5\alpha y) \tag{5-50}$$

式中,η 表示湿蒸汽的流动效率;η_{dry} 表示过热蒸汽的流动效率;y 是级的排汽湿度;α 是一个修正系数,称为鲍曼因子,鲍曼根据试验结果得出的 α 值接近 1。

式(5-50)被称为鲍曼公式,100 多年来在汽轮机的设计中得到了广泛应用。它表明蒸汽的平均湿度每增加 1%,汽轮机级的效率就下降 1%。尽管近来有证据表明鲍曼公式分别应用于成核所发生的级和下游各湿蒸汽级时计算的级效率与实际情况并不一致,但其所反映的湿蒸汽级组总的湿汽损失的大小还是可信的。

根据鲍曼公式,当平均湿度为 y 时,湿汽损失造成的级的功率损失为

$$N_x = yGh_i \tag{5-51}$$

扣除湿汽损失后级的内功率为

$$N_{ix} = Gh_i - yGh_i = (1-y)Gh_i \tag{5-52}$$

现在我们来分析按照鲍曼公式计算湿汽损失时选取级内平均湿度的原因。如图 5-31 所示,级的进口为湿蒸汽状态,如果以进汽状态 0 为准,则湿度 y_0 很小,由式(5-52)计算的 N_{ix} 将大于实际内功率,因为这样就等于说膨胀过程中所增加的水分没有造成任何损失,这是不符合前面所进行的分析的。但如果以排汽状态点 2 为准,则由式(5-52)计算的内功率必定小于实际值,因为 y_2Gh_i 表示级内蒸汽中的全部水分没有做一点有用功,这同样不符合实际情况。因此,比较合理的办法是在 y_0 和 y_2 之间取一个中间值,即以图 5-31 中的点 m 为准(0m=m2),取 $y=y_m$。于是,综合式(5-51)、式(5-52)以及汽轮机级的理论功率 $N_s = Gh_s^*$,就可以得到

$$\frac{N_i - N_{ix}}{N_s} = \frac{y_m Gh_i}{Gh_s^*} \tag{5-53}$$

或

$$\eta_{oi} - \eta_{oi}^x = y_m \eta_{oi}$$

式中的 $\eta_{oi} - \eta_{oi}^x$ 就是湿汽损失系数 $\xi_x = \dfrac{h_x}{h_s^*}$。这样就得到计算湿汽损失的简便公式为

$$\left. \begin{array}{l} \xi_x = y_m \eta_{oi} \\ h_x = \xi_x h_s^* \end{array} \right\} \tag{5-54}$$

考虑湿汽损失后,汽轮机级的实际排汽状态由图 5-31 中的点 2′代表。点 m 取在线 02′上也许比取在线 02 上更加合理一些,但实际上所得到的 y_m 值相差很少,而应用起来显然线 02 更方便,因为点 2 已经完全确定,而点 2′却要在计算了 h_x 之后才能确定。附带指出一点,

点 m 的蒸汽湿度并不等于点 0 和点 2（或点 $2'$）的湿度的数学平均值，一般是 $y_m > 0.5(y_0 + y_2)$。

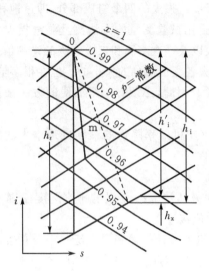

图 5-31 湿蒸汽级过程曲线

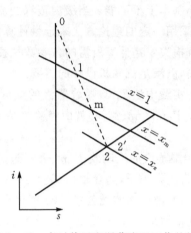

图 5-32 在过热区和湿蒸汽区工作的级

如果某一级的进汽点在过热区而排汽点在湿蒸汽区，则在计算湿汽损失时，式(5-54)中的 y_m 可以按照图 5-32 所示的规则确定，即取线段 1 m＝m 2。式(5-54)已经在汽轮机的计算实践中被广泛应用了几十年，还没有发现一些系统的数据误差产生的原因必须归结到这个公式的不准确性上去，所以有些目的在于提高该公式准确性的分析恐怕实际意义不大。虽然有一些试验曲线，也是作用不大。因为正如前面指出的，湿汽损失无法直接测量出来，这些试验曲线应用到湿汽损失的计算时，总是要经过推断步骤，这样就不能直接证明试验曲线的可靠性。关于级的速比 u/c_1 影响 ξ_x 值的理论分析和试验结果就属于这种情况。尽管有人提供过如图 5-33 所示的曲线来证明这方面的理论分析与试验结果是符合的，但即使两条曲线所示的 u/c_1 与 ξ_x 之间的定性关系（u/c_1 越大，ξ_x 越大）正确无误，在湿蒸汽级的热力设计中也不一定能考虑它，因为现代汽轮机的湿蒸汽级都采用扭叶片，而由第 4 章可知在扭叶片的设计中，u/c_1 是沿半径方向变化的，并且很难根据某一个有影响的因素预先取定它的数值。

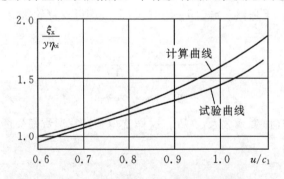

图 5-33 速比 u/c_1 对 $\xi_x/y\eta_{oi}$ 的影响

由式(5-54)知道，湿汽损失的大小与蒸汽的平均湿度 y_m 成正比。对于一般凝汽式汽轮机，限制排汽湿度的最大值不超过 12%～14%。排汽湿度大于 14%时，湿汽损失增加很快，而且叶片水蚀的程度会更加严重；而如果排汽湿度小于 12%，则汽轮机总的理想焓降 H_t 有较大程度的减小，不利于汽轮机总功率的提高。

5.5.3　除湿与防止动叶水蚀的方法

为了减小汽轮机的湿汽损失，防止或减轻动叶的水蚀损坏，通常采用如下一些措施：

(1)采用中间再热循环提高低压缸的排汽干度。

(2)核电汽轮机采用外部去湿装置，如外置式汽水分离器或汽水分离加热器，以减小湿汽损失。

(3)采用各种内部去湿装置和措施，如疏水孔/环、除湿级、空心静叶开设去湿缝隙、空心静叶内部加热、空心静叶缝隙加热吹扫等。

(4)减少喷管数目，以减小水膜的附着面积；增大喷管与动叶间的轴向间隙，以减小汽水速度之差。

(5)对动叶顶部易被水蚀损坏的部进行淬硬处理，加司太立合金护条以及选用高合金叶片钢等措施。

除湿装置和措施如图 5 - 34 所示。

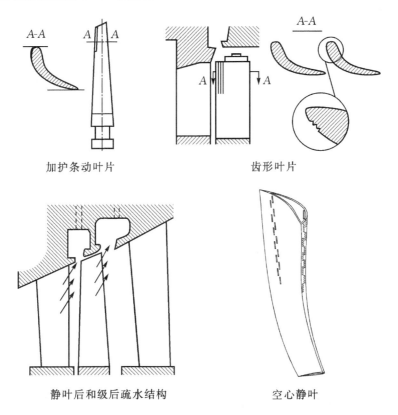

加护条动叶片　　　　　　　　　齿形叶片

静叶后和级后疏水结构　　　　空心静叶

图 5 - 34　几种除湿装置和措施

5.6　轴向推力及其平衡

在轴流式汽轮机中,一般情况下,高压蒸汽从汽轮机的一端进入,而低压蒸汽从另一端离开汽轮机。从整体上看,蒸汽对汽轮机转子施加一个由高压端指向低压端的轴向力,使转子有一个向低压端移动的趋势。这个力称为转子的轴向推力。

很显然,这里施力源是蒸汽,受力体是汽轮机转子,轴向推力的大小与汽轮机的类型、蒸汽参数、转子的几何尺寸有关。转子在轴向推力的作用下有向低压端移动的趋势,在汽轮机设计中这个问题必需予以考虑。

对于第 3 章所研究的单级汽轮机,轴向推力的问题同样是存在的,但由于只有一个级,轴向推力较小,用推力轴承完全可以承受,因此在第 3 章中并未对此进行分析。对于多级汽轮机,由于蒸汽参数高、级数多,轴向推力达到相当大的程度,例如在反动式高压汽轮机中轴向推力可达 2～3 MN,这样大的推力不能只靠止推轴承来承担,必须采用其它措施加以平衡。在这里,汽轮机外轴封的设计,特别是抽汽点的布置,与整个转子上轴向推力的平衡问题是密切相关的。

5.6.1　冲动式汽轮机轴向推力的组成

图 5-35 表示冲动式多级汽轮机中一个带反动度的中间级。从图中所示的结构来看,冲动式汽轮机转子上的轴向推力由三部分构成:蒸汽作用于全部动叶片上的轴向力,蒸汽作用于轮盘两侧表面上的轴向力之差,以及蒸汽作用于隔板汽封处轴上凸环的轴向力。以下分别讨论这三部分力的计算问题。

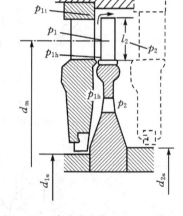

图 5-35　冲动式汽轮机级的示意图

1.蒸汽作用在全部动叶片上的轴向力 F_{z1}

按照第 2 章推导轮周功时得到的结论,对于全周进汽的汽轮机级,全部动叶片上的轴向力为:

$$F_{z1} = G(c_{1z} - c_{2z}) + \pi d_m l_2 (p_1 - p_2) \qquad (5-55)$$

对于部分进汽的汽轮机级,动叶上的轴向力为

$$F_{z1} = G(c_{1z} - c_{2z}) + \pi d_m e l_2 (p_1 - p_2) \qquad (5-56)$$

而对于双列复速级,动叶上的轴向力则为

$$F_{z1} = G(c_{1z} - c_{2z}) + \pi d_m l_2 (p_1 - p_2) + G(c'_{1z} - c'_{2z}) + \pi d_m l'_2 (p'_1 - p'_2) \qquad (5-57)$$

式(5-55)中的等号右边第一项 $G(c_{1z} - c_{2z})$ 代表汽流通过动叶栅时轴向动量变化所形成的轴向力,由于冲动式汽轮机反动度小,通常这一项很小;表达式中的第二项 $\pi d_m l_2 (p_1 - p_2)$ 代表动叶栅两侧压差所产生的轴向力。部分进汽和双列复速级的情形与此类似,只不过部分进汽情况下要对第二项乘以部分进汽度 e,而双列复速级则需要将两列动叶上的推力分别计算,然后相加。

2.轮盘两侧的压差产生的轴向力 F_{z2}

在一般情况下,级的反动度沿半径是变化的,所以 $p_{1h} < p_1 < p_{1t}$。轮盘两侧轮毂直径不相等,分别为 d_{1n} 和 d_{2n},但 d_{1n} 和 d_{2n} 与轮盘外径 d_h 相比都相当小,因此 $r_h - r_{1n} \approx r_h - r_{2n}$。这样,

轮盘两侧蒸汽压力的径向梯度就完全相同,于是根据 5.4 节的分析,轮盘两侧表面上蒸汽的静压可以分别取为平衡孔前、后的两个压力 p_{1h} 和 p_2,如图 5-35 所示。另外,动叶平均直径和动叶叶高分别为 d_m 和 l_2。在全周进汽情况下,根据上述参数,有:

轮盘前受到的蒸汽压力为　$\dfrac{\pi}{4}\left[(d_m-l_2)^2-d_{1n}^2\right]p_{1h}$;

轮盘后受到的蒸汽压力为　$\dfrac{\pi}{4}\left[(d_m-l_2)^2-d_{2n}^2\right]p_2$;

轮盘两侧表面上的净推力 F_{z2} 应为

$$F_{z2}=\frac{\pi}{4}\left\{\left[(d_m-l_2)^2-d_{1n}^2\right]p_{1h}-\left[(d_m-l_2)^2-d_{2n}^2\right]p_2\right\} \tag{5-58}$$

这个表达式对于双列复速级汽轮机同样是适用的。如果轮盘两侧轮毂的直径相同,即 $d_{1n}=d_{2n}=d_n$,那么式(5-58)可以简化为

$$F_{z2}=\frac{\pi}{4}\left[(d_m-l_2)^2-d_n^2\right]\cdot(p_{1h}-p_2) \tag{5-59}$$

如果轮盘上开设平衡孔,则计算轮盘受力面积时要减去平衡孔的面积,此时轴向力为

$$\begin{aligned}
F_{z2}&=\left\{\frac{\pi}{4}\left[(d_m-l_2)^2-d_{1n}^2\right]-A_p\right\}p_{1h}-\left\{\frac{\pi}{4}\left[(d_m-l_2)^2-d_{2n}^2\right]-A_p\right\}p_2\\
&=\frac{\pi}{4}\left\{\left[(d_m-l_2)^2-d_{1n}^2\right]p_{1h}-\left[(d_m-l_2)^2-d_{2n}^2\right]p_2\right\}-A_p(p_{1h}-p_2)
\end{aligned} \tag{5-60}$$

3. 隔板汽封处的转子轴向力 F_{z3}

当隔板汽封处转子上具有圆周向凸环时,如图 5-36 所示,蒸汽在汽封间隙中流动时也会产生轴向推力。在全部凸环前后端面上的轴向净推力之和 F_{z3} 可以表示为

$$F_{z3}=\pi d_\delta\cdot h\cdot\sum_{i=1}^{n'}\Delta p_i \tag{5-61}$$

式中,d_δ 为轴上凸环的平均直径;h 为凸环的高度;n' 为凸环的数目;Δp_i 为某个凸环两侧的压差。

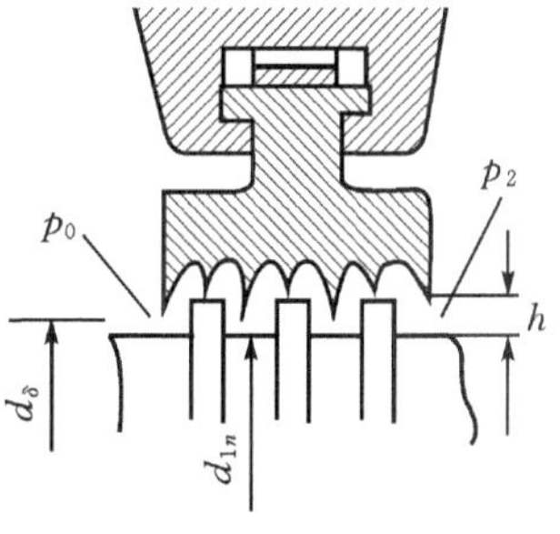

假定隔板汽封的环形孔口数目为 n,每个孔口两侧的压差都相同,则近似地有

图 5-36　隔板汽封处转子上的轴向推力

$$\sum_{i=1}^{n'}\Delta p_i=\frac{n'}{n}(p_0-p_2)\approx\frac{1}{2}(p_0-p_2) \tag{5-62}$$

将式(5-62)代入式(5-61),则可得到

$$F_{z3}\approx\frac{1}{2}\pi d_\delta h(p_0-p_2) \tag{5-63}$$

显然,对于光轴汽封的情形,$h=0$,$F_{z3}=0$。

5.6.2　转子上的推力及其平衡

各级叶轮上的轴向推力按上述方法计算出来之后,加在一起就是整个转子上总的轴向推力 F_z,可以用公式表示为

$$F_z = \sum_1^z (F_{z1} + F_{z2} + F_{z3}) \tag{5-64}$$

其中，z 代表汽轮机的级数。

在冲动式多级汽轮机中，按汽轮机的形式（凝汽或背压、单缸或多缸），进排汽压力范围以及功率大小的不同，轴向推力 F_z 可以从 0.01 MN 变化到 1 MN。一般情况下，F_z 总是超过汽轮机所采用的止推轴承能够长期安全承受的推力数值，因此需要采取一定的措施将 F_z 减小到符合止推轴承的承载能力，以保证汽轮机的安全运行，这就是所谓转子轴向推力的平衡。

轴向推力的平衡可以采取以下几种方法：

（1）在汽轮机高压端安装平衡活塞，从而产生一个从低压端指向高压端的推力，以抵消转子上的部分轴向推力。平衡活塞的工作原理如图 5-37 所示，平衡活塞实际上就是高压端外汽封的一部分，只不过具有较大的直径而已。平衡活塞上装有曲径式汽封，它使蒸汽的压力由活塞高压侧的 p_1 降到低压侧的 p_x。

压力为 p_1 的蒸汽作用在活塞右端环形面上（高压侧）产生向左的推力，其大小为

$$F_1 = \frac{\pi}{4}(d_x^2 - d_{0n}^2)p_1$$

在活塞的左端环形面上（低压端）压力 p_x 产生向右的推力，其大小为

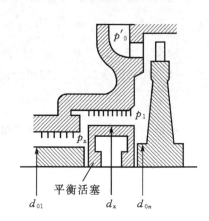

图 5-37　平衡活塞示意图

$$F_2 = \frac{\pi}{4}(d_x^2 - d_{01}^2)p_x$$

由此看出，平衡活塞的直径 d_x 及汽封后压力 p_x 的数值必须保证 $F = F_1 - F_2$ 为正值，才能抵消轴向推力 F_z 的一部分，即要求

$$F = F_1 - F_2 = \frac{\pi}{4}[d_x^2(p_1 - p_x) - d_{0n}^2 p_1 + d_{01}^2 p_x] > 0 \tag{5-65}$$

如果止推轴承的承载力用 F_b 表示，则应使 $F_z - F = F_b$。根据这个条件，在选定 d_{01} 和 p_x 之后就可由式（5-65）计算所需的平衡活塞的直径 d_x。显然，d_x 必须大于 d_{0n} 才能发挥平衡活塞的作用。但是，d_x 越大，前汽封第一段的漏汽量也越大，这样平衡转子轴向推力的问题就不得不和汽轮机外汽封系统的设计问题联系起来统一考虑。

（2）前面讨论冲动式汽轮机的级间漏汽问题时，介绍了在叶轮上开设平衡孔以防止级间产生吸、漏汽的情况。实际上，叶轮上开设平衡孔也会减小叶轮两侧压差和受力面积，特别是压差较大的高压级。

（3）对于大功率汽轮机高压机组，其轴向推力较大，如果全部依靠平衡活塞的作用来平衡，则可能对前汽封的结构设计产生不利的影响，也可能影响到汽轮机的有效效率。因此，对于大功率多缸汽轮机，可以采用汽缸的特殊布置，使大部分轴向推力相互抵消，从而减小净的轴向推力。大功率多缸汽轮机一般是使高压和中压两个汽缸反向布置，使两个汽缸内的汽流方向相反，并用刚性联轴器连接两根转子（见图 5-38），从而使两根转子上的轴向推力相互抵消一部分。这样就减小了止推轴承和平衡活塞的尺寸，并减小了高压汽封的漏汽量。例如我国 300 MW 汽轮机，由于采用高、中压缸反向进汽布置方案，就使轴向推力由原来的 $F_z^{\mathrm{I}} + F_z^{\mathrm{II}} =$

0.59 MN 变为 $F_z^{\mathrm{I}} + F_z^{\mathrm{II}} = 0.167$ MN。

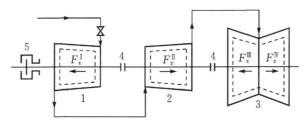

1—高压缸；2—中压缸；3—双流低压缸；4—刚性联轴器；5—止推轴承

图 5-38　高、中压缸对置，低压缸分流布置示意图

5.6.3　反动式汽轮机轴向推力的组成

反动式汽轮机转子上的轴向推力比同类型的冲动式汽轮机的轴向推力大得多，这主要是因为反动式汽轮机的反动度大，相应地作用在动叶栅前后的压差 $p_1 - p_2$ 比冲动式汽轮机大得多。反动式汽轮机的轴向推力由如下两部分组成：

（1）汽流作用在全部动叶片上的轴向力 F_{z1}，其计算方法同前；

（2）作用在轮鼓面上的轴向力 F_{z2}。

反动式汽轮机为全周进汽，采用轮鼓式转子。当轮鼓不是等直径时，则从某一级动叶出口到下级动叶进口这一段轴向距离内轮鼓的直径将有变化，形成一段圆锥表面（或一个环形垂直表面），如图 5-39 所示。蒸汽作用在这个表面上的轴向推力

$$F_{z2} \approx \frac{\pi}{4}(d_{2h}^2 - d_{1h}^2) \times p \tag{5-66}$$

其中，d_{1h} 和 d_{2h} 如图 5-39 中所示；p 可以取为这一段内静叶片前、后蒸汽压力的平均值。

对于等直径的转鼓，$F_{z2} = 0$，全部轴向推力来源于各级动叶片上的蒸汽静压力。

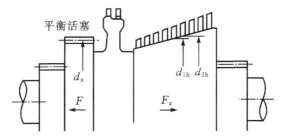

图 5-39　非等内径的反动式汽轮机转子及平衡活塞

反动式汽轮机轴向推力的平衡方法与冲动式汽轮机类似，可以采用：

（1）平衡活塞；

（2）对多缸汽轮机采用汽缸对置或级组对置方案；

（3）采用推力轴承。

很显然，图 5-39 中平衡活塞的直径 d_x 必须大于压力级组第一级动叶根部的直径。所以反动式汽轮机平衡活塞的直径比冲动式汽轮机的要大得多，而通过平衡活塞汽封的漏汽量也相应较大，一般达到汽轮机流量的 1.5%～2%。因此，反动式汽轮机轴向推力的平衡会尽可能采用第二种方法。

5.7　热力设计原理

多级汽轮机热力设计的主要问题是,在给定进、排汽参数的条件下确定汽轮机的转速 n、级数 z、各级的型式和主要尺寸(Ω、d_m、l_1、l_2),以满足对汽轮机功率和效率的要求。在汽轮机的这些基本参数确定之后,每一级的详细计算完全可以按照前面已经介绍过的各种单级汽轮机的计算进行,而整个多级汽轮机的详细计算也就是所有各汽轮机级详细计算的综合结果。

5.7.1　热力设计要求和内容

1. 设计要求

对于不同用途、不同工作情况的汽轮机,在设计时的要求也不相同,必须结合具体实际情况进行分析和比较。一般来说,在进行汽轮机热力设计时,必须考虑以下几个方面:

(1) 安全性。保证汽轮机在所有运行工况下,都具有高度的安全可靠性。

(2) 经济性。要求汽轮机在设计工况、变工况条件下,均具有较高的内效率。

(3) 要求结构紧凑、系统简单、布置合理、零部件尽量做到系列化和通用化。

2. 设计内容

汽轮机的热力设计通常包含下述内容:

(1) 给定汽轮机的基本参数,包括蒸汽初压 p_0、初温 t_0、功率 N_e、转速 n 等;

(2) 确定汽轮机的级数 z、级的反动度 Ω、叶片高度 l_1 和 l_2,内效率 η_{oi} 等;

(3) 确定汽轮机的重量、长度以及材料的消耗情况,进行成本比较;

(4) 进行汽轮机零部件的通用性分析;

(5) 对汽轮机的设计水平进行分析、比较;

(6) 绘制详细的方案图、通流部分图以及汽轮机纵剖面图。

3. 基本参数

进汽参数(p_0、t_0)。电站汽轮机蒸汽参数已经系列化,按照国标 GB/T 754—2007,发电用汽轮机进汽参数在表 5 - 2 中列出。此外,也有一些按照非标准化参数设计的汽轮机。

排汽参数(p_z)。$p_z = 3 \sim 9$ kPa,也分为几个选择范围,主要与凝汽器的换热面积、冷却水的温度(环境)有关。

热力系统与给水温度。热力系统与蒸汽的初参数、机组容量、抽汽级数有关。抽汽级数分为几个范围,也有相应的设计标准。

转速。对于发电用的汽轮机,其转速与电网频率有关。我国电网频率为 50 Hz,相应地汽轮机的转速 $n = 3\ 000$ r/min 或 $n = 1\ 500$ r/min(采用双极发电机);另外,也有采用 $n = 5\ 600$ r/min 的汽轮机,但需要增加变速箱减速。对于驱动用汽轮机和各类用途的工业汽轮机,其转速根据实际需求确定,有时也采用变转速汽轮机。

在汽轮机的进、排汽参数、功率确定以后,汽轮机的转速 n、级数 z、各级反动度 Ω 以及平均直径 d_m、叶高 l 都可以在很大范围内进行选择。也就是说,在满足汽轮机功率要求的前提下有许多不同的热力设计方案,但是这些设计方案所体现的技术经济性,即相对内效率和制造成本是不相同的。热力设计的目标是实现这些参数的正确结合,以便从方案上来保证汽轮机具有较高的相对效率和较低的制造成本。

表 5 - 2　发电用汽轮机参数系列

非再热式汽轮机

类别	新蒸汽压力/MPa	新蒸汽温度/℃	凝汽式汽轮机适用的额定功率等级(MW) 相应的新蒸汽大致流量(t/h)
低压	1.28	340	0.75/5　1/10
次中压	2.35	390	1.5/10　3/20
中压	3.43	435 450 470	3/20　6/40　12/70　20/100　25/120
次高压	4.90	435 450 470	6/30　12/65　20/90　25/110　35/150
	5.88	460 470	
高压	8.8	535	25/100 35/140 50/210 100/410

再热式汽轮机

类别	新蒸汽压力/MPa	新蒸汽温度(℃) 再热温度(℃)	凝汽式汽轮机适用的额定功率等级(MW) 相应的新蒸汽大致流量(t/h)
超高压	12.7	535/535 537/537 538/538	125/400 150/480 200/670
	13.2	540/540	
亚临界	16.7	535/535 537/537 538/538	250/800 300/1 025 330/1 018(电动给水泵) 600/2 020 700/2 350
	17.8	540/540	
超临界	24.2	538/566 566/566	600/2 000 700/2 300 800/2 600 1 000/3 300

超超临界汽轮机

类别	新蒸汽压力 MPa	新蒸汽温度 ℃	一次再热温度 ℃	二次再热温度 ℃	凝汽式汽轮机适用的额定功率等级(MW) 相应的新蒸汽大致流量(t/h)
超超临界(仅温度超过规定值)	24.2 25 26	566 566 580 593 600	580 593 580 593 600	不推荐	600/1 800 700/2 100 800/2 400 1 000/3 000
超超临界(仅压力超过规定值)	28 31	566	566	566	600/2 000 700/2 150 800/2 450 1 000/3 050
超超临界(压力温度均超过规定值)	28 31	580 593 600	580 593 600	580 593 600	600/2 000 700/2 000 800/2 300 900/2 700 1 000/2 900

5.7.2　主要参数之间的关系

显然，在多级汽轮机的热力设计过程中，需要考虑的因素是多方面的，并且这些参数之间是相互关联、相互影响的。有必要首先对各参数之间的关系进行分析。

1.转速 n 与汽轮机重量 W 之间的关系

为了分析的方便，首先假设多级汽轮机的总绝热焓降平均分配给 z 个特性相同的级，即 d_m、u/c_1 及 Ω 对各级相同。这样，每一级的轮周功率都可用式（2－60）表示，而整个汽轮机总的轮周功率可以表达为

$$N_u = zGu\Delta c_u = zG\frac{\pi d_m n}{60}\Delta c_u \tag{5-67}$$

流量 G 和 Δc_u 对各级是相同的，将所有这些常数合并，用 K_u 来表示，就得到

$$N_u = K_u z d_m n \tag{5-68}$$

式（5－68）的物理意义是：在 Δc_u 不变的条件下，多级汽轮机的轮周功率正比于转速、级数和各级平均直径三者的乘积。由于汽轮机内功率 N_i（以及有效功率 N_e）基本上取决于 N_u，所以也可以近似地用相似的公式将 N_i 表示为

$$N_i = K_i z d_m n \tag{5-69}$$

其中，K_i 也是一个比例常数。

现在来对式（5－69）进行分析。在 N_i 给定的情况下，Δc_u 保持不变。如果选择较高的转速，则乘积 zd_m 必须减小；如果保持 z 不变，d_m 应反比于 n 成比例地减小。但是为了发出给定的功率，任何一级的通流面积不允许减小，所以随着 d_m 的减小，通流部分高度 l 必须成比例地增大，以保持 $d_m l$ 乘积不变。这样就不难看出，汽轮机的重量 W 大体上是正比于 d_m 的平方和 l 的一次方的。所以可得两种转速下汽轮机的重量关系：

$$\frac{W_1}{W_2} = \left(\frac{d_1}{d_2}\right)^2 \frac{l_1}{l_2} = \left(\frac{n_2}{n_1}\right)^2 \frac{n_1}{n_2} = \frac{n_2}{n_1} \tag{5-70}$$

即汽轮机的重量和转速的变化成反比。

如果选择较高的转速后保持 d_m 不变，则 u 增加，相应地 Δc_u 也成比例增大，所以 z 必须更快地减小，即大致反比于 n 的平方。很明显，这时汽轮机的重量也基本上将以 n 的平方成比例地减小。

一般情况下，我们在选择较高转速的情况下会使 z 和 d_m 都减小一些。这时，仍会得到汽轮机重量的变化大致反比于转速的 $1\sim2$ 次方的结果，即

$$\frac{W_1}{W_2} = \left(\frac{n_2}{n_1}\right)^m \qquad (1 < m < 2) \tag{5-71}$$

汽轮机设计中采用高转速有如下三个优点：

（1）有利于降低汽轮机的制造成本。汽轮机的制造实践表明，汽轮机制造成本和汽轮机的重量（代表材料消耗量和加工工作量）有一定的比例关系。式（5－71）说明，汽轮机的转速越高，其制造成本就越低。

（2）采用高转速可以适当减少汽轮机的级数 z 和平均直径 d_m。当转速 n 提高时，如果级的平均直径 d_m 不变，则圆周速度 u 必然增大。为了保持速比 u/c_1 在最佳值附近，就需要提高喷管出口速度 c_1，从而级的绝热焓降 h_s 增加，总的级数可以减少。另一方面，如果喷管出口速

度 c_1 基本不变,则按照最佳速比的要求,圆周速度 u 将降低,级的平均直径减小。

(3) 高转速汽轮机的级数和平均直径可适当减小,而通流面积要求不变,那么通流部分的叶片高度 l、部分进汽度 e 就可相应增大,各级的内效率和汽轮机的内效率也将有所提高。

由上述分析,我们得到多级汽轮机热力设计的第一原则:在多级汽轮机的设计中,选择高转速有利于提高方案的经济性。无论所要求的汽轮机功率大小,也无论规定的进、排汽参数的范围,或者说,无论 G 和 H_s 的大小以及 GH_s 乘积的大小如何,这条原则总是正确的。

当然,汽轮机转速的选取还受到外界负荷的限制,主要体现在如下两个方面:

(1) 对于发电用汽轮机,其转速受发电机的工作特性限制。我国交流电的频率为 50 Hz,从而限定了汽轮机的转速 $n = 3\ 000$ r/min。对于大功率核电汽轮机,由于蒸汽的初参数低,需要增加叶片高度来增大通流面积,从而增大蒸汽的流量和机组的功率,为此可采用半转速 $n = 1\ 500$ r/min,发电机电极为两对;对于小功率汽轮机,为了减小其尺寸,可采用较高转速 $n = 5\ 600$ r/min,甚至更高转速 $n = 9\ 000 \sim 10\ 000$ r/min,但需要用减速器将转速降到 $n = 3\ 000$ r/min,以便与发电机主轴相连接。

(2) 驱动用汽轮机受到被驱动负荷工作特性曲线的影响,转速选择范围很大。例如,大型舰艇用汽轮机的转速可达 $n = 6\ 000 \sim 8\ 000$ r/min。

2. 级数 z 与平均直径 d_m 的关系

按照现代汽轮机的设计实践,在一定的转速 n 之下,汽轮机的级数 z 与平均直径 d_m 也要保持一定的比例。换句话说,仅仅保证 zd_m 乘积与 n 的关系以符合功率要求是不行的。原因如下:

(1) 减小平均直径 d_m,则必然要求级数 z 增加。如果级数 z 增加超过一定限度,将造成 l/d_m 比值的过分增加。从叶型设计角度需要更多的扭叶片,会造成完全违反汽轮机级的工作原理所要求的一些基本尺寸关系的情况,将得到一个十分细长的转子,从强度和振动的角度看也是不能采用的。

(2) 反之,如果过分减小汽轮机的级数 z,则平均直径 d_m 将增大很多。这会导致叶高 l 和部分进汽度 e 大大减小,严重影响汽轮机的效率。同时,叶轮的离心力也会增大,在高转速的前提下,转子材料能够安全承受的离心拉应力也不允许 d_m 超过一定的范围。

对现代各种类型轴流式多级单缸汽轮机的实际 d_m 和 z 关系进行分析的结果,可以归纳为这样一条规律:通流部分的总长度与末级节圆直径之比 L/d_m^z(见图 5 - 40)处在 $0.8 \sim 1.5$ 的范围之内。L 在一定程度上可以作为级数 z 的一个度量标准,而 d_m^z 在一定程度上也可代表 d_m。所以,L/d_m^z 比值实际上代表了 z 和 d_m 之间的关系,$L/d_m^z = 0.8 \sim 1.5$ 对于多级单缸汽轮机的热力设计是一个很有用的一般控制数据。当然,在这

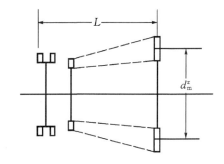

图 5 - 40　单缸汽轮机的通流部分主要尺寸关系

个控制范围之外的 L/d_m^z 比值也不是没有的,但大多数是在这一范围之内。

$L/d_m^z = 0.8 \sim 1.5$ 这一规律和现代汽轮机一般采用的绝热焓降 H_s、比流量 (G/N) 以及级

的工作条件等因素有关,所以它实际上反映了汽轮机热力设计中一个方面的特征。L/d_m^z 由 0.8 变化到 1.5,其相对变化范围接近 100%。这样大的变化范围反映了各类汽轮机的差别。例如,采用双列复速级、高转速、低反动度的背压式汽轮机 L/d_m^z 就较小;而纯反动式汽轮机的 L/d_m^z 就可能较大;凝汽式汽轮机末级叶片长,通流中最大的 d_m^z 较大,所以虽然级数较多而 L/d_m^z 仍然小于 1.5;现代习惯采用的整锻式转子对 L/d_m^z 的数值也有影响;采用老式套装轮盘转子的单缸汽轮机中有很多 $L/d_m^z<0.8$ 的实例。

3.各级平均直径的选取

在多级汽轮机转速和级数大致确定的情况下,各级平均直径如何选取,也是多级汽轮机热力设计方案要解决的一个问题,这个问题也就是汽轮机总的绝热焓降 H_s 如何分配给各级的问题。各级平均直径的选取影响汽轮机整个流通部分的纵剖面形状,同时也直接影响到通流部分的流动效率。各级平均直径的变化有如下几种形式:

(1) 等内径整锻转子(见图 5-41(a))。这种形式主要用于绝热焓降相对较小的背压式汽轮机。其通流部分内径相同,各级的平均直径从高压到低压逐渐增大。由于级的绝热焓降 h_s 大致正比于 d_m^2(u/c_1 对各级相同,Ω 相同),因此总绝热焓降的分配也是由高压级到低压级逐渐增加的,但比 d_m 的增加率大得多。其优点是平均直径逐渐增大,叶高增大不多,叶片扭曲不剧烈。其缺点是汽轮机径向尺寸变化剧烈,易造成汽流脱离,增大气动损失。

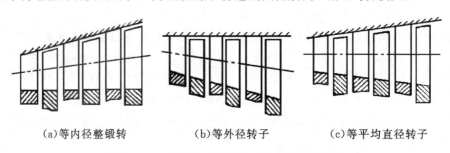

(a)等内径整锻转　　　(b)等外径转子　　　(c)等平均直径转子

图 5-41　汽轮机通流部分平均直径变化规律

(2) 等外径转子(见图 5-41(b))。这种形式多用于燃气轮机,其通流部分外径相同,各级的平均直径和绝热焓降逐渐减小。采用等外径转子的优点是机组径向尺寸变化较小,流动性能好。其缺点是平均直径逐渐减小,喷管叶片越来越长,叶片扭曲剧烈。等外径的方案大概在汽轮机设计中从来没有用过,因为它与增加高压级的 l 和 e 以便提高 η_{oi} 的要求相违背。在燃气轮机中由于 G 和 Gv 相对大得多,就可以采用等外径的通流方案。

(3) 等平均直径转子(见图 5-41(c))。其优、缺点介于等内径转子和等外径转子之间。等平均直径的设计方案在背压式汽轮机中已很少采用。

(4) 内径、平均直径、外径均逐渐增大的转子。对于汽轮机,尤其是大功率凝汽式汽轮机,蒸汽比容积由第一级进口到低压末级出口变化很大,通流部分形状和各级焓降的分配情况就比较复杂。图 5-42 表示在凝汽式汽轮机中采用的一条典型过程曲线上蒸汽压力与容积的变化关系曲线。它表明高压段比容随压力下降而增加的速率是很小的,但从 1 MPa 以下开始,比容 v 的增加率就不断提高上去。$p=0.2$ MPa 时,v 大约为 1 m^3/kg,压力再降下去,pv 曲线(图中曲线 1)按原来的坐标比例已接近于水平线了,以致不得不用改换后的坐标比例来表示 $p<0.2$ MPa 这一段 pv 曲线(图中曲线 2)。曲线 2 表明,在凝汽段中 v 的增加率仍然继续

提高,以致汽轮机排汽($p=3.9$ kPa)的比容积 v_2 达到进汽($p=8.8$ MPa)比容积 v_1 的 750～800 倍(视进汽温度而定)。

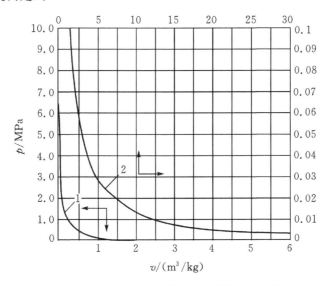

图 5-42 凝汽式汽轮机典型过程曲线 p-v 关系

不难理解,在排汽容积流量与进汽容积流量之比 Gv_2/Gv_1 达到几百甚至 1 000 以上的情况下,保持各级的 d_m 相同而单单依靠增加 l 是绝对不能适应蒸汽容积流量变化的需要的。所以,现代凝汽式汽轮机的平均直径 d_m 一般总是由高压向低压增大的,采用这种形式的汽轮机通流部分形状则如图 5-43 所示。由于 d_m 的增加,低压级的 h_s 也较大,汽流速度 c_1 和 w_2 也可以提高,这样又有利于控制低压级 l 的增加。设计实践表明,末级的 d_m^z 可以达到第一非调节级 d_m^1 的 1.6～2 倍,相应地 h_s 增加 2.5～4 倍。

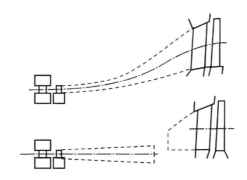

图 5-43 冲动式凝汽汽轮机通流部分形状示意图

实际上,即使 d_m 逐级增大,叶片高度 l 还是需要快速增加的,所以一般还要采取其它措施,防止低压级的 l_2 和 l_2/d_m 过大。提高低压级的反动度 Ω 和增大叶栅出口汽流角 α_1 和 β_2 都是有效的措施。高压级采用部分进汽($e<1$)是间接地相对增加低压级通流面积的办法。增加 Ω 也适合低压级的 l/d_m 较大的特点,因为可以避免根部反动度 $\Omega_h<0$ 的情况。双列复速级由于 h_s 特别大,可以有效地增加它的排汽比容(即第一非调节级的进汽比容),从而减小排汽容积流量与进汽容积流量的比值 Gv_2/Gv_1。这是现代凝汽式汽轮机一般都采用双列复速级

作为调节级的原因之一。

　　对于反动式凝汽汽轮机,由于高压级必须全周进汽,级的平均直径 d_m 必须小,再加上各级的做功能力本来就小,所以高压级数和总级数就比冲动式凝汽汽轮机多。这导致它的焓降分配和通流部分形状的变化更加复杂。图 5-44 表示了三种通流部分的纵剖面示意形状。图 5-44(a)所示是各级平均直径和焓降逐渐连续增加的情况;图 5-44(b)表示全部汽轮机级分成三个不同的等内径级组;图 5-44(c)表示汽轮机通流的主要特点在于前三个级组各级叶栅高度全部相同,级组之间通流面积的差别依靠 d_m 的不同而实现,一个级组中各级通流面积的差别则依靠叶栅出口汽流角的不同而实现。

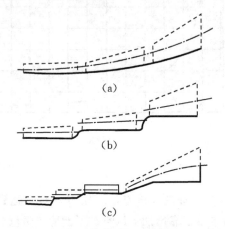

(a)

(b)

(c)

图 5-44　三种反动式凝汽汽轮机通流部分形状示意图

　　4. 各级焓降分配和级数 z 的确定

　　多级汽轮机各级的焓降分配取决于级的平均直径和转速,在保证最佳速比 $(u/c_1)_{opt}$ 的条件下,由 $c_1 = \phi\sqrt{2(1-\Omega)h_s}$,可将第 i 级的绝热焓降表示为

$$h_s^i = \frac{c_1^2}{2\phi^2(1-\Omega)} = \frac{1}{2\phi^2(1-\Omega)} \cdot \left[\frac{u}{\left(\dfrac{u}{c_1}\right)_{opt}}\right]^2 = \frac{(\pi n)^2}{7200\phi^2(1-\Omega)}\left[\frac{d_m}{\left(\dfrac{u}{c_1}\right)_{opt}}\right]^2 \tag{5-72}$$

　　级组焓降 h_s^i 分配和级数 z 确定的具体过程和步骤如下:

　　(1)确定多级汽轮机级组第一级的平均直径 d_m^I 和末级的平均直径 d_m^z。

　　要确定各级直径的分配规律,首先需要求出这个级组首级和末级的平均直径。通过第一级的蒸汽流量为

$$G'v_1 = \pi d_m^I l_1 c_1 \sin\alpha_1$$

其中,$G' = G - G_{\delta h}$,为静叶的蒸汽流量,$G_{\delta h}$ 为静叶根部径向间隙处的漏汽量。

$$c_1 = \frac{u}{x_1} = \frac{\pi d_m^I n}{60 x_1}$$

整理后得到

$$d_m^I = \sqrt{\frac{60 G' v_1 x_1}{\pi^2 n l_1 \sin\alpha_1}} \tag{5-73}$$

用 $l_z = \dfrac{d_{\mathrm{m}}^z}{\theta}$ 代入式(5-73)得到

$$d_{\mathrm{m}}^z = \sqrt[3]{\frac{60G'_z v_{1z} x_{1z} \theta}{\pi^2 n \sin\alpha_{1z}}} \qquad (5-74)$$

式中，$\theta = 4\sim7$，为径高比；G'_z 为末级静叶后的蒸汽流量；v_{1z} 为末级静叶后的蒸汽比容；x_{1z} 为末级的速比；α_{1z} 为末级静叶出口气流角；n 为汽轮机转速，r/min。

然后校核 $d_{\mathrm{m}}^{\mathrm{I}}/d_{\mathrm{m}}^z$。对一个级组而言，通常 $d_{\mathrm{m}}^{\mathrm{I}}/d_{\mathrm{m}}^z$ 要大于 0.6。限制该比值，是从流动效率角度考虑的，不允许汽轮机通流部分的锥度过大。

（2）按照最佳速比的要求，选择各级速比的变化规律。

（3）选择各级反动度 Ω 的变化规律。

（4）初步确定通流部分形状（平均直径的变化规律）。

（5）如图 5-45 所示，选定第一级到末级动叶之间的轴向长度 L（L 为任意长度），将平均直径 d_{m}、速比 x_1、反动度 Ω 的变化按比例画在同一张图上。

（6）将图分为若干等距离段（如 $n-1$ 段），分别量出各点（n 点）的 d_{m}^i、x_1^i 和 Ω^i。根据式(5-72)计算出各点的焓降 h_s^i，并画出焓降的变化规律。

（7）计算各级的平均焓降 $\bar{h}_s$：$\bar{h}_s = \sum\limits_1^n h_s^i / n$。

（8）计算所需的级数：$z = \dfrac{(1+\alpha)H_s}{\bar{h}_s}$，并对计算结果取整。

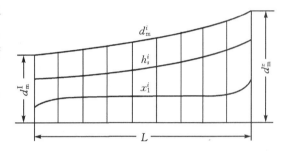

图 5-45　确定汽轮机级数用图

（9）将图 5-45 中轴向长度 L 重新分为 $z-1$ 段（z 个点），并重新查出各级的焓降 h_s^i。

5. 汽轮机的分缸

当汽轮机的功率增大到 $50\sim100$ MW 时，就需要采用分缸措施。一方面，这是因为汽轮机的所有级不可能安装在一个转子上，否则转子的长度将大到结构和工艺不能允许的程度，而转子的刚性也将小到不能允许的程度，从而引起转子弯曲变形和振动问题。另一方面，由于蒸汽膨胀过程中容积流量 Gv 不断增大，如果不采用分缸措施，低压部分的叶片将增长到不能允许的程度；对于核电汽轮机，由于蒸汽初始容积流量就很大，甚至高压部分就要采用分缸措施来增加通流部分的流道数目。汽轮机分成几个汽缸，也有利于合理布置各个汽缸中的蒸汽流向，从而平衡部分轴向推力。

小功率汽轮机一般为单缸；中等功率的汽轮机可以分为两个汽缸，即高压缸和低压缸；大功率汽轮机可以分为高压缸、中压缸和低压缸。

6. 级结构的选取

调节级是整个通流部分最前面的级，它通过调节汽轮机的进汽参数或流量来调节汽轮机的输出功率。调节级均设计成冲动式，这主要是由于调节级必需承担较大的焓降，才能适应机组变工况的要求。调节级有单列调节级和双列调节级之分。单列调节级可以利用的理想焓降一般为 84 ～ 147 kJ/kg,适用于对经济性要求高的机组(如大功率核电汽轮机、火电汽轮机)。双列调节级可以利用的理想焓降一般为 167 ～ 418 kJ/kg,适用于对经济性要求较低的中、小汽轮机组。

调节级后的各压力级结构有两种选择,即采用冲动式或反动式结构,二者各有优、缺点,通常由生产厂家的习惯决定。

5.7.3　汽轮机的极限功率

汽轮机的极限功率是指在一定的转速和蒸汽进、排汽参数条件下,一台单排汽口汽轮机在转子叶片材料所能安全承受的最大应力值时所能发出的最大功率。以下对这一概念进行具体分析。

1. 汽轮机极限功率

对一台单排汽口、无抽汽的汽轮机,其内功率 N_i 为

$$N_i = GH_s \eta_{oi}^T$$

从这一表达式看出,影响多级汽轮机功率的因素有三方面:一是汽轮机的总绝热焓降 H_s,二是汽轮机的相对内效率 η_{oi}^T,三是通过汽轮机的蒸汽流量 G。

当汽轮机的总绝热焓降 H_s 增大时,汽轮机的功率 N_i 增加。但是,总绝热焓降 H_s 的大小与进、排汽参数有关,在汽轮机进、排汽参数给定的条件下,H_s 也已确定。多级汽轮机的总绝热焓降 H_s 一般在 840～1840 kJ/kg 范围内。

再看汽轮机内效率的影响。显然,汽轮机的内效率 η_{oi}^T 增加,汽轮机的功率 N_i 也会相应提高。但在一定时期、一定技术水平条件下,汽轮机内效率的增加是有限的,一般来说汽轮机的内效率 η_{oi}^T 在 0.78～0.91 范围内。通常大功率机组的内效率高一些,小功率机组的内效率低一些。

影响汽轮机功率的第三个因素是蒸汽的流量 G。当蒸汽流量 G 增加时,汽轮机的功率 N_i 增加。根据上述分析,我们看到多级汽轮机功率的增加主要是通过增大流量来实现的,那么就涉及到汽轮机的流量能增大到什么程度的问题。

如果不考虑抽汽等因素,在多级汽轮机中流量 G 对各级虽然相同,但容积流量 Gv 对各级却相差很大。随着蒸汽在汽轮机中不断膨胀,汽流的压力逐渐降低。末级的压力最低,比容最大,相应的容积流量 Gv 也最大。显然,末级的通流能力决定了整个汽轮机能通过的蒸汽流量,也决定了汽轮机能达到的最大功率的大小。

当末级的通流面积增大到最大面积(极限面积)时,末级流量就增大到最大流量(极限流量),此时有

$$G = \frac{A_2 c_2}{v_2} \tag{5-75}$$

式中,c_2 代表末级排汽速度。显然,当 c_2 增加时,流量 G 和内功率 N_i 都会增加,但是 c_2 引起的余速损失也会增加,导致汽轮机的内效率 η_{oi}^T 下降。因此,设计中限制余速动能的上限为

$$h_{c_2} = \frac{c_2^2}{2} \leqslant (1.5\% \sim 3\%)H_s \tag{5-76}$$

式(5-75)中,v_2 为末级排汽比容。它取决于汽轮机的背压 p_z,与汽轮机的类型(凝汽式或背压式)有关。当背压 p_z 变化时,排汽比容变化引起的流量变化也会导致汽轮机的内功率

发生变化。在排汽压力 p_z 给定的条件下,排汽比容 v_2 也是一个确定的值。

这样看来,影响末级蒸汽流量最主要的参数就是末级的通流面积 A_2。末级流量的增大主要靠增大末级通流面积实现。当末级通流面积 A_2 达到极限值 $A_{2,极限}$ 时,末级流量,从而也就是整个多级汽轮机的流量也达到极限值 $G_{极限}$,汽轮机发出的功率达到极限功率 $N_{i,极限}$。

当末级达到最大(极限)通流面积 $A_{2,极限}$ 时,有

$$A_{2,极限} = \pi d_m l_2 e \sin\alpha_2 \tag{5-77}$$

式中,e 为部分进汽度,末级为全周进汽,$e=1$;α_2 为排汽角度,为了减小余速损失采用轴向排汽,$\alpha_2 \approx 90°$。

根据材料力学的相关分析,动叶片根部的离心拉应力与排汽面积 A_2 和转速 n 的关系为

$$\sigma = \frac{1}{2}\rho l_2 d_m \left(\frac{2\pi n}{60}\right)^2 K = \frac{\pi}{1\,800}K\rho A_2 n^2 \tag{5-78}$$

式中,σ 为叶片根部离心拉应力,MN/m^2;ρ 为叶片材料密度,kg/m^3;K 为叶片锥度对应力影响的修正系数,对直叶片 $K=1$,对扭叶片 $K=0.3\sim0.8$;A_2 为动叶栅出口面积,m^2;n 为汽轮机转速,r/min。

当末级动叶片离心拉应力 σ 达到材料的许用应力 $[\sigma]$ 时,通流面积达到其最大值,相应的蒸汽流量和功率也分别达到极限流量和极限功率。取 $\sin\alpha_2 = 1$,并用 $[\sigma]$ 代替 σ,由式(5-77)和式(5-78)可以得到

$$N_{i,极限} = \frac{1\,800[\sigma]c_2 H_s \eta_{oi}^T}{\pi\rho v_2 K n^2} \tag{5-79}$$

如果叶片材料为 1 Cr13,$\rho = 7.75 \times 10^3\,kg/m^3$,$[\sigma]$ 取 270 MN/m^2,式(5-79)化为

$$N_{i,极限} = \frac{20 H_s \eta_{oi}^T c_2}{v_2 \left(\dfrac{n}{1\,000}\right)^2} \quad (kW) \tag{5-80}$$

对于表达式(5-80),根据前面的分析:

H_s——由汽轮机的进、排汽参数确定,为已知量;

c_2——$\dfrac{c_2^2}{2} \leqslant (1.5\% \sim 3\%)H_s$,也确定;

η_{oi}^T——变化不大;

v_2——与背压有关,背压确定后为已知量;

$[\sigma]$、ρ——与叶片材料有关,材料选定后 $[\sigma]$、ρ 确定;

K——与叶型有关,叶型确定后 K 确定。

这样我们就看出,当其它条件不变时,单排汽口汽轮机的极限功率与转速的平方成反比,即

$$N_{i,极限} \propto \frac{1}{n^2} \tag{5-81}$$

如果汽轮机在所采用的转速下发出的功率达到或接近这一转速下的极限功率,所采用的转速称为高转速;反之,如果汽轮机在采用的转速下发出的功率远小于这一转速下的极限功率,所采用的转速就称为低转速。就目前电厂凝汽式汽轮机的蒸汽参数而言,单排汽口汽轮机的最大功率为 $100 \sim 150$ MW。

当然,在汽轮机功率和其它条件给定时,也可以利用式(5-80)反过来确定最高转速,即保

证不超过叶片材料安全许用应力下的汽轮机转速最大值。式（5-80）也表明，在同一转速 n 下，极限功率的大小正比于汽轮机的绝热焓降 H_s（因而取决于进、排汽参数），而反比于排汽比容积 v_2（因而取决于汽轮机的类型，即背压式或凝汽式）。η_{oi}^T 的变化范围一般不大，所以对极限功率的影响很小。相反，末级叶片锥度系数 K 对极限功率的影响相当大，特别对凝汽式汽轮机更是如此，所以必须予以考虑。

背压式汽轮机的参数变动范围很大。如果取常见的变动范围

$$H_s \approx 420 \sim 630 \text{ kJ/kg}, \quad c_2 \approx 70 \sim 110 \text{ m/s}, \quad v_2 = 0.25 \sim 1.25 \text{ m}^3/\text{kg}$$

并取 $\eta_{oi}^T = 0.8$，$K=1$，则极限功率 $N_{i,极限}$ 随转速 n 而变的情况大致如图 5-46 所示。为了绘图方便，图中根据转速高低的不同采用了两种坐标轴比例。$\dfrac{H_s c_2}{v_2}$（或者 $\dfrac{H_s c_2}{v_2 K}$）可以叫作汽轮机的极限功率系数。图中的 3.77×10^4 和 1.17×10^5 相当于常见的背压式汽轮机极限功率系数的下限和上限，所以影线之间的区域就代表一般背压式汽轮机极限功率 $N_{i,极限}$ 在一定转速下的变动范围。

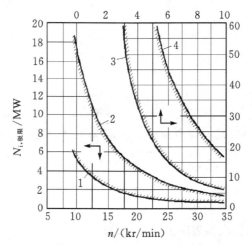

$$1,3 - \frac{H_s c_2}{v_2} = 3.77 \times 10^4 \ ; \quad 2,4 - \frac{H_s c_2}{v_2} = 1.17 \times 10^5$$

图 5-46　背压式汽轮机极限功率-转速曲线

单缸凝汽式汽轮机的有关参数变化范围大致是

$$H_s = 1\,050 \sim 1\,260 \text{ kJ/kg}, c_2 = 180 \sim 220 \text{ m/s}, \ v_2 = 13 \sim 30 \text{ m}^3/\text{kg}, \ K = 0.35 \sim 0.5$$

与此相应，$\dfrac{H_s c_2}{v_2 K}$ 值的下限约为 2.3×10^4，其上限约为 2.93×10^4。如果取汽轮机的内效率 $\eta_{oi}^T = 0.85$（不包括末级余速损失的影响），则按照式（5-80）所得的极限功率随转速而变的曲线将如图 5-47 所示。由图可见，凝汽式汽轮机的极限功率在一定转速下的变动范围是比较小的。

既然凝汽式汽轮机的极限功率系数远小于背压式汽轮机的极限功率系数，前者的极限功率在一定转速下就远小于后者的极限功率。所以一个转速 n 对于凝汽式汽轮机来说如果已达到或接近达到与极限功率相对应的最高值，它对背压式汽轮机常常还是较低的转速。当以是否达到或接近达到极限功率为标准来判断汽轮机转速的高或低时，就看到许多凝汽式汽轮机采用了最高转速，而背压式汽轮机所用的转速则往往不很高。出现这一情况的根本原因就是

凝汽式汽轮机每单位功率的制造成本明显地超过背压式汽轮机,因而更加有必要提高转速以降低成本。

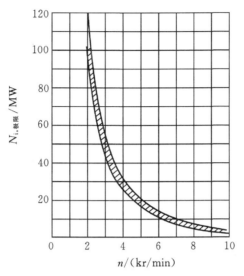

$$1 - \frac{H_s c_2}{v_2} = 2.93 \times 10^4 ; \quad 2 - \frac{H_s c_2}{v_2} = 2.3 \times 10^4$$

图 5-47　凝汽式汽轮机极限功率-转速曲线

2. 提高单机容量的方法

提高单机功率是提高汽轮发电机组经济效益、降低成本的方向。目前,常规火电汽轮机单机功率(多排汽口)可以达到 1 200 MW,核电汽轮机单机功率可达 900~1 750 MW。提高汽轮机单机功率的措施有:

(1)提高新蒸汽参数,并采用中间再热循环,从而提高汽轮机的绝热焓降 H_s。

(2)提高汽轮机的背压,减小末级排汽比容,从而增加流量和功率,但提高排汽背压会导致循环效率 η_{oi}^T 降低。

(3)采用高强度、低密度的金属材料如钛合金,通过提高材料的许用应力来增加通流面积,从而增加流量和功率。

(4)采用多排汽口结构,增大排汽面积。

(5)采用低转速设计,如核电汽轮机广泛采用的半转速设计。

(6)末级采用鲍曼(Baumann)级。一股汽流通过末级做功,然后排入凝汽器;另一部分汽流不通过汽轮机末级,而是直接进入凝汽器。采用这种方式也能增加汽轮机的流量和功率。

5.7.4　冲动式汽轮机热力计算结果示例

为了表明多级凝汽式汽轮机各级内部的主要热力参数及结构尺寸之间的定量关系,以下给出某小功率凝汽式汽轮机设计工况下的主要计算结果以供参考,其通流部分结构简图如图 5-48所示。

该汽轮机的额定功率,即汽轮机在长期连续运行中所能保持的最大功率 $N_n = 1\ 500\ \text{kW}$,汽轮机设计工况的功率是 $0.85 N_n$。这是考虑到汽轮机实际运行时间最多的不一定是在额定功率工况,所以在汽轮机通流部分设计时通常以经济功率 N_{ec} 为依据。一般对于负荷变化范围较大的小功率机组,$N_{ec}=(0.75\sim0.8)N_n$,对于承担基本负荷的大功率机组,$N_{ec}=(0.9\sim1.0)N_n$。

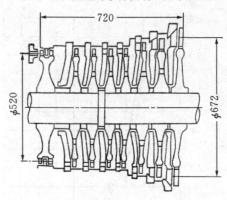

图 5-48　凝汽式汽轮机通流部分结构简图

这台汽轮机原来是采用模拟级法进行设计的,我们现在原封不动地引用其调节级设计工况的计算结果,对于压力级则按照前面详细讨论过的速度三角形法重新计算。但是,各级动、静叶栅的几何结构,级的反动度,部分进汽度,节圆直径,隔板汽封及漏汽量等都保留原来设计的数据未加改动,主要是用速度三角形法和前面所给的有关曲线和公式来确定各项汽流速度,以及各项损失或损失系数的实际大小。这样处理会产生一些不尽合理之处,例如叶栅流量系数 μ_1 和 μ_2 的选用数据就与 φ 及 ψ 的选用数据不相谐调,也未予调整,因为我们的目的主要是显示各项数据在各级中的变化规律。

原设计所得双列速度级的设计工况数据为:

流量　$G=1.722$ kg/s　　　　　内功率　$N_{i1}=373$ kW
内效率　$\eta_{oi}=59.2\%$　　　　　部分进汽度　$e=12.7\%$
喷管叶高　$l_1=14$ mm　　　　　喷管出口汽流角　$\alpha_1=14°$
节圆直径　$d_m=0.52$ m　　　　　级后压力　$p_2=0.5296$ MPa
等熵焓降　$h_s=364.3$ kJ/kg　　　级后焓　$i_2=3002.5$ kJ/kg

压力级计算结果如表 5-3 所示,相应的压力级速度三角形和汽轮机 $i-s$ 图上的过程曲线如图 5-49 和图 5-50 所示。计算得到压力级内功率之和为 922.6 kW,与按模拟级法计算得到的压力级内功率之和 907.4 kW 仅差 0.14%。汽轮机的内功率 $N_i=1295.3$ kW,与所要求的设计工况功率 $N_{ec}=0.85N_n=1275$ kW 基本相符。

现对压力级的计算数据作几点说明:

(1)速度系数 φ 和 ψ 随叶栅高度的增加而增加。第 1 至 4 级叶栅高度相同,φ 和 ψ 也不变。φ 值超过 ψ 值之数对各级几乎都相同,但由于反动度 Ω 在低压级中较大,所以喷嘴损失 h_n 与动叶损失 h_b 的相对大小有所改变。在高压级,$h_n>h_b$;而在低压级变为 $h_n\leqslant h_b$。

(2)叶栅环形损失(即所谓扇形损失)到最后两级才需要考虑。第 25 项的环形损失系数 ξ_θ 表示的是动叶栅 $\xi_{\theta b}$ 与静叶栅 $\xi_{\theta n}$ 两者之和。由于 $l_1<l_2$,而 d_m 相同,所以按照式(2-92)$\xi_{\theta n}<\xi_{\theta b}$。在计算环形损失 h_θ 的 kJ/kg 数时,近似地取 $h_\theta\approx\xi_\theta\cdot\dfrac{h_s^*}{2}$。

表 5 - 3　多级凝汽式汽轮机压力级设计工况计算结果

序号	项目名称	符号	单位	来源	第 1 级	第 2 级	第 3 级	第 4 级	第 5 级	第 6 级	第 7 级
1	流量	G	kg/s	初步计算	1.698	1.554	1.554	1.554	1.554	1.554	1.554
2	节圆直径	d_m	m	方案	0.55	0.55	0.55	0.55	0.59	0.62	0.67
3	圆周速度	u	m/s	方案	187	187	187	187	201	211	288
4	级前蒸汽压力	p_0	MPa	前一级计算结果	0.5296	0.3481	0.2226	0.1363	0.0794	0.0412	0.0196
5	级前蒸汽温度	$t_0(x_0)$	℃(—)	前一级计算结果	272	235	200	157	115	0.985	0.966
6	级前蒸汽焓值	i_0	kJ/kg	前一级计算结果	3002.4	2934.0	2863.4	2789.5	2708.5	2613.3	2514.2
7	级前蒸汽动能	Δh_0	kJ/kg	(28)	0	0	0	0	3.559	4.396	7.076
8	级等熵滞止焓降	h_s^*	kJ/kg	$h_s+\Delta h_0$	98.39	98.39	98.39	98.39	110.4	115.8	131.5
9	速比	x_a		$u/\sqrt{2h_s^*}$	0.422	0.422	0.422	0.422	0.429	0.439	0.445
10	平均截面处反动度	Ω		取定	0.08	0.08	0.08	0.08	0.10	0.14	0.23
11	静叶出口理想速度	c_{1s}	m/s	$\sqrt{2h_s^*}$	425.5	425.5	425.5	425.5	446	442	460
12	动叶出口理想速度	w_{2s}	m/s	$\sqrt{2\Omega h_s^*+w_1^2}$	260.5	260.5	260.5	260.5	280	299	342
13	静叶速度系数	φ		图 2-11	0.96	0.96	0.96	0.96	0.97	0.975	0.98
14	动叶速度系数	ψ		图 2-20	0.93	0.93	0.93	0.93	0.935	0.945	0.95
15	静叶流量系数	μ_1		给定	0.97	0.97	0.97	0.97	0.97	0.98	1.00
16	动叶流量系数	μ_2		给定							
17	静叶出口面叶高	l_1	mm	方案	22	22	22	22	35	51	81
18	动叶出口面叶高	l_2	mm	方案	25	25	25	25	38	55	86
19	静叶出口面积	A_1	mm²	(17),(22)	2560	3300	4950	7860	12500	24200	48500
20	动叶出口面积	A_2	mm²	(18),(22)	4355	5610	8420	13050	21550	41000	74700
21	叶栅面积比	f		A_2/A_1	1.705	1.705	1.705	1.705	1.725	1.685	1.540

续表 5-3

序号	项目名称	符号	单位	来源	第 1 级	第 2 级	第 3 级	第 4 级	第 5 级	第 6 级	第 7 级
22	部分进汽度	e		方案	0.344	0.430	0.645	1.0	1.0	1.0	1.0
23	静叶损失	h_n	kJ/kg	式(2-31)	7.055	7.055	7.055	7.055	5.987	4.899	4.241
24	动叶损失	h_b	kJ/kg	式(2-55)	4.585	4.585	4.585	4.585	4.941	4.815	5.715
25	叶栅环形损失系数	ξ_δ		式(2-92)	0	0	0	0	0	0.01	0.022
26	余速损失	h_{c_2}	kJ/kg	速度三角形	3.6	3.6	3.6	3.6	4.396	7.076	11.26
27	余速利用系数	μ		取定	0	0	0	1.0	1.0	1.0	0
28	余速利用能量	h_0	kJ/kg	μh_{c_2}	0	0	0	3.60	4.395	7.074	0
29	级的理想能量	E_0	kJ/kg	$h_s^* - h_0$	98.39	98.39	98.39	94.79	105.97	108.69	131.5
30	轮周损失		kJ/kg	$h_n + h_b + h_{c_2}$	15.24	15.24	15.24	15.24	15.32	17.33	22.61
31	轮周效率	η_u		$[h_s^* - (30)]/E_0$	0.845	0.845	0.845	0.877	0.897	0.905	0.829
32	实际轮周效率	η'_u		$0.975\eta_u$	0.824	0.824	0.824	0.855	0.875	0.882	0.808
33	隔板漏汽量	G_δ	kg/s	详细计算	15.24	15.24	15.24	15.24	15.32	17.33	22.61
34	漏汽损失系数	ξ_δ		式(5-39)	0.845	0.845	0.845	0.877	0.897	0.905	0.829
35	轮盘摩擦损失系数	ξ_f		式(3-12)	0.0375	0.04111	0.0283	0.0256	0.0164	0.01	0.005
36	鼓风损失系数	ξ_v		式(3-16)	0.018	0.022	0.015	0.014	0.001	0.0006	0
37	弧端不进汽损失系数	ξ_e		式(3-19)	0.030	0.023	0.016	0	0	0	0
38	湿汽损失系数	ξ_x		式(5-54)	0	0	0	0	0.004	0.02	0.051
39	内效率	η_{oi}		$\eta'_u - (\xi_f + \xi_v + \xi_x + \xi_e)$	0.696	0.717	0.751	0.822	0.863	0.857	0.750
40	级有效率	h_i	kJ/kg	(8)×(39)	88.34	70.59	73.94	80.98	95.17	99.11	98.60
41	内功率	N_{oi}	kW	(1)×(40)	116.6	109.7	115.0	125.9	147.8	154.0	153.3

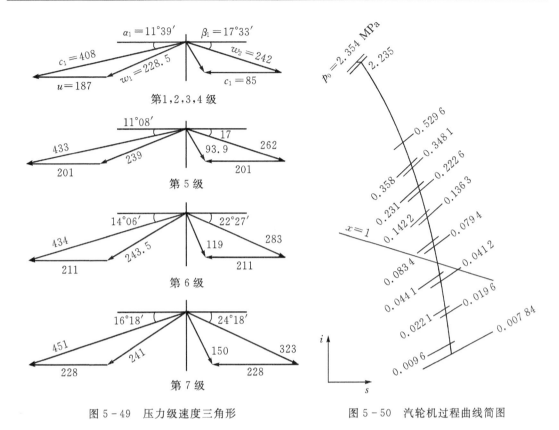

图 5-49　压力级速度三角形　　　　　　　图 5-50　汽轮机过程曲线简图

（3）前三级为部分进汽，所以余速不能为下一级利用，μ 取为 0；第 4、5、6 级 $e=1$，取 $\mu=1$；第 7 级为末级，当然 μ 也取为 0。前四级的 h_{c_2}、h_n 和 h_b 都不变，而第 4 级的 η_u（$\eta_u{}'$）却特别高，就是由于它的余速能量被第 5 级利用，因而理想能量 E_0 小于前面三级的 E_0。第 4、5、6 三级轮周效率比前三级显著增加的主要原因也在于余速利用系数 $\mu=1.0$，而末级的 η_u 突然降低也是因为余速特别大并且 $\mu=0$。如果将末级的 $h_{c_2}=11.26$ kJ/kg 算作整个汽轮机的一项损失，则末级的轮周效率提高到 $\eta_u=0.914$ 或 $\eta_u{}'=0.89$，成为各级中最高的了。

（4）第 2 级的隔板漏汽量 G_δ 及漏汽损失系数 ξ_δ 特别大的原因是汽封片的数目由第一级隔板汽封中的 12 片减到了 6 片（第 3 级 6 片，第 4、5 级各 3 片，第 6、7 级各 3 片）。第 34 项数据表明 ξ_δ 之值对低压级是微不足道的。

（5）第 34～38 的五项损失系数代表轮周损失以外的损失，它们随各级而变动的具体情况决定了各级内效率的大小。注意第 5、6、7 三级的湿汽损失 h_x 依次等于 0.441 6 kJ/kg、2.316 kJ/kg、6.707 kJ/kg，汽轮机总的湿汽损失为 9.464 6 kJ/kg，在各项损失中仅次于末级余速损失 $h_{c_2}=11.26$ kJ/kg，这就证实了 5.5 节的分析结论。按照式（5-54）计算 ξ_x 必须先有汽轮机的近似过程曲线，而得出 ξ_x 之前最后三级的过程曲线又不能完全确定，所以这里必须采用逐次逼近法，但实际上重复一两次计算就够了。

（6）图 5-50 所示过程曲线的特点是压力级部分略向右上方突出，这是与高压级效率低而低压级效率高的情况相对应的。这样的过程曲线形状在小功率凝汽式汽轮机中是相当典型的。而在大功率低背压的汽轮机中，由于高压级全周进汽效率大大提高，低压级的余速损失和湿汽损失都较大，因而效率有所降低，典型的压力级过程曲线将呈现略向左下方凹入的形状。

5.7.5　反动式汽轮机热力设计及计算结果示例

前面所讲的汽轮机热力设计的一般原则和方法基本上也适用于反动式汽轮机的热力设计。本节结合反动式汽轮机通流形状的变化特点,讨论反动式汽轮机热力设计中的一些特殊问题,并对热力设计中和冲动式汽轮机有差别的问题做些说明,最后给出反动式汽轮机的设计示例。

图 5-44 表示了三种反动式凝汽汽轮机的通流部分形状。其中,图(a)是各级平均直径和焓降逐渐连续增加的情况;图(b)表示各级分成三个不同的等内径级组;图(c)中前三个级组的各级叶栅高度全部相同,级组间的通流面积差别在于 d_m 不同,一个级组中各级通流面积的差别依靠叶栅出汽角不同而实现。实用的反动式汽轮机通流形状是由 d_t 不变、d_h 不变、d_m 不变和 d_m 与叶高 l 不变这四种类型组合而成的。在一个级组内,平均直径 d_m 和叶高 l 都不变使汽轮机结构简单,加工方便。但是,因为各级叶道面积相同,依靠叶栅出汽角的不同略加调正,所以在蒸汽膨胀做功后,压力降低而比容增加,级的理想焓降随之增大,有可能使级的反动度 $\Omega > 0.5$,将导致级的效率降低。

对于中压 12 MW 以下的汽轮机,要使流通部分连续变化有一定困难,整个流通部分用阶梯状分成若干级组,如图 5-44(b)和(c)所示。从一个级组过渡到另一个级组主要看叶片的高度和蒸汽比容增加的程度。要求直径突变后叶片仍能保持足够的高度,一般 $l \geqslant 25 \sim 30$ mm。采用阶梯状的通流形状还可使汽轮机级数减小。反动式汽轮机高压部分叶片较短,直径不能突跃变化,这部分各级焓降较小,级数较多。中压以下部分可以采用突跃的方式增加级组的直径,但这部分级焓降 h_s 已较大,所以采用阶梯突跃的方式只能略减几级,并不能把级数减少很多。减少级数的有效方法是在高压部分采用较小的速比。对于反动级,$x_1 = 0.65 \sim 0.8$,$x_a = 0.45 \sim 0.55$。

反动式汽轮机轴向推力较大。为减小轴向推力,大都采用轮鼓式转子,并采用平衡活塞。平衡活塞处漏汽损失较大,应采用轴封管路将其漏汽引入到相应的通流部分去,以减小损失。

反动式汽轮机级数多,各级间轴向间隙小,而且在每个级组内通流部分的径向尺寸都是均匀变化的,所以除抽汽口和直径突跃处外,各级余速都可以被下级所利用。

为加工方便和降低制造成本,各级静叶和动叶及叶根型线应尽量设计成一样的。在低压段,也要尽量把叶型设计成一样的。可采用改变安装角来满足通流面积的要求。一般只是在最后几级考虑采用不同的叶型。

反动式汽轮机须全周进汽,它只适用于蒸汽流量大的机组,所以小功率机组尽量不要设计成反动式的。这是因为对于小功率机组,其容积流量小,只有在调节级采用很大的焓降时才能使第一个非调节级的叶片达到足够的高度,这样会使调节级第一列动叶进口相对速度达到音速,在运行时又可能变成亚音速,叶片处于跨音速范围工作,会产生冲波或汽流脱离损失。

反动式汽轮机的焓降分配和级数确定可以采用两种方法。

5.7.5.1　方法一

这里讲的焓降分配是指除调节级外其它级的焓降分配。焓降分配的主要依据是各级要有合适的速比,同时使通流部分光滑过渡,所以焓降的分配须考虑各级直径的变化。

多级汽轮机的级数除了与汽轮机前后的蒸汽参数 p_0、t_0、p_z 有关外,还与各级的焓降有关。对于任一反动级来讲,级的等熵焓降为

$$h_s^i = \frac{c_{1s}^2 - c_2^2}{2} + \frac{w_{2s}^2 - w_1^2}{2}$$

因为 $c_{1s} = w_{2s}, w_1 = c_2$,所以

$$h_s^i = c_{1s}^2 - w_1^2 = c_1^2 \left[\frac{1}{\varphi^2} - \left(\frac{w_1}{c_1} \right)^2 \right] \tag{5-82}$$

由速度三角形的关系,可以得到

$$\left(\frac{w_1}{c_1} \right) = 1 + x_1^2 - 2x_1 \cos\alpha_1$$

将上式代入式(5-82),得到

$$h_s^i = c_1^2 \left[\frac{1}{\varphi^2} - 1 + 2x_1 \cos\alpha_1 - x_1^2 \right] = \left(\frac{\pi d_m^i n}{60 x_1} \right)^2 \left[\frac{1}{\varphi^2} - 1 + 2x_1 \cos\alpha_1 - x_1^2 \right] \tag{5-83}$$

在转速一定的情况下,取定 x_1 和 α_1 ,就可由各级的直径确定各级的焓降。同样,要确定各级直径的分配规律,需要首先求出这个级组首级和末级的平均直径。确定级组首级和末级的方法与前面介绍的冲动式汽轮机计算方法相同,可以分别按照式(5-73)和式(5-74)进行,但要注意,反动式汽轮机的径高比 θ 一般为 $4\sim7$,末级静叶出口气流角 α_{1z} 一般为 $40° \sim 50°$,而首级静叶出口气流角 α_{1z} 一般为 $20° \sim 25°$ 。此外,反动式汽轮机 d_m^{I}/d_m^z 通常在 $0.37 \sim 0.45$ 之间变化。

确定汽轮机的级数,也可以采用图解法,如图 5-51 所示。选定第一级到末级动叶之间的中心距长度 L(L 为任意长度),把 d_m^{I} 与 d_m^z 用光滑曲线连接,该曲线表示级组流通部分的变化规律;选定速比 x_1 和 α_1 的变化曲线;将线段 L 分为若干等分;用式(5-81)求出各段的平均焓降 $h_s^{\mathrm{I}}, h_s^{\mathrm{II}}, \cdots, h_s^n$;然后计算级组的平均焓降:

$$h_{sm} = \frac{\int_o^L h_s^i}{L} \tag{5-84}$$

其中, $\int_o^L h_s^i$ 可采用数值积分,或由面积仪求出 h_s^i 曲线下的面积,汽轮机的级数为

$$z = \frac{(1+\alpha) H_s}{h_{sm}} \tag{5-85}$$

根据式(5-85)求出的汽轮机级数 z 要取为整数。将线段 L 除以 $(z-1)$,便可在图 5-51 中 L 轴的对应点上求得各级等熵焓降。根据分配给各级的焓降对汽轮机或它的级组中的每个级进行详细的热力计算,确定各级的几何尺寸和级效率,然后在拟定的过程线上逐级作出各级焓降。如果作至最后一级的背压 p'_z 不能和要求的背压相重合,应进行修正。应视 p'_z 与 p_z 两压力间的焓降大小分配给部分级或全部级。

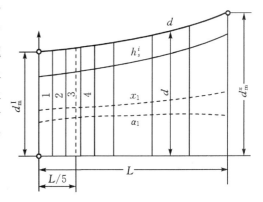

图 5-51　反动式级组焓降的确定

5.7.5.2　方法二

因为反动式汽轮机级数多,而各级焓降又小,按照上述方法计算,要花很多时间,而且很难把各级的焓降准确地画在 $i-s$ 图上,所以下

面另外再介绍一种确定反动式汽轮机焓降分配和级数的图解法。

1. 简化计算公式

由 5.4 节的分析可知，反动级只考虑静叶损失 h_n、动叶损失 h_b、余速损失 h_{c_2} 和漏汽损失 h_δ。由式(5-46)可得反动级的漏汽能量损失系数

$$\xi_\delta = \eta_u - \eta_{oi} = \frac{uc_{1u}}{h_s^*}\frac{G_{\delta h}}{G} + \frac{G_{\delta t}}{G}\eta_u \tag{5-86}$$

或者由(5-47)式中 $\xi_\delta = \dfrac{G_{\delta h}+G_{\delta t}}{G}\eta_u$ 近似确定。还可以根据经典公式确定

$$\xi_\delta = 1.72\frac{\delta^{1.4}}{l_2}h_s^i \tag{5-87}$$

其中，δ 为动叶径向间隙，l_2 为动叶叶高，因为尚未进行设计，可事先粗略估计。

当 $\Omega = 0.5$ 时，级的可用焓降为

$$h_i = c_1^2\left[1-\left(\frac{w_1}{c_1}\right)^2\right](1-\xi_\delta) = c_1^2(2\cos\alpha_1 - x_1)x_1(1-\xi_\delta) \tag{5-88}$$

2. 图解法

(1)估计汽轮机各级组的损失，在 $i-s$ 图上近似画出蒸汽膨胀过程线。

(2)求出每一个级组的第一级直径 d_m^1 和最后一级直径 d_m^z，把这两点光滑连接，得到各级直径的变化曲线 d_m^i。图 5-52 的横坐标按比例表示该级组的可用焓降 H_i^I。

(3)估计速比 x_1 和静叶出口气流角 α_1 的变化规律。

(4)在级组内任意取几个中间点，分别取出这些点的 d_m、x_1 和 α_1，按式(5-88)分别计算

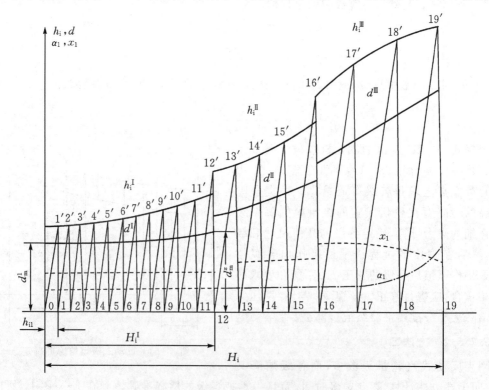

图 5-52　反动式汽轮机级数的图解法计算

各点的可用焓降 h_i。

（5）将各点 h_i 值按比例绘于图 5-52 的纵坐标上,得到各级可用焓降 h_i^{I} 的变化规律。

（6）从横坐标点 0 起画出第一级的可用焓降 h_{i1},通过点 1 作垂线与 h_i^{I} 曲线相交于点 1′,然后由点 1 引直线 12′ 与直线 01′ 相平行。再从点 2′ 做垂线 2′2 与横坐标相交,则 12 相当于第 2 级的可用焓降,而 02 则为第 1 级和第 2 级总的可用焓降。重复同一种作法,直到该级组可用焓降的终点。如果作图的结果不能把该级组的可用焓降分完,须修改直径 d_{m} 的变化规律,一直到完全分完为止。一般情况不修改 α_1,因为角度改动须改动叶型。改变速比 x_1 的变化规律,汽轮机级数变化较大。

（7）同理,通过每个级组作图的结果,就可以求出一台汽轮机的级数。

（8）确定了汽轮机级数和各级的可用焓降后,把这些量画到 i-s 图上进行各级详细的热力计算,确定各级的损失,最后得到实际的蒸汽膨胀工作曲线。如果这条曲线和原拟定的初步过程线相差很大,必须以第一次计算后的过程曲线作为依据,进行第二次近似计算,直到前后两次得到的过程曲线十分接近或者完全重合为止。图 5-53 即为某多级反动式汽轮机的实际

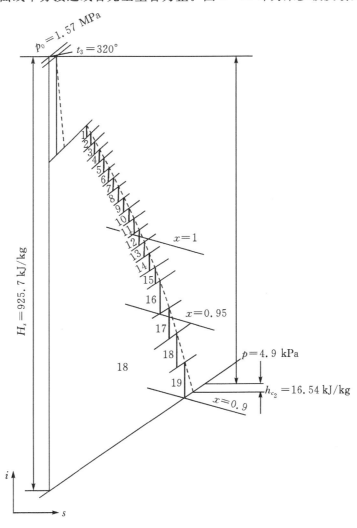

图 5-53　反动式汽轮机蒸汽的实际膨胀过程曲线

蒸汽膨胀曲线。

下面给出一个反动式汽轮机热力计算的实际例子。

N50-90-525 为冲动式汽轮机,现在要把它设计成多级反动式汽轮机。因为用双列速度级作为它的调节级,所以调节级不再计算,结果从原冲动式汽轮机设计结果中直接借用,其主要数据如下:

$p_0 = 8.385$ MPa; $t_0 = 525℃$; $G = 45.7$ kg/s; $d_m = 1.0$ m; $h_s = 183.4$ kJ/kg;

$x_a = 0.26$;

$\Omega = 0.021, 0.05, 0.043$;

$\alpha_1(\beta_2) = 16°, 18.5°, 24°, 33°$;

$\beta_1(\alpha_2) = 22.4°, 33°, 67.8°, 109.8°$;

$\varphi(\psi) = 0.95, 0.85, 0.87, 0.92$;

$p_2 = 4.476$ MPa; $t_2 = 453℃$;

$\eta_u = 0.724$; $h_{fv} = 3.68$ kJ/kg; $h_e = 3.56$ kJ/kg;

$h_i = 125.1$ kJ/kg; $\eta_{oi} = 0.685$; $N_i = 5\ 740$ kW。

汽轮机设计成双缸结构,低压部分蒸汽是双流的。之所以选择双缸结构是因为汽轮机中的级数太多,很难把它们放置在一个转子上。蒸汽在最后几级中采用双流后使这些设计起来比较容易,也降低了最后一级的余速。

高压部分的反动级放置在转鼓上且分成三段。第一个级组从调节级汽室中的蒸汽压力 4.476 MPa 变到第一个抽汽点的压力 2.354 MPa,随后又变到第二个抽汽点压力 1.177 MPa,该级组的动叶装在等直径的转鼓上。第二个级组蒸汽压力从 1.177 MPa 变到 0.441 MPa,动叶装在圆锥形的转鼓上。第三个级组蒸汽压力从 0.441 MPa 变到 0.153 MPa,动叶装在等直径的转鼓上。在低压部分中,所有级都布置在整锻的转鼓上。

汽轮机级组尺寸及各级组数确定的方法见本节前面介绍的内容,轴向推力的计算方法可见 5.6 节。汽轮机高压部分热力计算见表 5-4,低压部分热力计算见表 5-5。高压部分的轴向推力确定后定出平衡活塞的尺寸。图 5-54 给出第一、第二及第三级组中各主要级的速度三角形,图 5-55 给出该汽轮机蒸汽膨胀的过程曲线。

因为从表 5-4 和表 5-5 可看出计算过程,所以仅作以下说明:

(1)因为汽轮机高压部分各级焓降不大,所以在第一、第二、第三级组计算中,不分静叶和动叶,而对每级进行整个计算。汽轮机的低压部分各级焓降较大,计算分为静叶和动叶分别进行。相同的级速度三角形没在图 5-54 中标出。

(2)蒸汽流量、级节圆直径、级等熵焓降都是从初步计算得到的。在汽轮机高压部分三个级组中都假定 $\alpha_1 = \beta_2$。那些在它们后面进行回热给水的级只是在计算过程中蒸汽压力接近 2.354 MPa、1.177 MPa、0.441 MPa 时才决定。

(3)静叶和动叶的速度系数是根据叶高查图 5-56 得到的。

(4)在汽轮机最后几级中蒸汽的比容增加很快,为了保证通流部分光滑,不但这些级的直径要变化,而且静叶出口气流角 α_1 和动叶相对出口气流角 β_2 也要相应变化。

(5)计算得到的汽轮机内功率 $N_i = 47\ 170$ kW,热耗率 $q_p = 9\ 295$ kJ/(kW·h)。

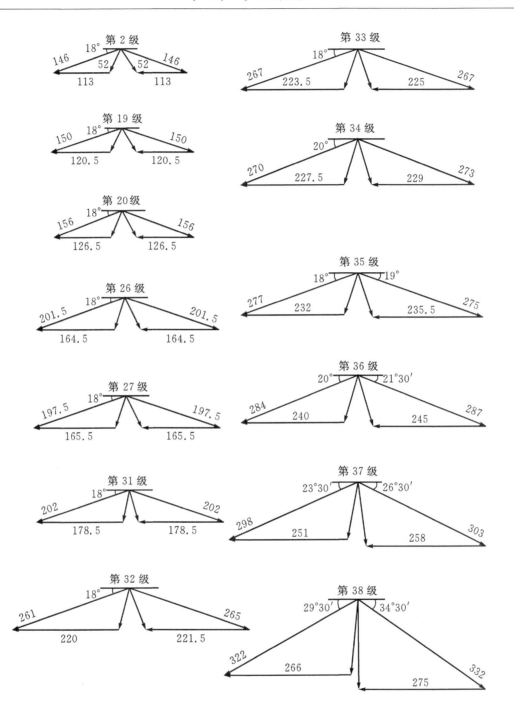

图 5-54　反动式汽轮机的速度三角形

表 5 - 4　　N50 - 90 - 525 反动式汽轮机的

项目名称	符号	级次 单位	2	3	4	5
蒸汽流量	G	kg/s	45.2	45.2	45.2	45.2
级的直径	d	m	0.720 0	0.721 8	0.723 7	0.725 5
圆周速度	u	m/s	113	113.5	113.5	114
级前的蒸汽参数 ⎰ 压力	p_0	MPa	4.776	4.433	4.129	3.884
温度（干度）	$t_0 (x_0)$	℃(—)	453	445	436	427
焓	i_0	kJ/kg	3 329.1	3 311.5	3 295.3	3 278.6
蒸汽进入级时的动能	$\dfrac{c_0^2}{2}$	kJ/kg	0	1.348	1.340	1.369
级的等熵焓降	h_s	kJ/kg	23.24	21.77	21.77	21.77
速比	x_a	—	0.523	0.528	0.528	0.529
级后压力	p_2	MPa	4.43	4.129	3.85	3.589
等熵膨胀下的级后比容	v_{2s}	m³/kg	0.070 9	0.075 3	0.079 7	0.084 3
叶栅中的理想能量	h_{s1}^*	kJ/kg	12.31	12.23	12.23	12.26
蒸汽自叶栅流出时的理论出口速度	$c_{1s} = w_{2s}$	m/s	157	157	156.5	157
流量系数	μ	—	0.965	0.965	0.965	0.965
出口面积	A	cm²	212	215	239	252
速度 c_1 及 w_2 的方向角	$\alpha_1 = \beta_2$	(°)	18	18	18	18
速度 w_1 及 c_2 的方向角	$\beta_1 = \alpha_2$	(°)	60.3	60.8	60.3	60.5
叶片高度	l	mm	30.3	32.1	34.0	35.8
速度系数	φ	—	0.93	0.93	0.935	0.935
静叶栅的蒸汽出口速度以及动叶栅的蒸汽相对出口速度	$c_1 = w_2$	m/s	146	146	146.5	147
速比	x_1	—	0.774	0.778	0.774	0.776
蒸汽进动叶栅时的相对进口速度与出动叶栅时的绝对出口速度	$w_1 = c_2$	m/s	52	51.8	52.3	52.1
叶栅中的损失	$h_n = h_b$	kJ/kg	1.658	1.654	1.537	1.541
余速损失	h_{c2}	kJ/kg	1.348	1.340	1.369	1.357
下一级中可以利用的出口速度动能的部分数	μh_{c2}	kJ/kg	1.348	1.340	1.369	1.357
级的理想能量	E_0	kJ/kg	21.89	21.78	21.74	21.78
轮周效率	η_n	—	0.848	0.848	0.858	0.858
有效间隙	δ	mm	0.55	0.55	0.55	0.55
漏汽损失	h_δ	kJ/kg	2.353	2.211	2.085	1.985
湿汽损失	h_x	kJ/kg	—	—	—	—
可用焓降	h_i	kJ/kg	16.22	16.26	16.58	16.68
内效率	η_{oi}	—	0.742	0.746	0.762	0.767
内功率	N_i	kW	734	736	750	754
动叶栅中的压降	Δp	MPa	0.160 8	0.142 2	0.137 3	0.132 4
动叶栅中的轴向推力	F_{z1}	kN	10.987	9.908	10.594	10.791

综合热力设计表(高压部分)

6	7	8	9	10	11	12	13	14	15	16
45.2	45.2	45.2	45.2	45.2	45.2	42.1	42.1	42.1	42.1	42.1
0.727 6	0.730 1	0.732 4	0.735 2	0.738 0	0.740 7	0.740 3	0.743 0	0.746 8	0.750 6	0.754 7
114.5	114.5	115	115.5	116	116.5	116.5	117	117.5	118	118.5
3.520	3.343	3.099	2.873	2.658	2.462	2.275	2.109	1.952	1.804	1.657
418	408	399	390	380	371	362	352	343	334	324
3 261.9	3 245.1	3 228.2	3 210.9	3 193.6	3 175.9	3 158.1	3 140.4	3 122.6	3 104.4	3 086.2
1.357	1.348	1.348	1.357	1.348	1.369	1.357	1.357	1.344	1.357	1.344
21.77	21.77	21.77	21.77	21.77	21.77	21.77	21.77	21.77	21.77	21.77
0.531	0.532	0.534	0.536	0.539	0.541	0.541	0.543	0.545	0.547	0.550
3.342	3.099	2.873	2.658	2.462	2.275	2.109	1.952	1.804	1.657	1.520
0.090	0.096	0.102	0.108	0.116	0.123	0.131	0.140	0.149	0.160	0.171
12.24	12.23	12.23	12.24	12.23	12.26	12.24	12.24	12.23	12.24	12.23
157	157	157	157	157	157	157	157	157	157	157
0.965	0.965	0.965	0.965	0.965	0.965	0.965	0.965	0.965	0.965	0.965
268	286	304	325	346	367	364	389	414	444	476
18	18	18	18	18	18	18	18	18	18	18
60.9	60.9	61.0	61.5	61.2	61.4	61.4	62.2	62.2	62.7	63.2
37.9	40.4	42.7	45.5	48.3	51.0	50.6	53.3	57.1	60.9	65.0
0.935	0.935	0.94	0.94	0.945	0.945	0.945	0.945	0.95	0.95	0.95
147	147	147.5	147.5	148.5	148.5	148.5	148.5	149	149	149
0.779	0.779	0.780	0.783	0.781	0.784	0.784	0.788	0.788	0.79	0.795
52	52	52.1	52	52.3	52.1	52.1	51.9	52.1	51.9	51.6
1.541	1.541	1.424	1.428	1.311	1.311	1.311	1.311	1.193	1.193	1.193
1.348	1.348	1.357	1.348	1.369	1.357	1.357	1.344	1.357	1.344	1.331
1.348	1.348	1.357	1.348	1.369	1.357	1.357	1.344	1.357	1.344	1.331
21.78	21.77	21.76	21.78	21.75	21.78	21.77	21.78	21.76	21.78	21.78
0.859	0.859	0.869	0.869	0.880	0.880	0.880	0.880	0.890	0.890	0.890
0.55	0.55	0.55	0.55	0.55	0.55	0.55	0.55	0.55	0.55	0.55
1.876	1.754	1.662	1.583	1.470	1.394	1.403	1.331	1.244	1.164	1.093
—	—	—	—	—	—	—	—	—	—	—
16.82	16.94	17.25	17.36	17.66	17.77	17.75	17.83	18.13	18.23	18.31
0.773	0.778	0.793	0.797	0.812	0.816	0.815	0.818	0.833	0.837	0.840
761	766	781	785	798	804	748	751	764	768	711
0.1275	0.1177	0.1128	0.1079	0.0981	0.0932	0.0834	0.0785	0.0736	0.0736	0.0505
11.085	10.987	11.085	11.380	10.987	11.085	9.810	9.908	9.810	10.595	10.595

项目名称	符号	级次\单位	17	18	19	20
蒸汽流量	G	kg/s	42.1	42.1	42.1	88.9
级的直径	d	m	0.758 9	0.762 8	0.767 7	0.807 7
圆周速度	u	m/s	119.5	120	120.5	126.5
级前的蒸汽参数〈 压力	p_0	MPa	1.52	1.4	1.29	1.187
温度(干度)	$t_0(x_0)$	℃(—)	314	304	304	284
焓	i_0	kJ/kg	3 067.9	3 049.3	3 036.6	3 011.9
蒸汽进入级时的动能	$\dfrac{c_0^2}{2}$	kJ/kg	1.331	1.327	1.331	1.319
级的等熵焓降	h_s	kJ/kg	21.77	21.81	21.81	23.87
速比	x_a	——	0.555	0.557	0.560	0.562
级后压力	p_2	MPa	1.40	1.29	1.187	1.069
等熵膨胀下的级后比容	v_{2s}	m³/kg	0.183	0.195	0.209	0.227
叶栅中的理想能量	h_{s1}^*	kJ/kg	12.22	12.23	12.24	13.25
蒸汽自叶栅流出时的理论出口速度	$c_{1s}=w_{2s}$	m/s	156.5	157	157	163
流量系数	μ	——	0.967	0.967	0.967	0.967
出口面积	A	cm²	510	542	580	561
速度 c_1 及 w_2 的方向角	$\alpha_1=\beta_2$	(°)	18	18	18	18
速度 w_1 及 c_2 的方向角	$\beta_1=\alpha_2$	(°)	63.8	64.0	64.5	65.7
叶片高度	l	mm	69.2	73.1	78.0	72.1
速度系数	ψ	——	0.955	0.955	0.955	0.955
静叶栅的蒸汽出口速度以及动叶栅的蒸汽相对出口速度	$c_1=w_2$	m/s	149.5	150	150	156
速比	x_1	——	0.799	0.800	0.803	0.811
蒸汽进动叶栅时的相对进口速度及出动叶栅时的绝对出口速度	$w_1=c_2$	m/s	51.5	51.6	51.3	52.9
叶栅中的损失	$h_n=h_b$	kJ/kg	1.076	1.076	1.076	1.168
余速损失	h_{c2}	kJ/kg	1.327	1.331	1.319	1.403
下一级中可以利用的出口速度动能的部分数	μh_{c2}	kJ/kg	1.327	1.331	1.319	1.403
级的理想能量	E_0	kJ/kg	21.78	21.81	21.85	23.78
轮周效率	η_u		0.901	0.901	0.901	0.902
有效间隙	δ	mm	0.55	0.55	0.55	0.55
漏气损失	h_δ	kJ/kg	1.026	0.912 8	0.912 8	1.072
湿汽损失	h_x	kJ/kg	——	——	——	——
可用焓降	h_i	kJ/kg	18.60	18.76	18.76	20.37
内效率	η_{0i}		0.854	0.860	0.860	0.857
内功率	N_i	kW	784	791	791	793
动叶栅中的压降	ΔP	MPa	0.058 8	0.053 9	0.053 9	0.058 8
动叶栅中的轴向推力	F_{z1}	kN	9.712	10.104	10.104	10.692

21	22	23	24	25	26	27	28	29	30	31
38.9	38.9	38.9	38.9	38.9	38.9	36.8	36.3	36.3	36.3	36.3
0.839 3	0.878 6	0.919 6	0.960 4	1.003 8	1.047 2	1.056 5	1.088 5	1.088 5	1.111	1.137 5
132	138	144.5	151	157.5	164.5	165.5	168	171	174.5	178.5
1.069	0.951 3	0.843	0.736	0.633	0.533	0.441	0.368	0.301	0.245	0.196
273	262	248	234	218	201	183	167	148	130	0.992
2 991.4	2 969.2	2 944.7	2 918.1	2 889	2 857.6	2 823.2	2 790.6	2 757.2	2 723.0	2 688.2
1.403	1.570	1.637	1.775	1.918	2.114	2.311	2.123	2.052	2.073	2.073
25.96	28.47	30.98	33.71	36.64	39.78	37.68	38.19	38.52	38.94	39.69
0.564	0.564	0.565	0.566	0.567	0.568	0.584	0.591	0.600	0.608	0.617
0.9510	0.843	0.736	0.633	0.533	0.441	0.368	0.301	0.245	0.196	0.157
0.247	0.274	0.308	0.346	0.397	0.461	0.533	0.624	0.735	0.893	1.09
14.38	15.73	17.13	18.80	20.24	22.00	22.05	21.22	21.31	21.54	21.92
169.5	177.5	185	193	201	210	206	206	206.5	208	209.5
0.967	0.967	0.967	0.967	0.967	0.967	0.967	0.967	0.967	0.967	0.967
587	622	671	722	796	884	980	1150	1350	1 620	1 950
18	18	18	18	18	18	18	18	18	18	18
66.2	66.2	66.4	66.7	66.4	66.5	69.5	71.9	73.1	74.9	77.9
72.1	72.8	75.1	77.4	81.7	87.0	95.5	110.5	127.5	150	176.5
0.955	0.955	0.955	0.955	0.96	0.96	0.96	0.96	0.965	0.965	0.965
162	169.5	177	184.5	193	201.5	197.5	197.5	199.5	201	202
0.814	0.814	0.816	0.818	0.816	0.817	0.837	0.850	0.857	0.868	0.883
54.7	57.2	59.6	62.0	5.0	68.0	65.2	64.1	64.4	64.4	63.9
1.269	1.386	1.507	1.637	1.587	1.725	1.658	1.662	1.465	1.482	1.507
1.495	1.637	1.775	1.918	2.114	2.186	2.123	2.052	2.073	2.073	2.039
1.495	1.637	1.775	1.918	2.114	2.186	2.123	2.052	2.073	2.073	0
25.87	28.33	30.85	33.56	86.44	39.58	37.87	38.26	38.50	38.94	41.77
0.902	0.902	0.902	0.902	0.913	0.913	0.913	0.913	0.924	0.924	0.879
0.55	0.55	0.55	0.55	0.72	0.72	0.72	0.72	0.72	0.72	0.72
1.168	1.269	1.340	1.411	1.951	1.989	1.721	1.532	1.352	1.143	1.059
—	—	—	—	—	—	—	—	—	—	0.505
22.16	24.29	26.49	28.88	31.31	34.14	32.83	33.44	32.22	34.81	35.14
0.857	0.857	0.859	0.860	0.859	0.862	0.867	0.874	0.889	0.894	0.841
862	945	1 031	1 123	1 280	1 329	1 204	1 225	1 253	1 275	1 287
0.058 8	0.053 9	0.053 9	0.051	0.050	0.045 1	0.036 3	0.033 3	0.027 5	0.024 5	0.019 6
11.183	10.889	11.673	11.673	12.753	12.949	11.478	12.459	12.949	12.851	12.361

表5-5 N50-90-525 反动式汽轮机的综合热力计算表(低压部分)

项目名称	符号	单位	32 导叶栅	32 动叶栅	33 导叶栅	33 动叶栅	34 导叶栅	34 动叶栅	35 导叶栅	35 动叶栅	36 导叶栅	36 动叶栅	37 导叶栅	37 动叶栅	38 导叶栅	38 动叶栅
蒸汽流量	G	kg/s	17.5		17.5		17.5		16.0		16.0		16.0		16.0	
级的直径	d	m	1.400	1.410	1.424	1.436	1.449	1.460	1.447	1.500	1.530	1.568	1.598	1.640	1.696	1.750
圆周速度	u	m/s	200	221.5	223.5	225	227.5	229	232	235.5	240	245	251	258	266	275
级前的蒸汽参数 {压力	p_0	MPa	0.153		0.0991		0.0637		0.0402		0.0245		0.0139		0.0075	
温度(干度)	x_0	—	0.982		0.966		0.949		0.932		0.916		0.900		0.882	
焓	i_0	kJ/kg	2655.1		2595.9		2538.5		2480.1		2420.5		2357.5		2290.3	
蒸汽进入级时的动能	$\frac{c_0^2}{2}$	kJ/kg	0		3.81		3.81		4.82		4.31		5.78		9.25	
级的等熵焓降	h_s	kJ/kg	72.4		69.5		70.8		72.9		77.0		82.5		91.7	
速比	x_a	—	0.578		0.584		0.584		0.587		0.594		0.596		0.59	
反动度	Ω	—	0.48		0.50		0.50		0.50		0.50		0.50		0.50	
叶栅中的焓降	h_{s1},h_{s2}	kJ/kg	37.68	34.75	34.75	34.75	35.48	35.48	36.42	36.42	38.52	38.52	41.24	41.24	45.85	45.85
蒸汽从导叶栅流出时的理论速度以及从动叶栅流出时的相对理论出口速度	c_{1s},w_{2s}	m/s	275	277	278	278	280	283	287	285	293	296	307	312	332	342
理论出口面的压力	p_1,p_2	kPa	123	99	79	64	51	40	31	24	18	14	10.3	7.4	5.2	3.5
等熵膨胀下导叶栅及动叶栅后面的蒸汽比容	v_{1s},v_{2s}	m³/kg	1.36	1.64	2.01	2.44	3.17	3.89	4.63	5.76	7.48	9.60	12.7	17.0	24.1	33.7

续表 5 - 5

项目	符号	单位														
流量系数	μ_1, μ_2	—	0.98	0.99	0.995	1.00	1.00	1.00	1.00	1.01	1.01	1.01	1.01	1.01	1.01	1.01
出口面积	A_1, A_2	cm²	888	1 047	1 275	1 535	1 980	2 400	2 580	3 200	4 040	5 130	6 550	8 620	1 150	1 560
速度 c_1 及 w_1 的方向角	α_1, β_2	(°)	18	18	18	18	20	20	18	19	20	21.5	23.5	26.5	29.5	34.5
速度 w_1 及 c_2 的方向角	β_1, α_2	(°)	71.2	69.6	69.7	70.6	74.2	73.6	69.6	74.5	72.8	78.2	79.4	84.3	84.9	90
叶栅高度	l_1, l_2	mm	64.3	76.3	92.2	110	127	153	180	208	246	285	327	376	439	500
速度系数	ψ	—	0.95	0.955	0.96	0.96	0.965	0.965	0.965	0.965	0.97	0.97	0.97	0.97	0.97	0.97
导叶栅的蒸汽出口速度及动叶栅的相对出口速度	c_1, w_2	m/s	261	265	267	267	270	273	277	275	284	287	298	303	322	332
蒸汽进入动叶栅时的相对进口速度与导叶栅时的绝对出口速度	w_1, c_2	m/s	85	87.5	88	87.5	96	98	91.5	93	101.5	107.5	121	136	159	188
叶栅中的损失	h_n, h_b	kJ/kg	3.68	3.39	3.01	3.01	2.72	2.72	2.85	2.81	2.55	2.60	2.72	2.89	3.27	3.48
余速损失	h_{c_2}	m/s	3.81		3.81		4.82		4.31		5.78		9.25		17.67	
下一级中可以利用的出口速度能的部分分数	μh_{c_2}	kJ/kg	3.81		3.81		4.82		4.31		5.78		9.25		0	
级的理想能量	E_0	kJ/kg	68.62		69.50		69.75		73.36		75.57		79.00		100.95	
轮周效率	η_u	—	0.897		0.913		0.918		0.923		0.923		0.928		0.783	
有效间隙	δ	mm	0.83		0.83		1.2		1.2		1.6		1.6		2.0	
漏气损失	h_δ	kJ/kg	4.48		3.18		2.97		2.39		2.26		1.47		1.21	
湿汽损失	h_x	kJ/kg	1.72		2.85		3.94		5.19		6.62		8.16		9.97	
可用焓降	h_i	kJ/kg	55.35		57.44		57.40		60.08		61.55		63.73		65.36	
内效率	η_{oi}	—	0.806		0.826		0.823		0.819		0.814		0.791		0.647	
内功率	N_i	kW	970		1 005		1 005		960		985		1 020		1 050	

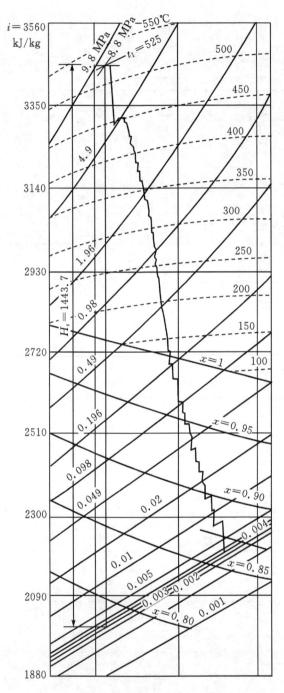

图 5-55　反动式汽轮机的蒸汽膨胀过程

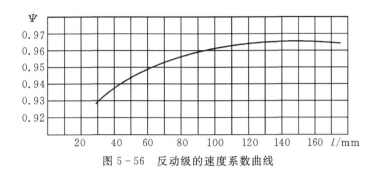

图 5-56　反动级的速度系数曲线

5.8　习　题

5-1　已知某汽轮机蒸汽参数 $p_0=8.826$ MPa，$t_0=500$ ℃，调节级后压力 $p_2^{\text{I}}=4.903$ MPa，调节级内效率 $\eta_{oi}^{\text{I}}=0.67$，其余八个级为压力级，各级等熵焓降 h_s^i 和内效率 η_{oi} 都相同，$\eta_{oi}=0.83$，汽轮机背压 $p_z=0.107\,8$ MPa。若不计汽轮机进、排汽道的压力损失，试求该汽轮机的重热系数。

5-2　某冲动式汽轮机级组的等熵焓降 $H_s=1\,046.7$ kJ/kg，该级组第一级的平均直径 $d_m^{\text{I}}=0.5$ m，末级的平均直径 $d_m^z=0.7$ m，各级内效率 $\eta_{oi}=0.81$，汽轮机级组内效率 $\eta_{oi}^{\text{T}}=0.85$，转速 $n=3\,000$ r/min。若假定各级速比 x_a 相同，级组内各级的等熵焓降按直线规律变化，试估求该级组的级数。

5-3　一台冲动式多级背压汽轮机的总焓降 $H_s=418.7$ kJ/kg，各级反动度 $\Omega=0$，速度系数 $\varphi=0.96$，$\psi=0.9$，重热系数 $\alpha=0.05$，各级速度三角形相同，如图 5-57 所示。若汽轮机通流部分按等平均直径设计，试求在余速全部利用和全部不利用两种情况下，该汽轮机所需的级数各为多少。

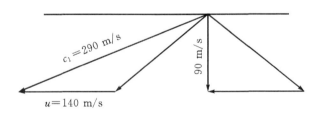

$c_1=290$ m/s　　90 m/s

$u=140$ m/s

图 5-57　速度三角形

5-4　某一高压凝汽式汽轮机的蒸汽初参数 $p_0=8.826$ MPa，$t_0=500$℃，调节级等熵焓降 $h_s^{\text{I}}=209.34$ kJ/kg，其内效率 $\eta_{oi}^{\text{I}}=0.65$，包括末级排汽速度损失在内的非调节级内效率 $\eta_{oi}^{\text{II}}=0.85$，凝汽器内蒸汽压力 $p_k=3.4$ kPa，汽轮机进汽机构节流损失 $\Delta p=0.05p_0$，排汽管的压损 $\Delta p_{ex}=0.49$ kPa。试求汽轮机的内效率 η_{oi}^{T} 及末级动叶出口状态的参数 p_z 和 x_z，并在 i-s 图上绘出蒸汽工作曲线。

5-5　已知级前蒸汽参数 $p_0=2.94$ MPa，$t_0=430$℃，级后蒸汽压力 $p_2=2.46$ MPa，级反动度 $\Omega=0.08$，级轮周效率 $\eta_u=0.86$，隔板汽封直径 $d_\delta=0.45$ m，叶轮平衡孔中心的半径 $r_p=0.4$ m，平衡孔进口端面与隔板之间的距离 $s=0.012$ m，采用曲径式汽封，齿数 $z=12$，$\delta=$

0.6 mm，试确定平衡孔数目和尺寸，并求漏气损失 h_δ。

5-6 已知某汽轮机蒸汽初参数 $p_0 = 8.826$ MPa，$t_0 = 500℃$，凝汽器内蒸汽压力 $p_k = 3.4$ kPa，调节级理想焓降 $h_s^{\mathrm{I}} = 209.3$ kJ/kg，转速 $n = 3\ 000$ r/min，调节级内效率 $\eta_{oi}^{\mathrm{I}} = 0.65$。非调节级内效率为 $\eta_{oi}^{\mathrm{II}} = 0.85$，进汽节流压损 $\Delta p_0 = 0.05 p_0$，末级动叶出口余速损失系数 $\xi_{c_2} = 0.02$（其中 $\xi_{c_2} = h_{c_2}/H_s^{\mathrm{T}}$），$\alpha_2 = 90°$，末级径高比 $\theta = 2.5$，排气管内蒸汽速度 $c_{\mathrm{ex}} = 120$ m/s。若非调节级各级喷管出口气流角 $\alpha_1 = 13°$，速比 $x_a = 0.485$，$\varphi = 0.96$，$\psi = 0.94$，流经第一级的蒸汽流量为 46 kg/s，进入凝汽器的蒸汽流量 35 kg/s，试求该汽轮机非调节级组的级数、各级直径及可用焓降。

第 6 章　汽轮机变工况特性

在进行汽轮机通流部分热力设计时,根据给定的功率、总绝热焓降及预先确定的转速等条件,计算并确定所需的蒸汽流量、汽轮机级的类型和级数、各级尺寸参数以及各级效率和汽轮机效率等,并给出蒸汽在透平中的膨胀曲线。通过上述设计计算即得到透平的设计工况,与该工况相对应的参数即是设计值。由于在确定汽轮机通流参数时往往以获得高效率为目标,而汽轮机各级的通流部分形状与主要尺寸基本上是按照设计工况确定的,因此一般情况下,透平在设计工况下内效率最高。因此,设计工况又称为经济工况,然而其对应的功率并不一定是透平的最大功率。

汽轮机总是在一个系统内运行的,汽轮机所带动的机器,不论是发电机、水泵还是船上螺旋桨等,工作条件会发生变动。当工作条件改变时,被驱动机器所需要的转矩 M,或者工作转速 n 也会相应地变动。这就要求汽轮机输出转矩 M、转速 n 和透平所发出的功率 N 也相应地改变,以维持系统的平衡运行。汽轮机所发出的有效功率可以表示为

$$N_e = GH_s\eta_e = M\omega = 2\pi Mn_s \qquad (6-1)$$

式中,N_e 为汽轮机有效功率,kW;G 为通流蒸汽流量,kg/s;H_s 为汽轮机等熵焓降,kJ/kg;η_e 为汽轮机的有效效率;M 为汽轮机轴端转矩,N·m;ω 为汽轮机转子角速度,rad/s;n_s 为汽轮机转子转速,rpm。

式(6-1)表示了两组关系,功率与流量、绝热焓降和效率之间的关系以及功率与转矩和转速之间的关系。第一组关系表示的是汽轮机内部有关因素随功率而变化的规律。第二组关系通常称为汽轮机的外特性,表示功率、转矩和转速三者之间关系的曲线叫做外特性曲线。虽然内特性和内特性曲线这种名词并未普遍采用,但是通常提到汽轮机的变工况特性以及特性曲线时,大多是针对内部特性及曲线而言的。

从式(6-1)可以看出,当被驱动机器的外特性发生变化的时候,汽轮机内部参数必须适当地调整,即通过汽轮机的流量或等熵焓降必须相应地变化,以保证系统稳定地运行。实践中,通常采用不同的方式改变流量或者等熵焓降,从而得到所需要的外特性。因此,汽轮机内部工作条件往往与设计条件不相符,凡是与设计工况不同的其他工况都叫做变工况。

在设计汽轮机时,为了分析汽轮机在不同工况下热力参数和气动参数的变化规律,了解各项经济指标变化情况及主要零部件的受力情况,保证汽轮机在各工况下安全运行,同时使汽轮机在各工况下均具有良好的经济性,必须充分考虑变工况运行中的问题并进行必要的计算和分析。

本章研究的对象是汽轮机的变工况,包括等转速汽轮机和变转速汽轮机。研究的主要内容是分析等转速汽轮机的内部特性变化规律,即流量与热力参数之间的关系以及功率与流量、焓降以及汽轮机效率之间的关系。对于等转速汽轮机,稳定运行时转速为常数。由式(6-1)可知,汽轮机联轴器上的旋转力矩 M 应始终正比于汽轮机的有效功率 N_e。假设 M 和 N_e 分别表示汽轮机在设计工况下的转矩和功率,M' 和 N'_e 表示变工况下的转矩和功率,则有

$$\frac{M'}{M} = \frac{N_e'}{N_e} \tag{6-2}$$

本章的研究步骤如下：首先在 6.1 节讨论喷管的变工况特性，这是汽轮机变工况分析的基础；接下来在 6.2 节和 6.3 节分别讨论级和级组的变工况特性；然后在 6.4 节讨论汽轮机的变工况特性；最后将对变转速汽轮机进行介绍。

6.1　喷管变工况

汽轮机的喷管组一旦设计和制造完成，其几何尺寸和通流面积就不能改变或者只能按照规定的方式改变，但是喷管组前后的压力和通过的流量可以随汽轮机级的工作条件的改变而有所变化。喷管变工况研究是基于一维流动假设，确定喷管流量、初压和背压之间的相关关系，它是研究汽轮机级和整个汽轮机的变工况特性的基础。

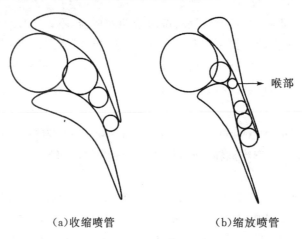

（a）收缩喷管　　　　　　　　（b）缩放喷管

图 6-1　两种喷管类型

在汽轮机喷管的斜切部分，当设计压比小于临界压比时，汽流会发生偏转，从而影响汽轮机级的工作，具体请参考第 2 章。为简便起见，在研究喷管变工况的时候认为压力和流量之间的关系不受汽流角度的影响，也就是与喷管是否弯曲无关，直接采用普通直喷管分析喷管的变工况特性。汽轮机中一般采用两种喷管，收缩喷管和缩放喷管。图 6-1 是两种类型喷管的示意图。收缩喷管的通流面积从进口到出口逐渐减小，而缩放喷管存在一个最小的通流面积，即喉部。从进口到喉部，通流面积逐渐减小；从喉部到出口，通流面积逐渐增加。对收缩喷管和缩放喷管，由于其几何结构不同，气动特性以及变工况特性均不相同，需要分别进行讨论。

6.1.1　收缩喷管的变工况

图 6-2 是收缩喷管计算示意图。在研究收缩喷管变工况之前，我们假设如下参数已知，即：

（1）喷管进口蒸汽状态参数（即初参数）为 p_0^* 和 t_0^*；

（2）喷管出口压力（背压）为 p_1；

（3）喷管出口面积为 A_1。

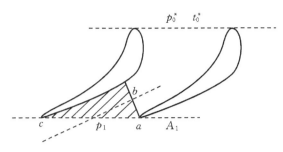

图 6-2　收缩喷管计算示意图

则喷管的理论流通能力可以用式(2-54)表示:

$$G = A_1 \sqrt{\frac{2\kappa}{\kappa-1} p_0^* \rho_0^* (\varepsilon_1^{\frac{2}{\kappa}} - \varepsilon_1^{\frac{\kappa+1}{\kappa}})}, \quad \varepsilon_1 > \varepsilon_{cr}$$

$$G = G_{cr} = A_1 \sqrt{\kappa p_0^* \rho_0^* \left(\frac{2}{\kappa+1}\right)^{\frac{\kappa+1}{\kappa-1}}}, \quad \varepsilon_1 \leqslant \varepsilon_{cr}$$

其中,$\varepsilon_1 = p_1/p_0^*$ 为喷管压比;κ 为绝热指数。接下来,利用该公式对以下三种情况进行讨论,由浅入深地研究收缩喷管流量与热力参数之间的关系。

1.喷管流量 G 与背压 p_1 之间的关系

首先,考虑在喷管初压 p_0^* 一定的条件下,喷管流量 G 随背压 p_1 的变化关系。在一定的进口压力 p_0^* 和比容 v_0^* 下,式(2-54)所表示的喷管流量与压力的关系曲线如图 2-21 所示。为方便接下来的讨论,再一次绘制该图。

当 $p_1 = p_0^*$ 时,$\varepsilon_1 = p_1/p_0^* = 1$,$G = 0$。随着 p_1 的减小,G 就按照式(2-54a)的规律逐渐增加,如 BC 段曲线所示;当 $\varepsilon_1 = p_1/p_0^*$ 降到临界压比 $\varepsilon_{cr} = p_{cr}/p_0^*$ 时,流量 G 取得最大值,即临界流量 G_{cr},由式(2-54b)表示,此时 $A_{cr} = A_1$。

当压比由临界压比 ε_{cr} 继续下降时,如果仍按式(2-54a),流量 G 应该按图 6-3 中的虚线 BO 进行变化,直到 $p_1 = 0$ 时,流量 G 等于零。但实际上,当 $p_1 \leqslant p_{cr}$ 时,喷管出口截面上的汽流速度达到音速,而在这个截面之后,汽流速度超过音速。根据流体力学的知识,在

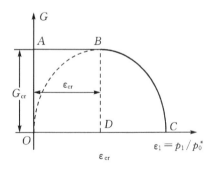

图 6-3　收缩喷管的流量与压力关系曲线

超音速汽流中压力变化所引起的波不能逆流向上传播。虽然喷管出口截面之外的 p_1 已经低于 p_{cr},但截面上的压力还是保持 p_{cr}。因此,喷管流量 G_{cr} 不再减小,而是保持式(2-54b)给出的流量,如图 6-3 中实线 AB 所示。

在 p_0^* 一定时,曲线段 BC 和水平直线段 AB 共同构成喷管流量 G 随背压 p_1 而变的关系曲线。BC 曲线实际上非常接近以两倍 DC 为短轴且以两倍 DB 为长轴的椭圆的四分之一曲线。

当喷管初压不变而背压变化时,通过该喷管的流量 G 与这个初压所对应的临界流量 G_{cr} 的比值叫做彭台门系数(又称流量比或相对流量),它在喷管变工况计算时应用较为方便。由式(2-54)可得彭台门系数 β 的理论计算公式为

$$\beta = \frac{G}{G_{cr}} = \begin{cases} \sqrt{\dfrac{2}{\kappa-1}\left(\dfrac{\kappa+1}{2}\right)^{\frac{\kappa+1}{\kappa-1}}\left(\varepsilon_1^{\frac{2}{\kappa}} - \varepsilon_1^{\frac{\kappa+1}{\kappa}}\right)} & \varepsilon_1 > \varepsilon_{cr} \\ 1 & \varepsilon_1 \leqslant \varepsilon_{cr} \end{cases} \qquad (6-3)$$

近似地将图 6-3 中 BC 曲线看做是椭圆的四分之一。椭圆在直角坐标系中的一般方程式为

$$\frac{x^2}{a^2} + \frac{y^2}{b^2} = 1$$

其中,a 为长轴的一半,b 为短轴的一半。在图 6-3 中,如果以 D 为原点,就可得椭圆方程

$$\frac{(\varepsilon_1 - \varepsilon_{cr})^2}{(1-\varepsilon_{cr})^2} + \frac{G^2}{G_{cr}^2} = 1$$

进而可以得到

$$\beta = \frac{G}{G_{cr}} = \begin{cases} \sqrt{1 - \left(\dfrac{\varepsilon_1 - \varepsilon_{cr}}{1 - \varepsilon_{cr}}\right)^2} & \varepsilon_1 > \varepsilon_{cr} \\ 1 & \varepsilon_1 \leqslant \varepsilon_{cr} \end{cases} \qquad (6-4)$$

式(6-3)是一个精确公式,因为喷管流量系数 μ 在工况变动范围之内是常数,忽略流量系数不影响式(6-3)的精确性。式(6-3)结构复杂,直接应用不方便,所以将其制成曲线如图 6-4 所示,以便计算。式(6-4)虽是近似公式,但误差较小,应用起来很方便。对于任何给定的初压,都可以先求出临界压力,然后利用式(6-4)就很容易计算某背压下的彭台门系数。而该初压之下的临界流量可由(2-54)求出,继而结合彭台门系数求出流量的绝对值。

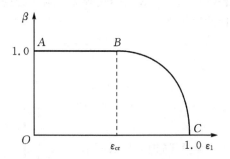

图 6-4　彭台门系数 β 与压比 ε_1 关系图

2.喷管临界流量 G_{cr} 与初压 p_0^* 和初温 T_0^* 之间的关系

在汽轮机级实际运行中,喷管初参数一般也是变化的。初压的设计值用 p_0^* 表示,初温的设计值为 T_0^*,变工况初压用 p_{01}^* 表示,初温用 T_{01}^*。两种工况对应的临界流量分别为 G_{cr} 和 G_{cr1},可以表示为

$$\begin{cases} G_{cr} = \mu_1 A_1 \sqrt{k \dfrac{p_0^*}{v_0^*}\left(\dfrac{2}{k+1}\right)^{\frac{k+1}{k-1}}} & \text{设计工况} \\[4mm] G_{cr1} = \mu_1 A_1 \sqrt{k \dfrac{p_{01}^*}{v_{01}^*}\left(\dfrac{2}{k+1}\right)^{\frac{k+1}{k-1}}} & \text{变工况} \end{cases} \qquad (6-5)$$

当喷管初压由 p_0^* 变化到 p_{01}^* 时,对应临界流量的变化可以表示为

$$\frac{G_{cr1}}{G_{cr}} = \sqrt{\frac{p_{01}^*}{v_{01}^*}} \Bigg/ \sqrt{\frac{p_0^*}{v_0^*}} \tag{6-6}$$

由于喷管中的气体通常为过热蒸汽,可以近似看做理想气体,在此引入理想气体状态方程如下:

$$\begin{cases} v_0^* = \dfrac{RT_0^*}{p_0^*} & \text{设计工况} \\[2mm] v_{01}^* = \dfrac{RT_{01}^*}{p_{01}^*} & \text{变工况} \end{cases} \tag{6-7}$$

将式(6-7)代入式(6-6),可得

$$\frac{G_{cr1}}{G_{cr}} = \frac{p_{01}^*}{p_0^*} \sqrt{\frac{T_0^*}{T_{01}^*}} \tag{6-8}$$

由式(6-8)可以看出,在不同工况下,喷管临界流量与初压成正比,与初温的平方根成反比。如果忽略温度的影响,式(6-8)可变形为

$$\frac{G_{cr1}}{G_{cr}} = \frac{p_{01}^*}{p_0^*} \tag{6-9}$$

3. 喷管流量 G 与初参数和背压 p_{01}^* 之间的关系

与上文相同,在设计工况下,喷管初压用 p_0^* 表示,背压用 p_1 表示,对应的临界流量和实际流量分别为 G_{cr} 和 G;变工况情况下,喷管初压为 p_{01}^*,背压为 p_{11},相应的临界流量和实际流量可以表示为 G_{cr1} 和 G_1。由式(6-4)和式(6-8),可得

$$\frac{G_1}{G} = \frac{\beta_1}{\beta} \cdot \frac{G_{cr1}}{G_{cr}} = \frac{p_{01}^*}{p_0^*} \sqrt{\frac{T_0^*}{T_{01}^*}} \cdot \frac{\beta_1}{\beta} \tag{6-10}$$

式(6-10)反映了当初参数和背压 p_{01}^* 发生变化时喷管流量的变化规律,喷管变工况都可以通过该式进行分析。如果忽略温度的影响,则式(6-10)可进一步变形为

$$\frac{G_1}{G} = \frac{\beta_1}{\beta} \cdot \frac{G_{cr1}}{G_{cr}} = \frac{p_{01}^*}{p_0^*} \cdot \frac{\beta_1}{\beta} \tag{6-11}$$

以设计工况的参数为基准,将不同初压、背压下的流量-压力关系曲线按比例画在同一张曲线图上,即可得到收缩喷管流量锥,具体如图6-5所示。

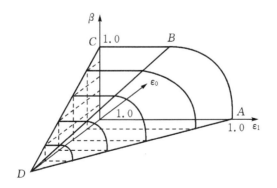

图 6-5　收缩喷管流量锥

图6-5中,横坐标 $\varepsilon_0 = p_{01}^*/p_0^*$ 反映了初压的变化,横坐标 $\varepsilon_1 = p_1/p_0^*$ 反映了背压的变

化,纵坐标 $\beta = G/G_{cr}$ 反映了流量的相对变化。已知 β、ε_0 以及 ε_1 中任意两个参数,均可查出另外两个参数。

6.1.2　缩放喷管变工况

相对于收缩喷管,缩放喷管可以在较大的压力差下工作,可以利用较大的焓降,使蒸汽获得较大的出口速度。当喷管压比小于临界压比的 $15\% \sim 20\%$ 以上时,就应考虑采用缩放喷管。单级汽轮机和中小型汽轮机的双列复速级常采用缩放喷管。

从式(6-3)到式(6-8),这些收缩喷管的主要计算公式是适用于缩放喷管的。相对于收缩喷管,缩放喷管有一个重要特点,即它的临界截面不与出口截面重合,而是在出口截面上游的最小截面上。由于扩张部分超音速气流的特性,缩放喷管的变工况特性和收缩喷管相比表现出重要的差别。在此利用图6-6对其进行说明。

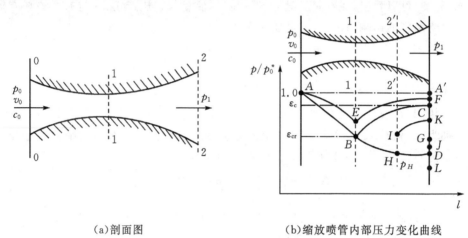

　　　　　(a)剖面图　　　　　　　　　　(b)缩放喷管内部压力变化曲线

图6-6　缩放喷管剖面图及变工况

图6-6中,图(a)是直缩放喷管的纵剖面图,0—0截面为进口截面,1—1截面为临界截面(也称为喉部截面),2—2截面为出口截面。根据流体力学的相关知识,喷管截面积 A 与汽流速度 c 之间的关系可以用式(2-13)表示,即

$$\frac{\mathrm{d}A}{A} = (Ma^2 - 1)\frac{\mathrm{d}c}{c}$$

显而易见,在0—0截面与1—1截面之间,即在喷管收缩段,沿汽流方向截面积逐渐缩小($\mathrm{d}A < 0$),汽流速度为亚音速,马赫数 $Ma < 1$;在1—1截面,即喉部截面,喷管截面积达到最小值, $\mathrm{d}A = 0$,在一定条件下汽流速度能够达到音速,对应的汽流马赫数 $Ma = 1$;在喷管扩张段,沿汽流方向截面积逐渐增大($\mathrm{d}A > 0$),在一定条件下汽流速度可以达到超音速,对应的马赫数 $Ma > 1$ 。

设计工况下,在收缩段,汽流从进口开始膨胀加速,以亚音速流动;到达喉部截面时,汽流速度达到音速,对应的马赫数 $Ma = 1$;进入扩张段,汽流继续膨胀,直到喷管出口设计背压值,汽流以超音速流动,对应的压力变化曲线如图6-6(b)中 ABD 所示。在设计工况下,缩放喷管流量为与初压及喉部面积对应的最大流量,即临界流量,可以表示如下:

$$G = G_{cr} = \mu_1 A_{cr} \sqrt{k \frac{p_0^*}{v_0^*} \left(\frac{2}{k+1}\right)^{\frac{k+1}{k-1}}} \qquad \text{喉部截面}$$

$$= \mu_1 A_1 \sqrt{\frac{2k}{k-1} \frac{p_0^*}{v_0^*} (\varepsilon_1^{\frac{2}{k}} - \varepsilon_1^{\frac{k+1}{k}})} \qquad \text{出口截面} \qquad (6-12)$$

$$= \mu_1 A \sqrt{\frac{2k}{k-1} \frac{p_0^*}{v_0^*} (\varepsilon^{\frac{2}{k}} - \varepsilon^{\frac{k+1}{k}})} \qquad \text{任意截面}$$

当运行背压 p_{11} 低于设计背压 p_1 时,汽流在收缩喷管中的膨胀过程、压力及速度的变化规律与设计工况相同,唯一不同的是在喷管出口汽流出现膨胀波,汽流的压力陡降到出口压力 $p_{11} = p_L$,如图 6-6(b)中 $ABDL$ 所示。在上述过程中,喷管的流量保持不变,与设计工况相同,仍为最大流量,$G = G_{cr}$。

当运行背压 p_{11} 高于设计背压 p_1 时,喷管流量随压力的变化情况较为复杂,我们将如图 6-6(b)所示分 4 个升压阶段分别进行讨论。

(1)当运行背压 p_{11} 略微高于设计背压 p_1,即 p_{11} 在 D、G 之间时,汽流在缩放喷管中的膨胀过程、压力及速度的变化规律与设计工况相同,不同的是汽流在出口截面的压强小于背压,在喷管出口截面产生斜激波,使气流压力上升,最终汽流压力等于背压,即 $p_{11} = p_{1J}$,如图中 $ABDJ$ 所示。运行背压继续升高,斜激波强度增大,当背压升高到点 G,即 $p_{11} = p_{1G}$ 时,斜激波转变成正激波,压力变化如图中 $ABDG$ 所示。由于扰动无法逆超音速汽流传播,激波前的参数跟设计工况相同,缩放喷管流量保持不变,仍为最大流量,即 $G = G_{cr}$。

(2)运行背压继续升高,p_{11} 超过点 G,即 $p_{11} > p_{1G}$,正激波位置随背压的升高逆汽流方向向喷管内部推进。激波前汽流的膨胀过程与设计工况相同,汽流速度达到超音速。在激波面上汽流压力发生突跳,汽流从超音速变为亚音速,激波后汽流在扩张段做减速扩压流动,压力逐渐升高到运行背压,相应的压力变化曲线如图中 $ABHIK$ 所示。从图中可以看出,激波发生在扩张段,喉部截面未受到影响,缩放喷管流量保持不变,仍为最大流量,即 $G = G_{cr}$。

(3)当运行背压达到点 C 压力,即 $p_{11} = p_c$ 时,正激波移到喷管喉部,正激波转化为马赫波。波前即收缩段汽流流动未受到影响,流动情况与设计工况相同,以亚音速进行流动,马赫数 $Ma < 1$;在喉部截面即马赫波面上同,汽流达到音速,马赫数 $Ma = 1$;波后即扩张段汽流以亚音速做扩压运动,压力逐渐升高到运行背压,如图中 ABC 所示。由于该过程喉部截面汽流流动仍未受到影响,缩放喷管流量保持不变,仍为最大流量,即 $G = G_{cr}$。

(4)背压继续升高,越过点 C,即 $p_{11} > p_c$ 时,如图中点 F,此时喉部截面的汽流达不到音速,整个过程汽流均为亚音速流动,如图中曲线 AEF 所示。该过程中喉部截面汽流没有达到临界状态,喷管流量开始降低,背压越高,流量越小。当背压与初压相等,即 $p_{11} = p_0^*$ 时,由于没有压差驱动,汽流没有流动,压力保持不变,喷管中流量为 0,即 $G = 0$。

通过上述分析不难发现,当运行背压 $p_{11} \leqslant p_c$ 时,喉部截面都会出现临界状态,喷管中的流量保持为最大流量,即临界流量 G_{cr};只有当 $p_{11} > p_c$ 时,喷管的流量才小于 G_{cr}。很显然,p_c 是决定缩放喷管变工况特性的一个重要参数,称之为极限背压。极限背压所对应的压比为极限压比,$\varepsilon_c = p_c / p_0$。以下对极限压比的确定进行讨论。

当 $p_{11} = p_c$ 时,缩放喷管的流量仍维持临界流量,即 $G = G_c = G_{cr}$。在临界截面,喷管喉部的流量可按式(2-52)计算,即

$$G_{cr} = A_{cr} \sqrt{k \frac{p_0^*}{v_0^*} \left(\frac{2}{k+1}\right)^{\frac{k+1}{k-1}}}$$

在喷管出口截面的流量可按式(2-51)计算,即

$$G_c = A_1 \sqrt{\frac{2k}{k-1} \frac{p_0^*}{v_0^*} (\varepsilon_c^{\frac{2}{k}} - \varepsilon_c^{\frac{k+1}{k}})}$$

根据连续性方程,通过喷管喉部的流量和出口的流量是相等的。两式相除,可得

$$\frac{G_c}{G_{cr}} = \frac{A_1}{A_{cr}} \frac{\sqrt{\frac{2k}{k-1} \frac{p_0^*}{v_0^*} (\varepsilon_c^{\frac{2}{k}} - \varepsilon_c^{\frac{k+1}{k}})}}{\sqrt{k \frac{p_0^*}{v_0^*} \left(\frac{2}{k+1}\right)^{\frac{k+1}{k-1}}}} = 1$$

其中,$\varepsilon_c = p_c/p_0^*$。上式可变化为

$$\frac{A_{cr}}{A_1} = \sqrt{\frac{2}{k-1} \left(\frac{k+1}{2}\right)^{\frac{k+1}{k-1}} (\varepsilon_c^{\frac{2}{k}} - \varepsilon_c^{\frac{k+1}{k}})}$$

上式与式(6-3)类似,因此同样可以用椭圆公式进行近似:

$$\frac{A_{cr}}{A_1} = \sqrt{1 - \left(\frac{\varepsilon_c - \varepsilon_{cr}}{1 - \varepsilon_{cr}}\right)^2} \tag{6-13}$$

式(6-13)为二次代数方程,有两个解,一个解为

$$\varepsilon_c = \varepsilon_{cr} + (1-\varepsilon_{cr}) \sqrt{1 - \left(\frac{A_{cr}}{A_1}\right)^2} \tag{6-14}$$

另一解为

$$\varepsilon_c = \varepsilon_{cr} - (1-\varepsilon_{cr}) \sqrt{1 - \left(\frac{A_{cr}}{A_1}\right)^2} \tag{6-15}$$

式(6-14)对应的是极限压比 ε_c。式(6-15)对应的为设计压比 $\varepsilon_d = p_c/p_0$,这是因为推导时所用的两个截面流量计算公式对设计工况亦适用。另外,当 $A_{cr}/A_1 = 1$ 时,喷管为收缩喷管,$\varepsilon_c = \varepsilon_{cr}$,式(6-14)和式(6-15)合并为一个解。

由此可以得到缩放喷管的流量与背压的关系如图 6-7 所示。与收缩喷管临界流量的分界点为临界压比 ε_{cr} 不同,缩放喷管的临界流量的分界点为极限压比 ε_c。缩放喷管流量压力曲线的直线段较长,曲线段较陡,即缩放喷管能在较大的背压范围内保持其临界流量不变,而且面积比 A_{cr}/A_1 越小,缩放喷管极限压比 ε_c 越大,流量压力曲线中直线段越长,缩放喷管能在更大的背压范围内保持其临界流量不变。

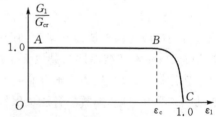

图 6-7 缩放喷管的流量压力关系图

6.1.3 变工况时喷管速度系数的变化

在上文的分析当中,没有考虑喷管速度系数 φ 以及流量系数 μ_1,实际上是忽略了喷管速度系数 φ 以及流量系数 μ_1 的变化。实际上由叶栅气动特性可知,喷管的速度系数与叶型和气动参数有关。在变工况下,气动参数变化将导致速度系数发生变化,相应的流量系数也随之变化。以下利用图 6-8 进行简要分析。

对于收缩喷管,喷管的速度系数随压比的变化如图 6-8 中的虚线所示。当其压比 $\varepsilon_1 = p_1/p_0^*$ 大于临界压比 ε_{cr},即 $\varepsilon_1 \geqslant \varepsilon_{cr}$ 时,喷管内始终为亚音速流动,速度系数 φ 基本保持不变,流量系数 μ_1 也基本不变;当 $\varepsilon_1 < \varepsilon_{cr}$ 时,在喷管出口汽流达到音速,继而出现膨胀波,速度系数 φ 下降较快。

对于缩放喷管,速度系数 φ 及流量系数 μ_1 的变化情况如图 6-8 中实线所示。喷管扩张段出现正激波后,速度系数下降较快,否则喷管速度系数较大,变化比较平稳。

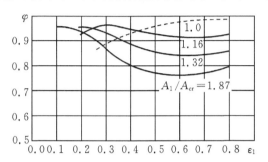

图 6-8　典型喷管速度系数随压比变化的曲线

6.2　级与级组的变工况

汽轮机级是汽轮机基本的工作单元。在多级汽轮机中,各级可以按流量条件分成不同级组。本节以喷管变工况特性为基础,采用一维流动分析,确定汽轮机级和级组的流量与初压、背压之间的相关关系,从而为进一步研究整个汽轮机的变工况特性打下基础。

6.2.1　汽轮机级内压力与流量的关系

汽轮机级内静叶栅和动叶栅通道中任一横截面上的汽流速度达到或超过音速时,该工况为汽轮机级的临界工况。图 6-9 是汽轮机级通流示意图。下面分别对汽轮机级处于临界工况和非临界工况时级的压力与流量的关系进行讨论。

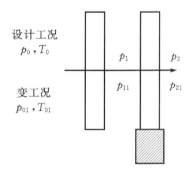

图 6-9　汽轮机级通流示意图

1. 在设计工况和变工况下汽轮机级均达到临界状态

汽轮机级在临界状态下工作,静叶栅或动叶栅中的一个可能在非临界状态下工作。考虑设计工况和变工况下,静叶栅达到了临界状态,根据式(6-8)可得,两种工况下的流量之比为

$$\frac{G_1}{G} = \frac{p_{01}^*}{p_0^*}\sqrt{\frac{T_0^*}{T_{01}^*}} = \frac{p_{01}}{p_0}\sqrt{\frac{T_0}{T_{01}}} \qquad (6-16)$$

此时,两种工况下流量仅与级的初参数有关。如果静叶栅没有达到临界状态,设计工况和变工况下动叶栅达到了临界状态,由于式(6-10)和式(6-11)同样适应于动叶栅,因此两种工况的流量之比也可以用式(6-16)计算。

2. 在设计工况和变工况下汽轮机级均未达到临界状态

蒸汽在喷管和动叶中的流动均未达临界状态的条件下,任意一级喷管出口截面上的流量方程为

$$G = 0.648A_h \sqrt{\frac{p_0}{v_0}} \sqrt{1 - \left(\frac{p_2 - p_{cr}}{p_0 - p_{cr}}\right)^2 \frac{v_2}{v_1}} \sqrt{1 - \Omega_m} \qquad (6-17a)$$

同理,喷嘴在变工况下的流量方程为

$$G_1 = 0.648A_h \sqrt{\frac{p_0}{v_0}} \sqrt{1 - \left(\frac{p_{21} - p_{cr1}}{p_{01} - p_{cr1}}\right)^2 \frac{v_{21}}{v_{11}}} \sqrt{1 - \Omega_{m1}} \qquad (6-17b)$$

两式相除,得

$$\frac{G_1}{G} = \sqrt{\frac{p_{01} v_0}{p_0 v_0}} \sqrt{\frac{(p_{01} - p_{cr1})^2 - (p_{21} - p_{cr1})^2}{(p_0 - p_{cr})^2 - (p_2 - p_{cr})^2}} \times \sqrt{\frac{(p_0 - p_{cr})^2}{(p_{01} - p_{cr1})^2}} \sqrt{1 - \frac{\Delta\Omega_m}{1 - \Omega_m} \frac{v_{21}/v_{11}}{v_2/v_1}}$$

式中,$\Delta\Omega_m = \Omega_{m1} - \Omega_m$,为反动度的变化。一般情况下,可以认为 $v_2/v_1 = v_{21}/v_{11}$,不会引起大的误差。另外,当级的径向和轴向间隙较大时,反动度变化可忽略,$\Delta\Omega_m = 0$。这样,上式经简化可变为

$$\frac{G_1}{G} = \sqrt{\frac{(p_{01}^2 - p_{21}^2) - \dfrac{\varepsilon_{cr}}{1 - \varepsilon_{cr}}(p_{01} - p_{21})^2}{(p_0^2 - p_2^2) - \dfrac{\varepsilon_{cr}}{1 - \varepsilon_{cr}}(p_0 - p_2)^2}} \times \sqrt{\frac{T_0}{T_{01}}} \qquad (6-18)$$

对于亚临界级,通常 $p_0^2 - p_2^2$ 比 $(p_0 - p_2)^2$ 大得多。式(6-18)可近似简化为

$$\frac{G_1}{G} = \sqrt{\frac{(p_{01}^2 - p_{21}^2)}{(p_0^2 - p_2^2)}} \sqrt{\frac{T_0}{T_{01}}} \qquad (6-19a)$$

如果忽略温度的变化,式(6-19a)可简化为

$$\frac{G_1}{G} = \sqrt{\frac{(p_{01}^2 - p_{21}^2)}{(p_0^2 - p_2^2)}} \qquad (6-19b)$$

式(6-19a)和式(6-19b)都表明,当级内流动未达到临界状态时,通过该级的流量不仅与级前压力有关,而且与级后压力有关。

当汽轮机级在一种工况处于临界工况,而另一种工况处于非临界工况时,汽轮机级的变工况计算比较复杂,难以给出通过级的流量与蒸汽参数之间的具体关系式,在此不展开讨论。

6.2.2 级组的变工况特性

所谓级组,是指一些流量相同、通流面积相近的相邻汽轮机级的组合。由于每一个级的通流面积必须按照它所属的级组在设计工况下流量的大小来确定,因此在进行设计工况计算时,这种级组的划分是很自然的。以某厂的 N-50-90 型汽轮机为例,除调节级以外的 21 个非调节级由于 7 级抽气而分成 8 个级组,各级组流量由高压到低压依次减小。在设计工况下,各级组的流量如表 6-1 所示。

表 6 - 1　50 MW 汽轮机设计工况下非调节级组的划分

组别	1	2	3	4	5	6	7	8
级号级组	1～5	6～8	9,10	11～13	14,15	16,17	18,19	20,21
初压/MPa	6.0	2.63	1.49	0.966	0.46	0.245	0.116	0.035 5
初温/℃	491	383	316	268	192	135		
进口干度	1.0	1.0	1.0	1.0	1.0	1.0	0.972	0.927
级组流量/(t/h)	166.2	157.2	151.0	145.0	140.5	133.5	127.0	120.0

接下来对临界级组和非临界级组进行定义:若级组中至少有一列叶栅中的汽流速度达到或超过其对应的临界速度,则该级组称为临界级组;反之,若级组内所有叶栅中的汽流速度小于相对应的临界速度,则该级组称为非临界级组。以下从流量随压力的变化关系、焓降与反动度以及级效率的变化规律等方面对级组的变工况特性进行讨论。

6.2.2.1　级组压力与流量的关系

1. 设计工况和变工况下级组均处于临界状态

以某含有 4 级汽轮机级的级组为例,进行设计工况和变工况下级组均处于临界状态时级组压力与流量关系的讨论。

一般情况下,级组最后一级的焓降最大,因而最后一级最先达到临界状态,而其他各级均未达到临界状态。在设计工况和变工况下,末级都处于临界状态时末级在两种工况下对应的临界流量的关系可以按式(6 - 16)表示为

$$\frac{G_{41}}{G_4} = \frac{G_{cr1}}{G_{cr}} = \frac{p_{61}}{p_6}\sqrt{\frac{T_6}{T_{61}}}$$

对于次末级,即图 6 - 10 中的第三级,根据前文的分析,该级处于非临界状态,因此两种工况下相应的流量变化按式(6 - 19a)可以表示为

$$\frac{G_{31}}{G_3} = \sqrt{\frac{p_{41}^2 - p_{61}^2}{p_4^2 - p_6^2}} \cdot \sqrt{\frac{T_4}{T_{41}}} \qquad (6 - 20)$$

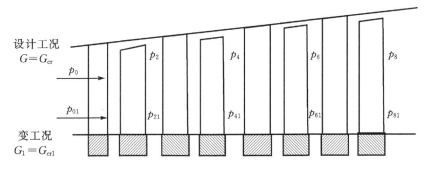

图 6 - 10　某汽轮机级组通流示意图

实际过程中,汽轮机级组的工况有所变化时,实际初温的变化是比较小的。为了便于分

析,通常做如下假设,即

$$\frac{T_6}{T_{61}} \approx \frac{T_4}{T_{41}} \qquad (6-21)$$

利用式(6-20)和式(6-21),由于各级流量相等,可得到关系

$$\frac{p_{61}}{p_6} = \sqrt{\frac{p_{41}^2 - p_{61}^2}{p_4^2 - p_6^2}}$$

对上述关系进行变形,并且代入式(6-20),即有

$$\frac{G_{31}}{G_3} = \frac{p_{61}}{p_6}\sqrt{\frac{T_6}{T_{61}}} = \frac{p_{41}}{p_4}\sqrt{\frac{T_4}{T_{41}}} \qquad (6-22)$$

类似的,对于第二级和第一级,可以得到与式(6-22)形式相同的关系式。

通过上述推导可得,当级组在设计工况和变工况下均处于临界状态时,通过级组的流量与级组前的压力成正比,与温度的平方根成反比。

2.设计工况和变工况下级组均处于非临界状态

在研究汽轮机级组的内部变工况特性时,若不考虑各个组成级动叶对外做功的作用,就可以把级组比作一个静止的通流容器,其中有一系列面积依次增大的环形孔口将容器分隔成数目与级组的级数相同的空间,这个容器在一定的进气压力下通过一定的流量 G,如图 6-11 所示。由于将各级看成一个整体,不管一级的两排叶栅之间的关系问题,因此允许用一个孔口来代替一个级的两排叶栅。

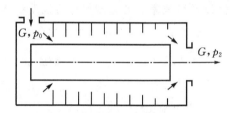

图 6-11 代表级组的通流容器

蒸汽在压力差 $p_0 - p_2$ 之下流过这样一个静止容器时,其流动特性和蒸汽通过一段曲径式汽封流动特性有类似之处。其差别在于汽封的各个环形孔口面积都相同,而通流容器的各环形孔口面积沿汽流方向是依次增大的;汽封中各个腔室内的流动是接近节流过程的流动,通流容器腔室内的流动则应是总温显著下降的流动。

与汽封流动相同的是,通流容器各孔口的设计绝热焓降(即各级绝热焓降)大致也是依次增大的,并且我们讨论的是变工况下的流动,即讨论不同蒸汽流量流过同一级组,这样孔口的环形面积不同实际上是无关紧要的。因此,仿照曲径式汽封的漏气量公式,用一个类似的公式表示汽轮机级组或通流容器的压力与流量关系:

$$G = \mu A_i \sqrt{\frac{p_i^2 - p_z^2}{z_i p_i v_0}} \qquad (6-23)$$

式中,z_i 为末级到第 i 级所包括的级数;p_z 为级组背压;p_i 为第 i 级之前的蒸汽压力;v_i 为第 i 级之前的蒸汽比容;A_i 为第 i 个级的当量通流面积;μ 为这些级或孔口的平均流量系数。

式(6-23)表示的是设计工况。在变工况下,A_i 和 z_i 不会变化,平均流量系数 μ 也可以基本认为不变,所以这时的压力流量关系可以相应地表示为

$$G_1 = \mu A_i \sqrt{\frac{p_{i1}^2 - p_{z1}^2}{z_i p_{01} v_{01}}} \qquad (6-24)$$

以上两式相除,即可得到

$$\frac{G_1}{G} = \sqrt{\frac{p_{i1}^2 - p_{z1}^2}{p_i^2 - p_z^2}} \times \sqrt{\frac{p_i v_i}{p_{i1} v_{i1}}} = \sqrt{\frac{p_{i1}^2 - p_{z1}^2}{p_i^2 - p_z^2}} \times \sqrt{\frac{T_i}{T_{i1}}} \qquad (6-25)$$

由于当级的工况发生变化时,实际的初温变化是比较小的,因此可以忽略温度变化的影响,则式(6-25)可以变形为

$$\frac{G_1}{G} = \sqrt{\frac{p_{i1}^2 - p_{z1}^2}{p_i^2 - p_z^2}} \qquad (6-26)$$

式(6-25)及式(6-26)即著名的 Flügel 公式(弗留盖尔公式)。该式表明汽轮机级组的流量正比于初压平方与背压平方之差的平方根。弗留盖尔公式是一个基于实验数据推导而成的半经验公式,它这也间接地说明了采用汽封漏气量计算公式推导级组变工况压力与流量关系的适用性。但是,需要特别指出的是,弗留盖尔公式有一定的适用条件,即:

(1)应用弗留盖尔公式时,级组的通流面积不能随工况的变化而改变,并且同一级组的流量相同。

(2)通过汽轮机级组的蒸汽应为均质流,参数不同的汽流混合后进入级组时不能应用弗留盖尔公式。

(3)严格上讲,弗留盖尔公式适用于级数较多的级组,级数越多,用弗留盖尔公式计算越准确。一般认为,应用弗留盖尔公式时,级数应多于 5 级。

3. 级组的压力与流量(p_i-G)曲线

以上讨论了汽轮机级组在临界状态和非临界状态两种情况下的流量与压力的变化关系,接下来对实际级组流量与压力的变化关系进行讨论与比较。

首先讨论凝汽式汽轮机非调节级各级组的流量与压力的变化关系,绘制级组各级压力流量关系曲线,即 p_i-G 曲线。表 6-2 给出了某台 1 500 kW 凝气式汽轮机的设计工况各级初压和背压数据。在设计工况下,汽轮机流量为 $G = 1.55$ kg/s,发出的功率为 $N = 1 275$ kW,为额定功率的 85%。

表 6-2　1 500 kW 汽轮机通流部分压力分配　　　　　　　　单位:MPa

压力	调节级	1	2	3	4	5	6	7
级前压力	2.24	0.53	0.348	0.222	0.136	0.079 4	0.041 2	0.019 6
喷管后压力		0.358	0.23	0.142	0.083 3	0.044 1	0.022 1	0.009 8
级后压力	0.53	0.348	0.222	0.136	0.079 4	0.041 2	0.019 6	0.078 5

该凝汽式汽轮机的 p_i-G 曲线如图 6-12(a)所示。在设计工况下,末级喷管的压比为 0.009 8/0.019 6=0.5＜0.577,所以末级流量是与初压 0.019 6 MPa 相对应的临界值。当流量增加时,初压将随之按比例增大,末级背压或者保持不变或者也按比例升高,但末级总是处于临界状态,末级的 p_i-G 曲线应处于通过坐标原点的辐射线上。当流量减小时,初压降低。当然,如果背压也按比例下降,末级仍保持临界状态。如果背压保持不变而初压单独下降,那么当 $p_2/p_z \geqslant 0.577$ 时,末级在理论上将变为非临界状态。这时末级的 p_i-G 曲线在理论上将偏离通过原点的方向而向坐标为(0,0.007 85)的一点弯去。但实际上,在凝汽式汽轮机中,相对于初压 p_0(本例为 0.53 MPa)来说,背压(0.007 85 MPa)在式(6-26)中可以忽略,在

图 6-12(a)中离坐标原点也很近。在实际中,为了避免由于鼓风损失而造成汽轮机低压部分温度剧烈上升,凝汽式汽轮机在 $G' \leqslant 0.3G$ 的工况下长期运行是不允许的。凝汽式汽轮机的空转流量一般也接近于设计流量的 10%。由于上述原因,凝汽式汽轮机的 p_i-G 曲线在实用的变工况范围内,完全可以看作一组通过原点的辐射线,如图 6-12(a)所示。

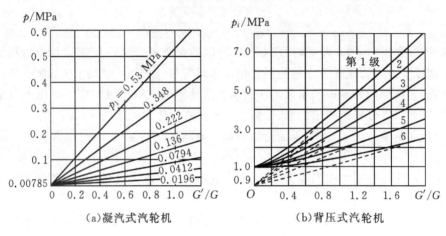

(a)凝汽式汽轮机　　　　　　　　(b)背压式汽轮机

图 6-12　典型汽轮机中间级组 p_i-G'/G 曲线

　　通过上述分析和图 6-12(a)中的曲线可以看出,由于凝汽式汽轮机背压很低,所包含的级组较多,其压力与流量公式可以简化为

$$\frac{G_1}{G} = \sqrt{\frac{p_{01}^2 - p_{z1}^2}{p_0^2 - p_z^2}} \cdot \sqrt{\frac{T_0}{T_{01}}} \approx \sqrt{\frac{p_{01}^2}{p_0^2}} \cdot \sqrt{\frac{T_0}{T_{01}}} \qquad (6-27)$$

即凝汽式汽轮机流量与级组初压成正比,而与初温成反比。另外,在实用变工况范围内,除了末级以外,凝汽式汽轮机基本不出现临界状态和非临界状态的相互转化。

　　接下来讨论背压式汽轮机非调节级各级组的流量与压力的变化关系。图 6-12(b)给出了某 700 kW 小功率背压式汽轮机的 p_i-G 曲线,该汽轮机由 6 个反动级构成了非调节级级组。从图中可以看出,由于汽轮机的背压较高,即使末级压比在设计工况下也远远高于临界压比,因此需要利用弗留盖尔公式(6-26)计算变工况下汽轮机流量的变化。在 $G'/G>1$ 直到达到临界状态这一变工况范围内,各级的 p_i-G 曲线虽然也是弯曲的,但越来越接近直线并向辐射线渐进。越是高压级,它的曲线越靠近辐射线。这是由于对于高压级,背压 $p_2=0.9$ MPa 相对于级前压力 p_i 来说,所起的作用越来越小。

　　总的来说,背压式蒸汽汽轮机的非调节级级组在设计工况下一般都是亚临界状态,而在整个变工况范围内转变到临界状态的情况也是很少的。

　　综合以上分析,无论是凝汽式汽轮机还是背压式汽轮机,非调节级中出现临界状态与非临界状态相互转化的条件比较复杂,且机会并不多。在实际中,没有可能也没有必要像曲径式汽封的理论分析中一样,为汽轮机级建立一个简单的理论公式来事先判断它是否处于临界状态。

6.2.2.2　各级焓降 h_s 和反动度 Ω 的变化规律

　　由压力-流量关系很容易确定级组中任何一级的焓降 h_s 在变化范围内的变动规律。在设计流量下,第 i 级级前压力为 p_i,级后压力(即下一级的级前压力)为 p_{i+1}。将蒸汽近似看作理想气体,则级的绝热焓降可表示为

$$h_s = \frac{k}{k-1} R T_i \left[1 - \left(\frac{p_{i+1}}{p_i} \right)^{\frac{k-1}{k}} \right] \tag{6-28}$$

在工况改变后,与新流量 G' 相对应,该级的压力变为 p'_i 和 p'_{i+1},温度由 T_i 变为 T'_i,继而绝热焓降变为

$$h_s^{(i)'} = \frac{k}{k-1} R T'_i \left[1 - \left(\frac{p'_{i+1}}{p'_i} \right)^{\frac{k-1}{k}} \right] \tag{6-29}$$

如果级组的末级始终在临界状态下工作,忽略温度的影响,由式(6-16)可得两种工况下的压比为

$$\frac{p'_{i+1}}{p'_i} = \frac{p_{i+1} G'/G}{p_i G'/G} = \frac{p_{i+1}}{p_i} \tag{6-30}$$

式(6-30)说明,工况改变后级的压比不变,从而得到在级组的临界流量范围内,末级以外任何一级的绝热焓降在变工况下都近似保持为定值,即

$$h'_s = h_s = \text{const} \tag{6-31}$$

对于最后一级,虽然它的级前压力 p_z 正比于流量 G 而变(在临界状况下),但级后压力 p_2 一般却不随 G 成正比例变化,而是在一定范围内变化或者根本不变,因此相应的绝热焓降并不是定值。

反之,如果末级始终都不在临界工况之下工作,则与新流量 G' 相应的第 i 级的级前、级后压力都根据弗留盖尔公式(6-26)分别确定,然后相除得到压比表达式

$$\frac{p'_{i+1}}{p'_i} = \sqrt{\frac{p_{i+1}^2 - p_z^2 + p_z'^2 \, (G/G_1)^2}{p_i^2 - p_z^2 + p_z'^2 \, (G/G_1)^2}} \tag{6-32}$$

根据式(6-28)和式(6-29),任意级的绝热焓降相对值表达式可写为

$$\frac{h_s^{(i)'}}{h_s^{(i)}} = B \left[1 - \left(\frac{p'_{i+1}}{p'_i} \right)^{(k-1)/k} \right]$$

其中,$B = \dfrac{T'_i}{T_i} \Big/ \left[1 - \left(\dfrac{p_{i+1}}{p_i} \right)^{(k-1)/k} \right]$。如果假设 $T'_i \approx T_i$,则 B 为常数,这样将式(6-32)代入上式,可以得到

$$\frac{h'_s}{h_s} = B \left[1 - \left(\sqrt{\frac{p_{i+1}^2 - p_z^2 + p_z'^2 \, (G/G_1)^2}{p_i^2 - p_z^2 + p_z'^2 \, (G/G_1)^2}} \right)^{\frac{k-1}{k}} \right] \tag{6-33}$$

式(6-33)中,B,p_i,p_{i+1} 和 p_2 都是定值,而 p'_2 或者等于 p_2 或者在一定的范围内变动,所以在非临界级组中各级绝热焓降的变化主要决定于流量的变化。图 6-13 是对一个 5 级级组应用式(6-33)计算所得的焓降与流量变化的曲线图。由图可以看出,在非临界级组中,流量的变化越大,级的绝热焓降变化也越大,但不同的级的绝热焓降变化大小是不同的。p_i 和 p_{i+1} 越大,流量变化对绝热焓降的影响越小。当流量本身变化不大时,除末级外,各级的绝热焓降的变化都不算大;距末级

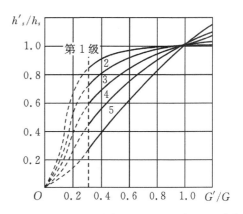

图 6-13　5 级级组中各级的绝热焓降-流量曲线

越远的级越能在更大的流量变动范围内保持绝热焓降基本不变。

汽轮机级组工况变化时,各级绝热焓降的变化以末级最大,越到高压级越小,这一现象的物理本质可以用连续方程来说明。汽流连续方程重写如下:

$$Ac = Gv$$

假设工况变动时流量 G 减少,各级初压降低而末级背压不变。这时,由于末级的出口通流面积 A 和排汽比容积 v 都没有改变,末级的汽流速度 c 必须成比例地减小才能满足末级的连续方程。汽流速度减小就表示级的压差 Δp 和绝热焓降 h_s 需相应地减小,所以末级的进汽比容积将比在设计工况下有所增加。倒数第二级也同样地将出现汽流速度减小的情况,但减小的程度将比在末级稍差,因为倒数第二级的背压已经降低,排汽比容积已经增大,从而在连续方程中,部分地抵消了流量减小对汽流速度的影响。越到高压级,级后汽流的比容积相对于设计工况增加得越多,从而在越大程度上抵消了流量减小的作用,于是汽流速度、压比以及绝热焓降的减小就越小。

当级组流量 G 增大时,类似上文的分析可得,越到高压级,绝热焓降的增加越少。不难看出,无论流量减小还是增加,末级的背压即使有些许变化(一般是与流量同方向而变),也不影响问题的实质。这时,末级的绝热焓降的变化程度虽然比在末级背压保持不变时有所减小,但与其他各级绝热焓降的变化程度相比,仍然是最大的。

以下对反动度 Ω 的变化规律进行分析。根据以上分析可知,当在设计工况和变工况下,级组始终处于临界状态时,除末级外,各级压比保持不变,焓降保持不变,速比保持不变,从而反动度保持不变。

当在设计工况和变工况下,级组始终处于非临界状态时,由于级组流量 G 下降,各级的绝热焓降减少,级速比增大,最终将导致级反动度 Ω 增大。在等转速汽轮机中,级的反动度 Ω 变化和流量 G 及绝热焓降 h_s 变化相反的现象可以利用连续方程和速度三角形进行分析。

在设计工况下(见图 6-14(a)),由喷管出口流量与动叶进口流量相等可得

$$G = \rho_1 c_1 A_1 = \rho_1 w_1 A'_2$$

对上式变形,即得

$$\frac{w_1}{c_1} = \frac{A_1}{A'_2} = 常数 \qquad (6-34)$$

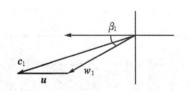
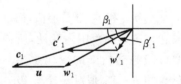

（a）喷管出口速度三角形　　　（b）绝热焓降变化对动叶栅进口速度三角形的影响

图 6-14　喷管及动叶速度三角形

在变工况下,级的流量由 G 减小为 G',相应的绝热焓降 h_s 减小到 h'_s。如果级的反动度 Ω 不发生变化,则喷管出口汽流速度从 c_1 减小到 c'_1。由速度三角形图 6-14(b)所示,动叶进口相对汽流速度从 w_1 减小到 w'_1,相对汽流角从 β_1 增加到 β'_1。相应地,动叶有效进口相对汽流速度为 $w_{有效} = w'_1 \cos(\beta'_1 - \beta_1)$。由图 6-14(b)明显看出,比值 $w'_1 \cos(\beta'_1 - \beta_1)/w_1$ 小于比值

c'_1/c_1。

但是,喷管出口面积 A_1 和动叶进口面积 A'_2 都不变,如果反动度 Ω 不变,那么由喷管出来速度为 c'_1 的汽流就不能全部流入动叶栅。这样在动叶栅进口形成阻塞,造成汽轮机级的轴向间隙中汽流压力升高,即级的反动度升高。反动度增加使 c'_1 减小而 w'_2 增大,从而汽道的阻塞消失。Ω 增加后比容积 v'_1 也减小一些,从而部分地抵消了 c'_1 减小的作用(v_2 基本不变)。但是,v'_1 的变化率一般小于 c'_1 的变化率,所以只要 Ω 增加到足够的程度,总可以使连续方程满足

$$A_1 c'_1/v'_1 = A'_2 w'_1/v'_1 = G'$$

这时,反动度就自动停止升高了。类似地,当级的流量 G 增加时,同样可以得到反动度 Ω 将降低。

在高反动度的汽轮机级中,动叶出口相对汽流速度 w_2 的大小主要决定于动叶栅中的绝热焓降 h_{s2},而不是像冲动级($\Omega=0$)中那样决定于 w_1。因此,当汽轮机级焓降变化时,虽然 $w'_1 \cos(\beta'_1 - \beta_1)/w_1$ 与 c'_1/c_1 相差仍然较大,但 w'_2/w_2 由于 h_{s2} 的关系而比较接近于 c'_1/c_1,即

$$w'_2/w_2 \approx c'_1/c_1$$

这样,反动度不需要改变很多就能使 w'_2/v'_2 和 c'_1/v'_1 的相对大小在变工况条件下完全适合原来的喷管与动叶出口面积比,即 $f=A_2/A_1$。

等转速蒸汽汽轮机中,大多数高中压级(调节级除外)的绝热焓降和反动度在实用变工况范围内,基本保持为设计值,最后一两个(或两三个)低压级的绝热焓降变化相对较大,但由于这些级在设计工况下一般总采用较高的反动度(直到 $\Omega=0.5$ 左右),其反动度在实用变工况范围内的改变并不大。

6.2.2.3　级效率的变化规律

对于凝汽式汽轮机中间级,由于每个级级前压力与流量成正比,级压比 $\varepsilon_1 = p_2/p_0$ 基本保持不变,因而级绝热焓降也变化不大,速比也变化不大,因此级的效率基本保持不变。

对于凝汽式汽轮机末级,由于其在整个级组中焓降最大,通流面积最大,末级叶片通常采用扭叶片。从叶根到叶顶,叶片几何一定,在变工况下蒸汽的热力参数、气动参数、流量等与设计工况相差较大,各项参数沿叶高变化规律不同,并且在变工况下重新分布。因此,在各种因素的影响下,变工况下汽轮机末级的效率会下降。

如果汽轮机采用喷管调节,利用 6.4 节的知识可知,调节级调节阀全开的喷管组级前压力保持不变,调节级后的压力是接下来级组的进口压力,该压力随流量成正比例变化。当流量 G 减小或增加时,调节级中的绝热焓降 h_s 相应地增大或减小。当流量发生变化时,相应的绝热焓降 h_s 变化比较剧烈,调节级中的速比 u/c_a 变化较大,从而使得工况发生变化时调节级效率降低。

6.3　级组变工况的详细计算

上一节讨论了级组在变工况情况下流量、绝热焓降 h_s、反动度 Ω 等参数的变化规律。本节将分两种情况,对级组变工况的逐级详细热力计算进行详细讨论。

6.3.1　初参数已知的情况

在已知各级通流部分几何参数条件下,给定变工况下的流量 G'(或 D)、喷管前的蒸汽压力 p'_0 和温度 t'_0(或 i'_0)以及初速 c'_0,要求确定各列叶栅出口的热力参数。此时可以先求得滞止参数 $p_0^{*'}$ 和 $t_0^{*'}$(或 $i_0^{*'}$),从而完全确定蒸汽的初始状态点,然后整个计算可以从确定第一级喷管叶栅后、动叶栅之前的汽流压力 p'_1 开始计算。下面以杭州汽轮机股份有限公司某 1 500 kW 冷凝式汽轮机非调节级的第一级在 1/2 额定工况下的计算为例来说明所用的方法。

已知设计工况下,$D=6\,133$ kg/h,$p_0=0.53$ MPa,$t_0=272$℃,$c_0\approx0$,$p_1=0.36$ MPa,$\Omega=0.08$;喷管出口汽流角 $\alpha_1=11.39°$,动叶出口背压 $p_2=0.352$ MPa,轮周速度 $u=187$ m/s。

1/2 额定工况下,$D'=4100$ kg/h,$p'_0=0.35$ MPa,$t_0=250$℃,$c_0\approx0$。

首先确定设计工况下喷管叶栅的压比,$\varepsilon_1=p_1/p_0=0.36/0.53=0.679$。利用收缩喷管变工况的椭圆公式计算与 p_0 相应的临界流量 D_{cr}:

$$D_{cr}=\frac{D}{\sqrt{1-\left(\dfrac{\varepsilon_1-0.546}{1-0.546}\right)^2}}=\frac{6\,113}{\sqrt{1-\left(\dfrac{0.679-0.546}{1-0.546}\right)^2}}=6\,394\ \text{kg/h}$$

1/2 额定工况下相应喷管临界流量为

$$D'_{cr}=D_{cr}\frac{p'_0}{p_0}\sqrt{\frac{T_0}{T'_0}}=6\,394\times\frac{0.35}{0.53}\times\sqrt{\frac{272+273}{250+273}}=4\,310\ \text{kg/h}$$

变工况下喷管压比 ε'_1,重复利用椭圆公式:

$$\varepsilon'_1=0.454\sqrt{1-\frac{D'}{D'_{cr}}}+0.546=0.454\sqrt{1-\frac{4\,100}{4\,310}}+0.546=0.686$$

由此得到相应的喷管背压 $p'_1=\varepsilon'_1 p_0=0.686\times0.35=0.24$ MPa。

根据 p'_0 和 t'_0,由 $i-s$ 图查得 $i'_0=2961.6$ kJ/kg;再根据 $p'_1=0.24$ MPa,查到 $i'_{1s}=2\,876.6$ kJ/kg。于是喷管变工况绝热焓降 $h'_{1s}=i'_0-i'_{1s}=85$ kJ/kg,只比设计值 $h_{1s}=90.4$ kJ/kg 减少了 5.4 kJ/kg。相应的 $c'_{1s}=412$ m/s($c_{1s}=425$ m/s)。这样喷管速度系数可以看作不变,即 $\varphi'=\varphi=0.97$,所以 $c'_1=\varphi'c'_{1s}=0.97\times412=400.0$ m/s。由动叶进口速度三角形($\alpha'_1=\alpha_1=11.39°$,$u=187$ m/s),可求出 $w'_1=219.5$ m/s($w=233$ m/s),$\beta'_1=21.35°$($\beta_1=21°$)。

计算动叶栅背压 p'_2 的方法与计算 p'_1 时相同,但此时动叶进口的相对速度 w_1 和 w'_1 较大,不能忽略,因此蒸汽初压和初温都必须采用相应的滞止参数。为此,需要先求出

$$w_1^2/2\,000=233^2/2\,000=27\ \text{kJ/kg},\quad w_1'^2/2\,000=219.5^2/2\,000=24\ \text{kJ/kg}$$

再求出喷管损失

$$h'_n=(1-\varphi'^2)h'_{1s}=(1-0.97^2)\times85.0=5.0\ \text{kJ/kg}(h_n=5.3\ \text{kJ/kg})$$

以确定喷管出口中的蒸汽状态点。由 $i-s$ 图查出设计工况下:$p_1^*=0.417$ MPa,$t_1^*=242$℃,$T_1^*=515$ K;变工况下:$p_1^{*'}=0.267$ MPa,$t_1^{*'}=222$℃,$T_1^{*'}=495$ K。另外已知 $p_2=0.352$ MPa,所以

$$\varepsilon_2=p_2/p_1^*=0.352/0.417=0.844$$

根据上述数据,依次求得动叶栅的设计工况临界流量为 $D_{cr}=8166$ kg/h,变工况临界流量 $D'_{cr}=5\,229$ kg/h,压比 $\varepsilon'_2=p'_2/p_1^{*'}=0.83$,背压 $p'_2=0.83\times0.267=0.22$ MPa。

p'_2 确定之后,由 $i-s$ 图查到 $i'_{2s}=2\,868.1$ kJ/kg。所以

$$h'_s = i'_0 - i'_{2s} = 2\,962.3 - 2\,868.1 = 94.2 \text{ kJ/kg}$$

$$h_s = 98.4 \text{kJ/kg}, \ \Omega = (94.2 - 85)/94.2 = 0.098 (\Omega = 0.081)$$

不难看出，p'_1 和 p'_2 以及 h'_s 和 Ω' 是汽轮机级变工况计算中的关键项目。上述计算得到的结果即第二级的进汽参数，从而第二级也可以采用同样方法计算出来。依此类推，可以得到整个级组的工作过程。由上例可以看出，只有当所有核算的级在变工况下处于非临界状态时，才能用椭圆公式求出唯一的叶栅出口压力。如果变工况下某一级处于临界状态，则该级的静叶栅或动叶栅处于临界状态，静叶栅或动叶栅后的压力就不是单一值；如果要继续进行计算，必须采用其他方法确定叶栅后的压力。

6.3.2 出口压力已知的情况

在已知各级通流部分几何参数条件下，给定变工况下的流量 G'、级组出口压力 p'_2，要求确定各列叶栅的热力参数。在这种情况下，级组任意点的状态都不能直接确定，因此汽轮机级组变工况计算比上一节的情况要复杂。现在结合图 6 - 15 进行说明。

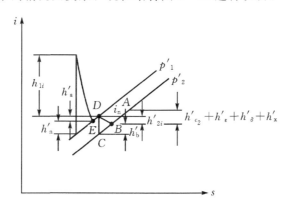

图 6 - 15　计算焓熵图

由于只知道出口的压力，出口的状态点不能完全确定，整个计算过程必须先假定一些数值进行计算，然后校核并修正，即试凑过程。假设级后的蒸汽状态由图 6 - 15 中的点 A 表示。根据点 A 的蒸汽比容和设计参数，可以对叶轮摩擦损失（由于末级必定是全周进气 $e=1$，鼓风损失和弧端损失为 0）进行估值：

$$h'_f = h_f \frac{G v_2}{G' v'_2} \tag{6 - 35}$$

在估计了级前蒸汽状态点的位置，从而得到 h'_s 的估值后，按照公式

$$h'_\delta \approx h_\delta \frac{h'_s}{h_s} \tag{6 - 36}$$

$$h'_x \approx h_x \frac{1 - x'_m}{1 - x_m} \tag{6 - 37}$$

估计级的漏气损失 h'_δ 和湿气损失 h'_x，然后再估计新工况下的余速损失为

$$h'_{c_2} = h_{c_2} \left(\frac{G' v'_2}{G v_2} \right)^2 \tag{6 - 38}$$

在 $i - s$ 图的等压线 p'_2 上量一个垂直距离 $\Delta i = h'_{c_2} + h'_f + h'_\delta + h'_x$，就确定了图中点 B

的位置。点 B 是动叶片出口的蒸汽状态点（点 A 是排汽状态点），所以该点的蒸汽比容 v'_2 可以代入出口截面连续方程中计算 w'_2：

$$w'_2 = \frac{G'v'_2}{A_2} = w_2 \frac{G'v'_2}{Gv_2} \tag{6-39}$$

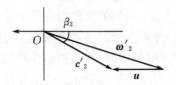

图 6-16　动叶出口速度三角形

w'_2 确定之后，首先要判断该速度是否达到临界速度 w_{2cr}。若 $w'_2 > w_{2cr}$，则需先确定动叶片通道最小截面上的临界压比，并计算斜切部分中汽流由临界压力膨胀到出口压力时所得到的方向偏转，或者根据叶栅特性数据确定变工况下动叶出口汽流角。在说明如何处理临界工况之前，我们先讨论 $w'_2 \leqslant w_{2cr}$ 的情况。

由于轮周速度 u 和相对出口汽流角 $\beta'_2 = \beta_2$ 已知，而 w'_2 已经求出，利用如图 6-16 所示的速度三角形可以确定动叶出口汽流速度 c'_2。c'_2 确定之后，可以验算 $h'_{c_2} = c'_2/2\,000$ 是否与式（6-38）估计的数值相符。如有必要就修正 h'_{c_2}，并重复有关计算步骤，直到满足要求为止。

确定了 w'_2 之后，就可以根据下式计算动叶栅中的有效焓降 h'_{2i}：

$$h'_{2i} = \frac{1}{2\,000}(w_2'^2 - w_1'^2) = \frac{w_2'^2}{2\,000}\left[1 - \left(\frac{w'_1}{w'_2}\right)^2\right] \tag{6-40}$$

这里 w'_1 未知，所以又需要估计。第一次估计时可以取

$$\frac{w'_1}{w'_2} = \frac{w_1}{w_2}$$

然后代入式（6-40）中计算 h'_{2i}，并准备以后验算。根据 ω'_2 按下式计算动叶栅损失 h'_b：

$$h'_b = \frac{w_2'^2}{2\,000}\left(\frac{1}{\psi'^2} - 1\right) \tag{6-41}$$

其中，ψ' 可近似用设计值 ψ 代替，或按照叶栅实验数据估算。

有了 h'_{2i} 和 h'_b 之后就可以在 $i-s$ 图上确定 D 点的位置。本来 D 点可作为喷管叶栅之后的变工况蒸汽状态点，但由图 6-14(b) 可得 $\beta'_1 \neq \beta_1$，喷管出口汽流进入动叶时会引起一些额外损失，因此喷管之后的蒸汽状态点可用 E 点表示，用冲角损失（设计工况下为 0）$h'_\theta = i_D - i_E$ 来表示这种额外损失。如果动叶栅特性数据完全，h'_θ 可以包括在动叶栅的损失系数 ζ_b 的增加值（相对于设计值）之中，但一般情况下用下式近似计算 h'_θ 比较方便：

$$h'_\theta = \frac{w_1'^2}{2\,000}\sin^2(\beta'_1 - \beta_1) \tag{6-42}$$

其中，$w'_1\sin(\beta'_1 - \beta_1)$ 就是图 6-14 中用虚线表示的垂直于动叶进口边的相对汽流速度分量。在应用式（6-42）之前，先要估计 c'_1。根据喷管出口连续方程，有

$$c'_1 = \frac{G'v'_1}{A_1} = \frac{G'v'_1}{Gv_1}c_1 \tag{6-43}$$

在这里，v'_1 理论上指的是 E 点的比容，由于点 E 尚未确定，而且通常情况下 D 点和 E 点相距较近，比容相差较小，因此可以用点 D 比容近似代替 E 点比容。c'_1 确定后就可利用图 6-16 中的动叶进口三角形图求出 w'_1 和 β'_1，继而利用式（6-42）求 h'_θ。另外，w'_1 可以用来检验前面式（6-40）中 w'_1 估计值的准确程度。如有必要，需修正 h'_{2i} 重新进行迭代计算。

显然，点 E 对于喷管叶栅完全与点 B 对于动叶栅一样，所以由 E 点推算喷管进口的蒸汽

状态点在方法上和 B 点推算到 D 点相同。这里,同样包括喷管出口汽流速度 c'_1 是否达到或超过临界速度的问题。当 $c'_1 < c_{cr}$ 时,喷管进口状态初步确定之后,需要检查 h'_8 和 h'_z 的估计值是否正确,必要时还得全部重复计算一遍。

当 $w'_2 > w_{2cr}$ 或 $c'_1 > c_{1cr}$ 时,计算过程基本与非临界工况相同,但此时叶栅在斜切部分汽流发生偏转,必须根据临界压力确定偏转角之后才能绘制速度三角形。现在以动叶栅为例,说明临界压力的确定方法。

因为在动叶气道的最小截面上出现了临界速度 w_{2cr},所以相应的流量 G' 就成为临界流量 G'_{cr},即

$$\frac{G'}{A_2} = \frac{\mu' w'_2}{\psi' v'_2} = \frac{\mu'}{\psi'} \sqrt{\frac{np'_2}{v'_2}}$$

$$\frac{G'_{cr}}{A_2} = \frac{\mu' w_{2cr}}{\psi' v_{2cr}} = \frac{\mu'}{\psi'} \sqrt{\frac{np_{2cr}}{v_{2cr}}}$$

(6 - 44)

式中,$\dfrac{G'_{cr}}{A_2}$ 是已知数;$\dfrac{\mu'}{\psi'}$ 也可以近似取设计值;而 p_{2cr} 和 v_{2cr} 却都是未知数。对一般汽轮机末级而言,用理想气体近似 p_{2cr} 和 v_{2cr} 的变化规律是不够精确的,因此现在的任务就是利用图表数据来确定图 6 - 15 中 DB 曲线上哪一点的压力和比容代入式(6 - 44)第二个等号右边之后能够使等式成立。对应点的压力即 p_{2cr},比容即 v_{2cr}。

到目前为止点 D 未知,DB 曲线也是未知的,因而需要通过迭代计算。先估计由 B 点到 D 点的过程曲线,如图 6 - 17 所示。在这条估计过程曲线上取几个试探点 $1,2,3,\cdots$,并将各点的 p'_2 和 v'_2 代入式(6 - 44)。为了方便,可以利用图 6 - 18 中的辅助图。图中的曲线是与各 p'_2(及 v'_2)对应的 $\dfrac{\mu'4'}{\psi'}\sqrt{\dfrac{np'_2}{v'_2}}$ 值的轨迹。画一条 $\dfrac{G'_{cr}}{A_2} = \dfrac{\mu'}{\psi'}\sqrt{\dfrac{np'_2}{v'_2}}$ 的水平线与曲线相交,则显然交点的横坐标值就是所求的 p_{2cr}。

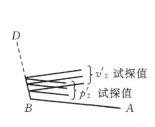

图 6 - 17　确定 p_{2cr} 的方法

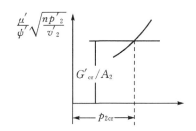

图 6 - 18　确定 p_{2cr} 辅助图

6.3.3　级组计算程序

上文说明了对级的变工况详细计算来说,不论从级前还是级后开始,计算都是可以进行的。而一个级的计算结果就是下一级计算的起始条件,因此整个级组的变工况计算可以完成。为了检验计算结果的正确性,我们采用如下的方法:从一个假设的状态点向着已知的状态点逐级计算过去,并根据计算终点与已知状态点的吻合程度来判断假设点的正确性。

在汽轮机级组的变工况计算问题中,已知点一般在级组之前。在那里,新工况下的蒸汽总是过热的,因此压力和温度都可以根据仪表读数确定。而在级组后往往只能测量出蒸汽的一

个参数,例如,一般冷凝汽轮机的末级排汽在变工况下仍处于湿蒸汽区,虽然背压可以由真空压力表读出,蒸汽品质(或干度)却是未知的。这样级组后的状态点就不能确定。所以,我们一般总是在级组的已知背压 p'_2 的等压线上假设一点,并从该点逐级计算上去。如果第一次的计算终点偏离级组的已知点的程度超过允许误差范围,那就改变 p'_2 等压线上假设点的位置,并重复计算。通常情况下重复一次就够了。

6.4　汽轮机变工况

一般多级汽轮机为数众多的级大体可分三类:调节级、中间级和末级。这三类级的工作条件和变工况特性相差很大,因此前面关于一般级组的变工况特性的原理还不能完全说明将这三种级结合在一起的整台汽轮机的变工况特点。特别是在一台多级汽轮机中调节级的变工况特性密切地影响到非调节级组(包括中间级和末级)的变工况特性。本节将在一般级组的变工况特性的基础上,进一步说明整台汽轮机的变工况特性和变工况计算原则。

6.4.1　调节级变工况特性

将汽轮机所发出的有效功率的表达式(6-1)重写如下:

$$N_e = GH_s\eta_e$$

可以看出,为了改变汽轮机功率的大小,可以采用以下方法:

(1)调节进入汽轮机的流量 G;

(2)改变蒸汽在汽轮机中的做功能力即焓降 H_s;

(3)同时改变汽轮机的流量 G 和焓降 H_s;

(4)改变汽轮机的发电效率。

相对应的调节方法主要有喷管调节、节流调节、旁通调节和滑压调节等。节流调节一般应用于承担基本负荷且设计工况等于额定工况的大功率中心电站汽轮机。节流调节汽轮机基本上都是凝汽式汽轮机。对于节流调节的汽轮机,通过调整进口压力对流量进行调节,其变工况过程与中间级一样,实际可以看作中间级组的第一级,因此节流调节汽轮机的变工况特性比较简单。节流调节汽轮机的主要优点是调节过程中通过汽轮机的流量正比于蒸汽初压,各级焓降基本保持不变,在设计工况附近汽轮机效率较高,缺点是在变工况下节流损失较大。

采用滑压调节的汽轮机的调节阀在整个负荷变化范围内都是全开的,锅炉出口蒸汽温度不变,而蒸汽压力随外界负荷变化,从而适应汽轮机各工况对流量的要求。旁通配汽汽轮机一般采用喷管调节或节流调节,在电站汽轮机中一般不采用,主要应用于舰船上的汽轮机。

工程中将喷管调节汽轮机的第一级称为调节级。相对于其它级,调节级除了对外做功,还要实现流量的控制。喷管调节主要是通过改变调节级喷管的通流面积来改变通过汽轮机的蒸汽流量,从而达到调节汽轮机功率的目的。图6-19所示是喷管调节基本结构的示意图,一般由主汽阀、调节阀及其对应的喷管组、管道等组成。

调节级的变工况热力过程的特点可以概括为以下几点:

(1)汽轮机运行时主汽阀处于全开位置,而各调节阀的开启情况则决定于汽轮机负荷的大小。在汽轮机投入运行时,各调节阀依照规定的次序(不一定是位置排列的次序)开启、减负以及停机过程中依相反的次序关闭。

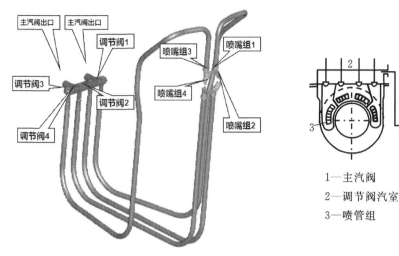

（a）大功率汽轮机喷管调节结构示意图　　　　（b）喷管调节结构示意图

图 6-19　喷管调节的结构布置

（2）各调节阀之前的压力 p_0 都相同。p_0 随汽轮机总进汽量的增加而降低的幅度是很小的，因为汽轮机运行时，主汽阀始终保持最大开度，几乎没有节流的作用。

（3）各调节阀后，亦即各阀所控制的喷管组之前的蒸汽压力 $P_{0\text{I}}$，$P_{0\text{II}}$……是变动的，取决于各阀开度的大小。当各阀全部开足时，$P_{0\text{I}}=P_{0\text{II}}=\cdots=P_0$；当第一阀开足而第二阀部分开启时，$P_{0\text{II}}<P_{0\text{I}}=P_0$；其余类推。部分开启的阀所通过的蒸汽相应地受到此阀的节流作用。

（4）喷管之后的蒸汽压力 p_1 对各组喷管均相同，因为喷管之后的环形空间并不分组，而是完全相通的。即使某一个调节阀关闭着，它所控制的喷管组之后的压力也等于 p_1。

（5）调节级之后，中间级之前的压力 p_2 对整个级是相同的。只要级的反动度 $\Omega>0$，则 $p_2>p_1$。

（6）在相同的 P_0 之下，各个调节阀开足时通过的流量是该喷管组所能通过的最大流量。一般是第一个开启的阀门直径较其余阀门直径大些，所以第一组喷管所能通过的最大流量也较大，喷管组的喷管数和所占的圆弧长也大些。各喷管组的喷管类型（缩放喷管或收缩喷管）、型线以及有关的几何参数也不一定相同。例如，设计工况下用的各组喷管如果采用缩放喷管，超载用的一组有可能采用收缩喷管。某一组喷管的数目和所占的圆弧长度只能按一个工况下要求该组通过的流量来确定，因此在最大工况下参加工作的各组喷管实际所通过的流量并不一定正比于每组喷管的数目和所占圆弧长度。

接下来将从调节级的蒸汽初压、背压与蒸汽流量之间的关系以及各喷管组在不同工况下的流量分配情况两个方面来研究调节级的变工况特性。下面以有四个调节阀和四组喷管的某台凝汽式汽轮机调节级为例，分析变工况下该调节级的初压、背压、流量关系以及各喷管组在不同工况下的流量分配情况。为了便于分析，做了以下简化假设：

（1）级的反动度为 0，并且各工况下反动度均保持为 0，从而有 $p_2=p_1$；

（2）主汽阀后，即调节阀前的压力 P_0 不随流量的增加而降低；

（3）各调节阀的开启和关闭完全没有重合度；

（4）级后压力 p_2 正比于流量，而且不受级后温度变化的影响。

图 6-20(a)是理想情况下该调节级各喷管组在变工况下的初压、背压与汽轮机流量的关系图,图 6-20(b)是各组喷管在不同工况下的流量分配图。以下说明该图的绘制方法。

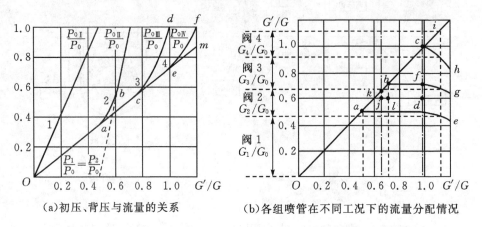

(a)初压、背压与流量的关系　　　　　　　(b)各组喷管在不同工况下的流量分配情况

图 6-20　调节级喷管组的简化变工况特性曲线

该调节级第一组喷管采用缩放喷管,扩张部分很短,出口截面与喉部截面的面积比为 $A_1/A_{cr}=1.03$,由式(6-15)可得相应的极限压比 $\varepsilon_c=0.65$。

设计工况下,前三个调节阀处于全开状态,通过的流量为额定流量,即 $G'=G$。此时调节级的压比为设计压比,已知设计压比为 0.68,即 $P_2/P_0=0.68$。又调节级后的压力正比于流量,$P'_2/P_2=G'/G$,这样

$$\frac{P'_2}{P_0} = 0.68\frac{G'}{G} \tag{6-45}$$

式(6-45)表明喷管的背压与流量成线性关系,该关系由图 6-20(a)中的直线 O_m 表示。在各阀开启的过程中,调节级后压力与流量的关系一直满足该条件。

最大负荷运行时,第 4 个调节阀也全开,对应的流量为额定流量的 1.2 倍,即 $G'=1.2G$。接下来对四个喷管组的变工况特性依次进行讨论。

1. 第一喷管组变工况特性

当第一个调节阀(以下简称阀 1)全开时,汽轮机的进汽量达到设计值的一半,即 $G'/G=0.5$。阀 1 开启过程中,调节级通流面积保持不变,此时调节级和中间级可以当做一个级组来处理。调节阀后压力 p_{0I} 是喷管组的进口压力,正比于流量,且为均质流。当阀 1 全开时,阀 1 后的压力为 P_0,流量为 0.5G。由式(6-9)可得,开启过程中阀 1 后压力 P_{0I} 与流量的关系为

$$\frac{P_{0I}}{P_0} = \frac{G'}{0.5G} = 2\frac{G'}{G} \tag{6-46}$$

阀 1 后的参数用下标 0I 表示,阀 2 后的参数用下标 0II 表示,依次类推。式(6-46)表明在阀 1 开启的过程中,第一组喷管的初压与流量成线性关系,该关系由图 6-20(a)中的直线 1 表示。由式(6-45)和式(6-46),阀 1 控制喷管组的压比可表示为

$$\frac{P_1}{P_{0I}} = \frac{0.68G'/G}{2G'/G} = 0.34 < \varepsilon_c = 0.65$$

上式说明在阀 1 开启的过程中,在 $0\leqslant G'\leqslant 0.5G$ 的流量变动范围内,第一组喷管均在临界状态下工作。

2.第二喷管组变工况特性

当第二个调节阀(以下简称阀 2)全开时,两组喷管总共通过流量 $G' = 0.75G$。阀 2 全开时,喷管初压等于主汽阀的压力,由式(6-45)可得,喷管压比满足

$$P_1/P_0 = P_2/P_0 = 0.68 \times 0.75 = 0.51 < \varepsilon_c = 0.65 \qquad (6-47)$$

式(6-47)说明阀 2 全开时,阀 1、阀 2 所控制的喷管组均处于临界状态,此时阀 1 通过的流量 $G_{0 \text{I}} = 0.5G$,阀 2 通过的流量 $G_{0 \text{II}} = 0.25G$。

阀 1 全开,阀 2 未开时,通过调节级的流量为 $G' = 0.5G$。喷管后压力由式(6-45)计算可得

$$P_1/P_0 = P_2/P_0 = 0.68 \times 0.5 = 0.34 < \varepsilon_c = 0.65$$

第一喷管组压比 $P_1/P_{0 \text{I}} = P_2/P_{0 \text{I}} = 0.34$,处于临界状态。阀 2 开启过程中,阀 1 喷管初压为 P_0,保持不变,而背压随流量的增加而增大,因此压比随流量的增加而增大。当阀 2 全开时,阀 1 喷管压比仍然小于极限压比 ε_c。即:阀 2 开启的过程中,阀 1 所控制的喷管组始终处于临界状态,通过流量为 $G_{0 \text{I}} = 0.5G$。

在阀 2 开启的过程中,阀 2 喷管组初压 $P_{0 \text{II}}$ 不断升高,背压 P_1 也不断升高。随着流量 G' 的增大,压比 $P_1/P_{0 \text{II}}$ 减小,喷管组将逐渐由非临界状态转变为临界状态,因此存在由非临界状态转变为临界状态的转折点。在图 6-20(a)中用点 b 表示,以下对点 b 进行着重分析。

阀 2 喷管组在临界状态下工作时,初压正比于流量变化,由式(6-9)可得

$$\frac{P_{0 \text{II}}}{P_0} = \frac{G' - 0.5G}{0.25G} \qquad (6-48)$$

结合式(6-45),临界状态下阀 2 喷管组压比可以表示为

$$\frac{P_1}{P_{0 \text{II}}} = \frac{0.68G'/G}{4(G'/G - 0.5)} \qquad (6-49)$$

在转折点 b 处压比 $P_1/P_{0 \text{II}}$ 正好达到极限值,即 $P_1/P_{0 \text{II}} = \varepsilon_c = 0.65$,代入式(6-49)即得 $G'/G = 0.68$。继而可以得到如下结论:

(1)在点 b 以左,即 $0.5 < G'/G \leqslant 0.68$ 时,阀 1 喷管组在临界状态下工作,阀 2 喷管组在非临界状态工作,初压可以通过椭圆方程求解。

在图 6-20(b)中,通过阀 1 喷管组的流量保持为最大临界流量,即 $G_{0 \text{I}} = 0.5G$,如图 6-20(b)中直线 aj 所示,阀 2 控制的喷管组流量如直线 ak 所示。

(2)在点 b 以右,即 $0.68 < G'/G \leqslant 0.75$ 时,阀 1、阀 2 所控制的喷管组均在临界状态下工作,如式(6-48)所示,喷管组初压正比于其通过的流量 G'。在该类工况下,阀 1 控制的喷管组的流量保持为最大临界流量,即 $G_{0 \text{I}} = 0.5G$,如图 6-20(b)中直线 jl 所示,阀 2 控制的喷管组的流量呈线性增加,如图中直线 kb 所示。

3.第三喷管组变工况特性

第三调节阀(以下简称阀 3)全开时,调节级 3 组喷管通过的总流量即为额定流量,亦即 $G' = G$。阀 3 开启的过程中,第三喷管组初压不断升高,流量增加,背压也不断升高,对应压比则不断降低。阀 3 全开时,喷管组压比降到最低,达到级的设计压比 0.68。即:当第三喷管组压比最低的时候,第三喷管组依然处于非临界状态,所以阀 3 开启的过程中,阀 3 喷管组始终处于非临界状态。

由阀 2 变工况特性分析知,阀 2 全开,阀 3 未开时,第一组喷管和第二组喷管均处于临界状态。阀 3 开启的过程中,阀 1 和阀 2 初压不变,随着流量增加,背压升高,压比增加,可能进入非临界状态。在从临界状态到非临界状态的转折点处,喷管前后压比达到临界值,即 P_1/P_0 $=P_2/P_0=\varepsilon_c$。代入式(6-45),即得 $G'/G=0.96$。得到如下结论:

(1)当 $0.75<G'/G\leqslant0.96$ 时,第一和第二喷管组处于临界状态。喷管组初压不变,通过第一组喷管和第二组喷管的流量分别为 $0.5G$ 和 $0.25G$,如图 6-20(b)中直线 ld、bf 所示;阀 3 控制的喷管组通过的流量 $G_{0\text{Ⅲ}}$ 为

$$G_{0\text{Ⅲ}} = \left(\frac{G'}{G} - 0.75\right)G \qquad (6-50)$$

由于第三喷管组始终处于非临界状态,流量可由式(6-3)得到。

(2)当 $0.96<G'/G\leqslant1.0$ 时,第一和第二喷管组也处于非临界状态。两个喷管组初压保持不变,通过的流量 $G_{0\text{Ⅰ}}$ 可利用式(6-4)求得。第三喷管组的流量在计算出第一、第二喷管组流量 $G_{0\text{Ⅰ}}$ 和 $G_{0\text{Ⅱ}}$ 之后即可得出。第三组喷管的流量与压力的变化规律如图 6-20(a)中曲线 cd 所示,相应的流量分配曲线如图 6-20(b)中曲线 bc 所示。

4.第四调节阀变工况特性

第四调节阀(以下简称阀 4)开启的过程中,汽轮机处于超载运行状态,流量的变化范围为 $1.0<G'/G\leqslant1.2$。在阀 4 开启的过程中,调节级总流量进一步增加,喷管组背压进一步升高,所有喷管组均处于非临界状态。给定流量 G',利用椭圆公式(6-3)可以求各喷管组的流量,如图 6-20(b)中曲线 de、fg、ch 以及 ci 所示,相应的压力与流量的变化关系曲线如图 6-20(a)中曲线 ef 所示。

6.4.2　调节级的实际变工况特性

上节对调节级喷管组的简化变工况特性进行了分析,然而在实际汽轮机运行过程中,调节级的变工况计算较为复杂,下面对各种因素的影响进行简要说明。

实际的调节级是有反动度的,即 $p_1\neq p_2$。当汽轮机超载时,阀 4 逐渐打开,汽轮机流量从设计值增加上去,此时调节级初压 p_0 基本保持不变,而背压 p_2 升高,导致调节级等熵焓降 h_s 减小,速比 u/c_a 增大,调节级反动度 Ω 增大。反之,在汽轮机减载过程中,阀 3 和阀 2 依次逐渐关闭,此时调节级初压 p_0 基本保持不变,而背压 p_2 降低,导致调节级等熵焓降 h_s 增加,速比 u/c_a 减小,级的反动度 Ω 增加。等熵焓降 h_s 不论减小或增大,在等转速汽轮机中将引起速比 u/c_a 和级的反动度 Ω 的改变,从而带来其他参数的变动,包括调节级内效率的下降和级后蒸汽温度的变化。但是,当汽轮机流量减小到大约等于设计流量的一半及以下时,即流量由阀 1 单独控制时,由于喷管初压 $p_{0\text{Ⅰ}}$ 和背压 p_2 一起成比例随流量减小而减小,级的压比 $p_2/p_{0\text{Ⅰ}}$ 及绝热焓降 h_s 和反动度 Ω 等参数基本保持不变,这时级效率基本保持为常数,不再继续下降。图 6-21 和图 6-22 定性地依次表示了级后蒸汽焓值随流量的增加而上升的情况和级后蒸汽压力与流量关系曲线偏离正比例辐射线的情况。

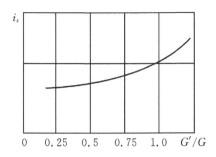

图 6-21　调节级后蒸汽焓值变化

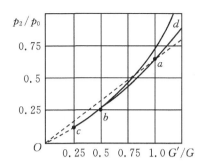

图 6-22　调节级后的压力-流量变化曲线

如图 6-21 所示,由于调节级后温度 T_2 的变化,级后压力 P_2 并不是正比流量而变,即式 (6-8) 中的温度项对压力流量关系的影响不能忽略。对于凝汽式汽轮机而言,有

$$\frac{G'}{G} = \frac{P'_2}{P_2} \sqrt{\frac{T_2}{T'_2}} \tag{6-51}$$

可以看出,汽轮机负荷下降时,由于级后温度 T_2 的降低,级后压力的下降速度必然超过流量减少的速度,于是得到图 6-22 中由 a 到 b 这样一段压力-流量曲线。点 b 以下由阀 1 单独控制,温度下降速度减少,温度的影响逐渐减弱,所以压力又近似正比于流量而变,因而压力-流量曲线由 b 到 c 的一段又近似为辐射线,但点 c 以下没有实际意义,用虚线表示。点 a 以上级后温度超过设计值,压力 P 增加速度大于流量增加速度,所以压力-流量曲线又弯到辐射线之上。

现代汽轮机的调节级,在设计时都选取一定的反动度。由于 $\Omega > 0$,所以喷管背压 P_1 略高于级后压力 P_2,由图 6-21 可知 $P_1 - G$ 曲线也必定是弯曲的。6.2 节中曾经指出,反动度与焓降的变化方向相反,从而可以断定 $P_1 - G$ 曲线要比 $P_2 - G$ 曲线向上弯曲得更厉害,但是从第一个调节阀单独开启时的流量以下,也有一段近似是直线。如果在这一流量下,反动度为 0,那么主曲线将大致如图 6-22 中的曲线 cbd 所示。

为了改善调节系统特性,各调节阀开启的过程实际上有一定的重叠度,即一个阀未全开时,下一阀已开启。另外,主汽阀实际上有一定的节流作用,且流量越大,节流作用越明显,从而导致各喷管组前压力 P_0 随流量的增大而减小。考虑以上四个因素之后,可以重新绘制调节级的实际变工况特性曲线如图 6-23 所示。

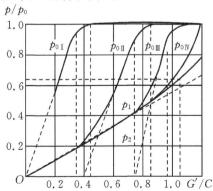

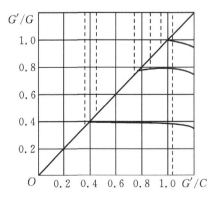

图 6-23　调节级实际变工况特性

利用图 6 - 23,以第一、二组喷管为例,对重叠度的影响进行说明。由于阀 1 开足之前阀 2 已开始打开,所以第一组喷管的流量 G_{0I} 就比总流量 G' 要小。又由于第二组喷管的初压 P_{0II} 是按曲线规律随 G' 变化的,而喷管背压 P_1 则基本上正比于流量 G,这就导致了 G_{0I} 曲线在这一段的弯曲。然而,第一组喷管始终处于临界状态,所以它的初压 P_{0I} 仍然正比于 G_{0I},为此 P_{0I} - G 曲线在这一段也相应地变为弯曲形状。在实际中,这些曲线部分一般都不需要通过详细计算来确定,只有在设计调节阀阀碟的型线时才需要仔细确定曲线形状。

6.4.3　调节级后参数的确定

当一部分喷管调节阀全开,而另一组喷管受到部分开启阀门的节流作用影响时,这两部分喷管在相同焓值、不同初压下工作,但级后的压力相同,所以绝热焓降和有效焓降以及各项损失对两部分汽流都不相同。这时,需要先分别计算两部分汽流在级后的状态参数,然后再求它们均匀混合之后的共同参数。图 6 - 24 表示了两股汽流相关的状态参数。对于全开阀的汽流,初压为 p_0,初焓为 i_0,流量为 G_1,出口焓值为 i_a;对于部分开启的汽流,初压为 p'_0,初焓为 i_0,流量为 G_2,出口焓值为 i_b。

为了确定两股汽流在级后混合均匀之后的焓值 i_c,可以假定混合后的蒸汽热能等于混合之前两部分蒸汽的热能之和,这样就可列出式

$$i_c = \frac{G_1 i_a + G_2 i_b}{G_1 + G_2} = \frac{G_1(i_0 - h_{ia}) + G_2(i_0 - h_{ib})}{G_1 + G_2}$$

或

$$i_c = i_0 - \left(\frac{G_1}{G} h_{ia} + \frac{G_2}{G} h_{ib} \right) \qquad (6 - 52)$$

其中,$G = G_1 + G_2$。两股汽流分别计算之后,h_{ia} 和 h_{ib} 都是已知数,因此利用式(6 - 52)求出 i_c 后就可确定图 6 - 24 中点 c 的位置。

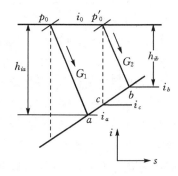

图 6 - 24　两股汽流混合后的参数

6.4.4　调节级的变工况计算

调节级的变工况计算的任务是根据设计工况数据及变工况要求来确定不同流量下的调节级后排汽状态点。图 6 - 25 为图 6 - 20 所讨论调节级在不同工况下所对应的绝热焓降及级后状态点的变化。对于单列调节级而言,这种计算比较简单;对于双列复速调节级,由于级中四排叶片通道的出口截面汽流连续方程必须同时满足,必须迭代多次才能得到满意的结果。利用计算机可以大大节省计算时间,但在编程时已经作了必要的简化假设,并不能显著增进结果的准确性,因此通过对调节级进行的实际试验得到的结果才是最可靠的。

目前,许多工厂常采用以下方法对调节级的变工况进行详细计算,该方法大致分为三步:

(1)求出两股汽流的流量分配及喷管组后的蒸汽压力 p'_1 和部分开启阀后压力 P_{0n}。因为在任一负荷下,调节级实际的反动度不为 0,各喷管组的流量分配主要决定于喷管组前后压力 p_0 和 p_1,在已知蒸汽初态(p_0,t_0)下,确定 p'_1、p_{0n} 较麻烦。

（2）在确定 p'_1、p_{0n}、G_{0n} 等的同时进行调节级的特性计算,作出级的反动度 $\Omega - p_2/p_0$ 及轮周效率 $\eta - u/c_a$ 等曲线。

（3）利用已有的级的特性曲线,对调节级进行详细的变工况计算。

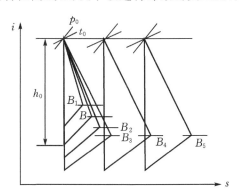

B—设计流量下级后状态点;B_1—最大流量下级后状态点;

B_2—3/4 设计流量下级后状态点;B_3—1/2 设计流量下级后状态点;

B_4—1/3 设计流量下级后状态点;B_5—1/5 设计流量下级后状态点

图 6-25　调节级的绝热焓降及级后状态点的变化

接下来我们将上述步骤进行简述。

当调节阀部分开启时,通过该喷管组的流量为

$$G = 0.65A_1\beta_1 \sqrt{p_{0n}/v_{0n}} = 0.65A_1\beta_1 p_{0n}/ \sqrt{p_0 v_0} \qquad (6-53)$$

式中,$\beta_1 = \sqrt{1-\left(\dfrac{\varepsilon_1 - \varepsilon_{cr}}{1 - \varepsilon_{cr}}\right)^2}$,为彭台门系数,由式(6-3)进行计算;$p_0$ 为主汽阀前的蒸汽压力,Pa;v_0 为主汽阀前的蒸汽比容,m^3/kg;p_{0n} 为调节阀部分开启时喷管组前的蒸汽压力,Pa;v_{0n} 为调节阀部分开启时喷管组前的蒸汽比容,m^3/kg。

如果用级后压力 p'_2 对喷管组流量 G 进行表示,则有

$$G = \frac{0.65A_1}{\sqrt{p_0 v_0}} \times \frac{\beta_2 \lambda}{p'_2/p_{0n}} \times p'_2 = A\mu p'_2 \qquad (6-54)$$

式中,$\beta_2 = \sqrt{1-\left(\dfrac{\varepsilon_2 - \varepsilon_{cr}}{1 - \varepsilon_{cr}}\right)^2}$,为彭台门系数,由式(6-3)进行计算;$\lambda = \beta_1/\beta_2$,为压力 p'_1 变换到 p'_2 的修正系数,即考虑反动度影响的系数;$\mu = \beta_2\lambda/(p'_2/p_{0n})$,为压力比 p'_2/p_{0n} 的函数;$A = \dfrac{0.65A_1}{\sqrt{p_0 v_0}}$,在一定的喷管组及一定的进汽参数下为常数。

从式(6-54)可以看到,如能求得系数 μ,就能很方便地根据其负荷下的级后压力 p'_2 计算出一定参数下通过喷管组的流量,但参数 μ 与 λ 有关,所以关键是如何求得 $\lambda = f(p'_2/p_{0n})$ 与 $\mu = f(p'_2/p_{0n})$ 的关系。

λ 与 p'_2/p_{0n} 的关系一般采用阀门全开由级前向级后的逐步热力计算来确定,即任意给定一喷管后的压力 p'_1,按式(6-53)求出与 p'_1 对应的通过该喷管组的流量,再用能量方程和连续方程求出相应的 p'_2 和 β_2,即求得 λ 值。然后就可作出 $\lambda = f(p'_2/p_{0n})$ 的曲线,如图 6-26 所示。由于 $p_2 < p_1$,所以计算中当 β_1 尚未达到 1 时,β_2 先等于 1。当 $p'_1/p_{0n} > 0.546$ 时,λ 总

是小于 1。只有当 $p'_1/p_{0n}=0.546$ 时，由于 $p'_2/p_{0n}<0.546$，λ 才等于 1。此后，再降低 p'_2，λ 保持不变（见图 6 - 26）。在已知 λ 的基础上即可计算出 μ，从而可以绘制出 $\mu=f(p'_2/p_{0n})$ 的关系曲线，如图 6 - 27 所示。

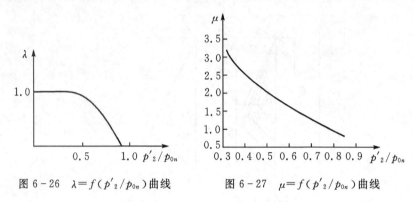

图 6 - 26　$\lambda=f(p'_2/p_{0n})$ 曲线　　　　图 6 - 27　$\mu=f(p'_2/p_{0n})$ 曲线

由于阀未全开时的喷管组前蒸汽初状态点处于节流过程线上，即 $p_{0n}v_{0n}=p_0v_0$，可以证明此时系数 μ、λ 只和比值 p'_2/p_{0n} 有关，与阀门是否全开无关，因此图 6 - 26、图 6 - 27 不仅适用于全开阀门，也适用于部分开启的阀门。利用上述曲线可以很方便地根据级后压力 p'_2 计算出通过任一喷管组的流量；或者由流量计算出喷管前的压力。针对不同的 p'_1 值，从级前往后计算时，不仅可以得到不同工况下 λ 和 μ 的值，还可得到反动度 Ω 和各项损失（叶栅型线损失、汽流撞击损失、余速损失）以及速度三角形，最后得到轮周效率 η_u，并可作出 $\Omega_p - p'_2/p_{0n}$ 和 $\eta_u - u/c_a$ 曲线图，如图 6 - 28 和图 6 - 29 所示。图 6 - 26～图 6 - 29 是 B6—35/3 型背压机组调节级（双列调速级）的特性曲线图。以下举例说明这些特性曲线在确定该调节级变工况特性时的应用。

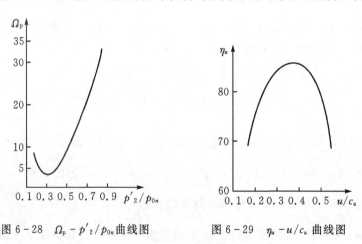

图 6 - 28　$\Omega_p - p'_2/p_{0n}$ 曲线图　　　　图 6 - 29　$\eta_u - u/c_a$ 曲线图

已知：B6—35/3 型背压机组，共四只调节汽阀，各阀控制的喷管个数依次为 5、7、9、6，共 27 个，单个喷管面积为 $A_1=2.36$ cm^2。新蒸汽参数 $p_0=3.43$ MPa，$t_0=435$ ℃，$v_0=0.0913$ m^3/kg，内功率 $N_i=6\ 869$ kW，当进汽量 $D_0=63$ t/h 时，前三阀全开，全开阀后压力为 $p'_0=0.95p_0=3.26$ MPa，调节级背压 $p_2=2$ MPa，汽轮机背压 $p_B=0.8$ MPa，$t_2=381$ ℃。当流量 $D'_0=56$ t/h，$p'_B=0.294$ MPa 时，阀 1、阀 2 全开，阀 3 部分开启。

(1)按弗留盖尔公式求出调节级的背压 p'_2：

$$\frac{G'}{G} = \sqrt{\frac{p'^2_2 - p'^2_B}{p^2_2 - p^2_B}} \cdot \sqrt{\frac{T_2}{T'_2}}$$

经过逐步迭代，考虑温度影响之后，$p'_2 = 1.65$ MPa。

(2)流过全开阀调节级的压比：

$$\varepsilon_2 = p'_2 / p_0 = \frac{1.65}{3.43 \times 0.95} = 0.5$$

查 $\mu - p'_2/p_{0n}$ 曲线，得 $\mu = 1.95$，系数 A 为

$$A = \frac{0.65 \times 3.6 A_1}{\sqrt{p_0 v_0}} = \frac{2.34 \times 2.36 \times 10^{-6}}{\sqrt{3.43 \times 10^{-6} \times 0.091\,3}} = 0.098\,7 \times 10^{-5}$$

(3)调节阀全开时，通过单个喷管的流量为

$$D_0 = A \mu p'_2 = 0.098\,7 \times 1.95 \times 16.5 = 3.18 \text{ t/h}$$

阀 1、阀 2 全开时，通过喷管的流量为

$$D'_1 = \sum_{i=1}^{2} D_i = (5 + 7) \times 3.18 = 38.16 \text{ t/h}$$

(4)通过阀 3 流量为

$$D''_1 = D_0 - D'_1 = 56 - 38.16 = 16.84 \text{ t/h}$$

通过阀 3 喷管组中每一个喷管的流量为

$$D' = 16.84/9 = 1.982 \text{ t/h}$$

该喷管组的 $\mu = D'/A p'_2 = 1.982/(0.098\,7 \times 16.5) = 1.217$。

在 $\mu - p'_2/p_{0n}$ 曲线上查得压比 $p'_2/p_{0n} = 0.71$，从而得到 $p_{0n} = 2.324$ MPa。

(5)根据两股汽流在调节级后混合，应用轮周效率曲线 $\eta_u - u/c_a$，分别查得通过全开阀汽流轮周效率 η'_u 及部分开启阀汽流轮周效率 η''_u，得

$$\eta_u = (D'_1 h'_s \eta'_u + D'_1 h''_s \eta''_u)/D' h_s$$

(6)根据反动度曲线 $\Omega_p - p'_2/p_{0n}$，可以分别查出两股汽流的反动度。由于喷管组的压比不同，即 p'_2/p_0 不同，所查的反动度也不一样，但二者算出的 p'_1 都是接近相等的。按全开阀汽流的压比 $p'_2/p_0 = 1.65/3.26 = 0.506$，由图 6 - 28 查得压力反动度 $\Omega_p = 10.5\%$，得 $p'_1 = 1.82$ MPa；部分开启阀汽流的压比 $p'_2/p_{0n} = 1.65/2.324 = 0.71$，由图 6 - 28 查得压力反动度 $\Omega_p = 24.5\%$，从而得 $p'_1 = 1.82$ MPa。

上例表明，在对某一给定的调节级变工况计算时，可应用这些特性曲线求得各工况下的轮周效率及两股汽流的混合状态点。接下来可继续计算该工况下的漏气损失 ξ_δ、轮面摩擦损失 ξ_f、鼓风损失 ξ_v，从而得到调节级的内效率 η_i。

6.4.5　中间级变工况特性

在采用喷管调节级的多级汽轮机中，中间级和末级的变工况特性受到调节级变工况特性的影响。按照前面对调节级变工况特性进行分析的结果，这种影响主要表现在调节级后蒸汽温度的改变会影响中间各级的流量和级前压力所保持的正比变化关系。

在考虑温度影响的条件下绘制的冷凝式汽轮机(如某公司 1 500 kW 机组)中间级的初压与流量关系曲线如图 6 - 30 所示。图中虚线表示忽略温度影响的压力与流量关系曲线，此时

压力与流量成正比关系,为辐射线;实线表示考虑温度影响的压力-流量关系曲线。根据实际经验,在1/2设计流量下,P_i-G'/G曲线大致比辐射线降低5%～7%。虽然这一规律可以应用于所有各中间级,但由于各级压力由高压到低压逐渐下降,所以各曲线相应地越来越接近辐射线。

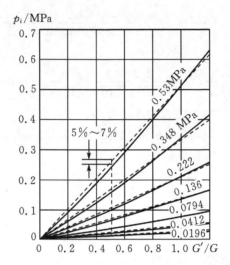

图6-30　调节级后温度对凝气式汽轮机中间级组 p_i-G'/G 曲线的影响

各级 P_i-G'/G 曲线偏离辐射线的程度从相对值看基本相同,中间级压比和绝热焓降基本保持常数,不随流量变化,这和 P_i-G'/G 曲线完全符合直线规律的情况是一样的。为此,在冷凝式汽轮机的近似变工况计算中,只需将中间各级所构成的整个级组与各流量进汽状态点在 i-s 图上确定下来就可以了。

调节级排汽温度的变化对图6-12(a)所讨论的背压式汽轮机中间级 p'/p-G'/G 曲线的影响大致如图6-31所示。

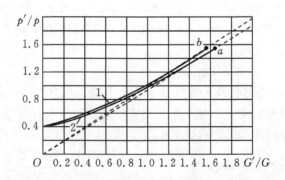

图6-31　调节级后温度对背压式汽轮机第一中间级 p'/p-G'/G 曲线的影响

图中曲线1表示不考虑温度影响时背压式汽轮机的第一中间级初压与流量关系。这条曲线与 Oa 辐射线相切于点 a,即在 G'/G=1.64 时整个级组和末级达到临界状态。曲线2表示考虑温度影响后的 p'/p-G'/G 关系:在部分负荷(G'/G<1.0)时,曲线2弯到曲线1下方;在

超负荷运行($G'/G>1.0$)时,级组前的压力因温度的影响而提高,曲线 2 移到曲线 1 之上,最后与另一条辐射线相切于 $G'/G=1.56$ 点 b。点 a 和点 b 的相对压力相同,说明级组两种临界状态是在同一个压比下达到的;两点的相对流量差别代表调节级后温度变化的影响。

对于背压式汽轮机其他各中间级的 p'/p-G'/G 曲线,调节级的温度变化与上述影响类似。大体而言,温度的影响使得各条 p'/p-G'/G 曲线按基本相同的比例在 $G'/G \leqslant 1.0$ 的范围内向下弯曲,因此基本上能保持各级有关参数不变。因此,在这种汽轮机的变工况计算中,一般也没有必要对中间级进行逐级计算。

6.4.6　末级的变工况特性

多级汽轮机的末级在变工况下工作的特点就是背压与初压之比 p_{2z}/p_{0z} 是随流量 G 的变化而改变的,因而级的绝热焓降 h_s、反动度 Ω、速比 u/c_a 和级效率 η 都会改变。在末级背压不变的情况下,这种特点表现得尤为显著。

大中型冷凝式汽轮机的末级在设计工况下一般达到临界状态,因此在低负荷工况下,如果背压保持不变,末级很快就会转到非临界状态。即使背压随流量有所降低,末级也有可能转到非临界状态。所以计算末级的变工况压比时需要应用式(6-19a),将其重写如下:

$$\frac{G'}{G} = \sqrt{\frac{p_{0z}'^2 - p_{2z}'^2}{p_{0z}^2 - p_{2z}^2}} \sqrt{\frac{T_{0z}}{T_{0z}'}} \approx \sqrt{\frac{p_{0z}'^2 - p_{2z}'^2}{p_{0z}^2 - p_{2z}^2}} \tag{6-55}$$

式中,p_{2z}' 决定于冷凝器压力 p_k' 和排汽节流损失造成的压降 $\Delta p_k'$,即 $p_{2z}' = p_k' + \Delta p_k'$。由于大、中型冷凝式汽轮机的末级都是扭叶片级,一般参数在设计工况下本来都是沿通流部分高度有所变化的,因此在变工况下每一项汽流参数的变化规律在各个半径截面上都不相同。例如,在内径截面上 Ω_h 很小,接近于零,而在外径截面上 Ω_t 很大,有时超过 50%;两处的叶栅出口面积比(用 $\sin\beta_2/\sin\alpha_1$ 表示)也相差较大。根据汽轮机级的变工况原理可知,这时在同样的 h_s 变化范围内,内径截面上 Ω_h 的变化很大,而外径截面上的 Ω_t 将基本上稳定不变。在这种复杂的情况下,即使应用式(6-53)确定了 p_{0z}' 和 h_s' 之后,也还是不能立刻得到末级的详细变工况工作情况。

实际上,从整个汽轮机热力设计的观点看,取平均半径截面处的汽流为代表来进行末级的变工况计算,对一般计算已足够精确。这是因为,末级虽然绝热焓降较其它中间级大得多,但在汽轮机的总绝热焓降中所占的比例还是相当小的,一般在中压机组中约占 1/8,在高压机组中约占 1/9,而在中间再热机组中只占 1/10 左右。因此,在末级的变工况计算中即使有些误差,对整个汽轮机变工况计算结果准确性的影响也是较小的。这就给予我们足够的理由在冷凝式汽轮机的一般变工况计算中,对末级的计算应用大为简化的方法。

这种简化计算法的实质就是,将末级在原则上也划归中间机组,即不需要进行详细变工况计算的级组,而仅对末级内的个别损失项目进行变工况计算。在冷凝式汽轮机末级的各项损失中,余速损失一般总是最大的一项。另外,各湿蒸汽级中的湿汽损失之和一般与末级余速损失的大小差不多,因此在变工况计算中也不能忽略不计。在采用适当方式考虑这两项损失的前提下,将末级作为中间级之一来对待,不会对整个汽轮机变工况计算带来过大的误差。

末级既然算作中间级,它的余速损失实际上就成为整个汽轮机的一项外部损失,可以与其它外部损失(例如进、排汽节流损失等)同样对待。在计算这项损失时,可以近似地假设 c_2' 的方向是轴向的,即 $\alpha_2' \approx 90°$,因此 c_2' 的计算式为

$$c'_2 = \cfrac{G'v'_{2z}}{\cfrac{\pi}{4}(d_t^2 - d_h^2)} \quad \text{(m/s)} \tag{6-56}$$

式中，G' 为汽轮机的变工况排汽流量，kg/s；v'_{2z} 为对应于 $p'_{2z} = p'_k + \Delta p'_k$ 的蒸汽比容积，m^3/kg；d_t 为末级动叶的外径，m；d_h 为末级动叶的内径，m；

c'_2 确定之后，相应的变工况余速损失 h'_{c_2} 可以通过 $\cfrac{c'^2_2}{2\,000}$（$kJ \cdot kg^{-1}$）计算得到。

上述这种计算汽轮机变工况余速损失的方法有一个缺点，就是在小流量下，例如在 $G/4 \sim G/3$ 以下，由于 c'_2 太小而形成的末级动叶鼓风损失没有被考虑。当流量进一步减小时，倒数第二级甚至倒数第三级动叶都有可能变成风扇而产生鼓风损失。对于这些，有的是将余速损失、排汽室中的压力损失 $\Delta p'_k$ 及小流量下的鼓风损失（包括末级和它之前有关各级中所产生的）三项合并在一块叫做汽轮机的排汽损失，并根据实际试验来确定这种损失与主要参数 c'_2，以及排汽损失几何特性和空气动力特性等因素之间的关系。当然，在足够大的流量之下，就没有鼓风损失这一项。图 6-32 就是根据试验结果绘制而成的某台冷凝式汽轮机的排汽损失曲线实例。由于排汽损失中包括了 $\Delta p'_k$ 所代表的节流损失，所以计算 c'_2 时，比容积应取 v_k，而不取 v_{2z}。末级

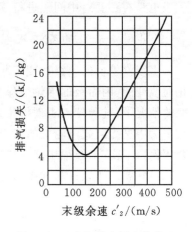

图 6-32　末级排汽损失曲线

的背压也视为等于冷凝器压力 p_k。曲线右部一段基本上是直线，这与 $h'_{c_2} \propto c'^2_2$ 的规律也是有出入的。曲线左部一般表示小流量下，即 c'_2 较小的情况下，末级以及它前面的一两级的鼓风损失引起排汽损失急剧增加的情况。

末级和其它级的变工况湿汽损失对汽轮机内效率的影响可以归并在一起考虑，并算到整个中间级组的内效率上。在汽轮机的变工况计算中，中间级组的进汽状态点先根据调节级的变工况计算结果确定，从而也就确定了相应的蒸汽过热度。很显然，中间级组的进汽过热度越高，排汽的湿度就越小，整个湿汽损失就越小，因此对中间级组的相对内效率进行一次初态蒸汽过热度的修正可以代替对各湿蒸汽级的损失计算。

进行过热度修正时，用一个随过热度而变的修正系数 K 去乘中间级组的设计工况相对内效率（包括末级，但末级的余速损失除外）。修正系数 K 曲线如图 6-33 所示，它是一条以 100℃ 的过热度为

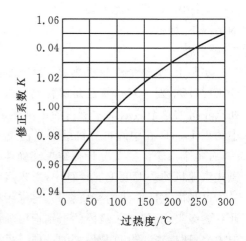

图 6-33　调节级后进汽过热度修正曲线

基数的曲线，即 $K_{100℃} = 1.00$。中间级组的进汽过热度大于 100℃ 时，$K > 1.00$；过热度小于 100℃ 时，$K < 1.00$。如果在设计工况下进汽点的过热度不是 100℃，那就必须先将设计工况的级组内效率修正到 100℃ 过热度相对应的数值，然后再用变工况下的 K 值去乘这个数值，从

而得到变工况下的级组相对内效率。

　　背压式汽轮机的排汽一般都是过热蒸汽,如果是湿蒸汽,湿度也很小,所以就不需要对它的中间级组进行过热度修正了。此外,背压式汽轮机的末级绝热焓降的设计值并不比其它中间级的绝热焓降设计值大许多,所以末级的余速损失也很小,一般不到 4 kJ/kg,这在汽轮机的总绝热焓降中所占比例大概不到 0.5%。以上这些情况表明背压式汽轮机的变工况计算应该允许采用更加简化的程序。这就是不考虑调节级后蒸汽温度的影响,确定调节级的背压,并用简单办法计算调节级的变工况效率,从而确定中间级组的进汽状态点,然后在 i-s 图上由此点画一条直线平行于设计工况下的整个中间级组(包括末级)的进汽点与排汽点(考虑末级余速损失之后)之间的连线,这条直线

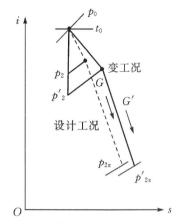

图 6-34　背压汽轮机变工况过程曲线简化计算图解

与新的背压等压线的交点就作为新工况下汽轮机过程曲线的排汽点。图 6-34 示意地表示这种简化程序所确定的背压式汽轮机的变工况过程曲线与设计工况过程曲线之间的关系。

　　节流调节汽轮机由于没有调节级,所以在变工况计算中全部各级都可以作为中间级组来处理。由于节流过程中的蒸汽温度变化很小,级组的进汽压力基本上正比于流量而变,也就不需要考虑温度变化的影响了。但是,对于节流调节的冷凝式汽轮机进行变工况计算时,湿汽损失和末级余速损失这两项的变化都不能忽略,所以过热度修正系数的确定和余速损失的计算相同于喷管调节汽轮机的情况。

6.5　变转速汽轮机的变工况

　　与工作在设计转速下的发电用汽轮机不同,驱动泵、压气机和鼓风机等工业汽轮机的转速会随着被驱动机械的转速改变而改变,这种汽轮机为变转速汽轮机。其特点是随着被驱动机械的负荷变化,进入机组蒸汽的初终参数、流量、功率和转速发生相应的改变,级的速比即发生变化,从而导致级反动度 Ω 改变,进而影响级效率 η_i。

　　对于变转速汽轮机,表征汽轮机级的一个重要特性参数为速比 u/c_a。对反动度不大的单列级(设计反动度 $\Omega_0 < 0.2$),如果速比变化不大,反动度的变化可用以下近似公式计算:

$$\frac{\Delta\Omega}{\Omega} = 0.4\Delta(u/c_a)/(u/c_a)_0, \quad -0.1 < \Delta(u/c_a)/(u/c_a)_0 < 0.2 \qquad (6-57)$$

　　对设计反动度 $\Omega_0 = 0.4 \sim 0.5$ 的级,若速比变化不大,则可近似认为 $\Delta\Omega = 0$。

　　双列复速级的反动度为第一列动叶、导叶及第二列动叶的反动度之和。在变工况计算时,通常需要估算总反动度的变化。对绝热焓降不大的全周进汽双列复速级,速比的改变引起双列复速级反动度的变化值可用以下近似公式计算:

$$\Delta\Omega = 0.45\frac{u/c_a - 0.3}{0.3} \qquad (6-58)$$

　　由压比 $\varepsilon = p_2/p_0$ 改变引起的总反动度变化可由以下经验公式估算:

$$\Delta\Omega = 0.8\left[1 - \left(\frac{\varepsilon}{0.6}\right)^{\frac{\kappa-1}{\kappa}}\right]\sqrt{\frac{l_1}{20}} \qquad (6-59)$$

式中，l_1 为喷管高度，mm；κ 为绝热指数。

接下来，我们将对单级变转速汽轮机和多级变转速汽轮机的变工况分别进行讨论。

6.5.1 单级变转速汽轮机的变工况

1. 初终参数不变，转速变化

对于单级汽轮机，初终参数不变，级的理想焓降 h_s 不变，转速升高时速比 u/c_a 增加，由式(6-57)可知级的反动度 Ω 增加。级的反动度变化对流量的影响可分三种情况进行估计。

如果在设计工况和变工况下，喷管中蒸汽都处于临界流动状态，则不管反动度 Ω 如何变化，级的流量都达到与蒸汽初参数相对应的临界流量，且有如下关系：

$$\frac{G'}{G_0} = \frac{p'_0}{p_0}\sqrt{\frac{T_0}{T'_0}} \qquad (6-60)$$

如果在设计工况和变工况时，喷管都处于亚临界流动状态，则反动度 Ω 的变化会影响流量的变化。此时的压力-流量关系可近似地表示为

$$\frac{G'}{G} = \sqrt{\frac{p_0'^2 - p_2'^2}{p_0^2 - p_2^2}}\sqrt{\frac{T_0}{T'_0}}\sqrt{1 - \frac{\Delta\Omega}{1-\Omega_0}} \qquad (6-61)$$

式中，p_2、p'_2 分别为设计工况及变工况时级的背压。

对于反动度不大的级，将式(6-57)代入式(6-61)，则有

$$\frac{G'}{G_0} = \sqrt{\frac{p_{01}^2 - p_2^2}{p_0^2 - p_2^2}}\sqrt{\frac{T_0}{T_{01}}}\sqrt{1 - 0.4(u/c_a)/(u/c_a)_0} \qquad (6-62)$$

由于级的初终参数不变，因此级的绝热焓降 h_s 保持不变，速比 u/c_a 为常数，则有

$$\Delta(u/c_a)/(u/c_a)_0 = \frac{\Delta n}{n_0} \qquad (6-63)$$

式中，Δn 为转速的变化值；n_0 为设计工作转速。

将式(6-63)代入式(6-62)，并注意到蒸汽初、终参数不变的条件，即有

$$\frac{G'}{G_0} = \sqrt{1 - 0.4\frac{\Delta n}{n_0}} \qquad (6-64)$$

因此，如果在变工况前后都处于非临界工况，当转速 n 升高时，反动度 Ω 增大，级的流量 G 就会减小，反之亦然。如果转速变化范围不大，则有

$$\frac{G'}{G_0} \approx 1 - 0.2\frac{\Delta n}{n_0} \qquad (6-65)$$

如果设计工况为临界流动，变工况为非临界流动，要确定流量变化的关系时，应经过详细的变工况计算确定临界工况，再根据近似公式计算。

2. 背压 p_z 及流量 G_1 保持不变，转速 n 变化

汽轮机级处于非临界工况时，转速 n 增加，级的反动度 Ω 会增大，喷管后压力 p_1 上升，要通过原来流量 G，喷管初压 p_0 就需要相应提高。反之，转速 n 下降，则级的初压 p_0 下降。若忽略初温的影响，并注意到 $G' = G_0$，则式(6-62)可转化为

$$\frac{p'_0}{p_0} = 1 + 0.2\left(1 - \frac{p_2^2}{p_0^2}\right)\frac{\Delta(u/c_a)}{(u/c_a)_0} \qquad (6-66)$$

由于初压变化时,式(6-66)中的速比 u/c_a 是变化的,因此速比的变化是由转速 n 及绝热焓降 h_t 两方面的变化所导致的。但是,初压变化所引起的速比变化是转速变化间接造成的,所以可以近似地只考虑转速改变引起的速比变化。将式(6-63)代入式(6-66)可得

$$\frac{p'_0}{p_0} \approx 1 + 0.2\left(1 - \frac{p_2^2}{p_0^2}\right)\frac{\Delta n}{n_0} \qquad (6-67)$$

例如某级的实际压比为 0.6,当转速 n 上升 25% 时,为了维持流量不变,经式(6-67)计算得初压 p_0 必须升高 3.2%,即当汽轮机级在非临界状态下工作(转速变化一般不大于 20%)时,转速变化对流量和初压的影响都不显著。当级在变工况前后均为临界流动时,转速对流量和初压不产生影响。图 6-35 所示为在同一背压 p_2、不同转速 n' 下,级的流量 G 与初压 p_0 间的关系。临界流动状态下,初压变化时,流量 G 仅与初压 p_0 成正比关系变化;只有在级内汽流为非临界流动状态时,流量 G 与初压 p_0 才是曲线关系。在相同的初压及背压条件下,级的转速 n 越低,反动度 Ω 越小,流量 G 相应也越大,级的工况更趋于临界流动状态。初压、背压相等时级的流量 G 为零,没有蒸汽流过该级。

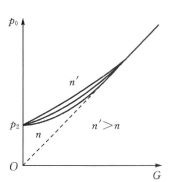

图 6-35 变转速汽轮机级的压力、流量与转速的关系曲线

图 6-36 和图 6-37 所示分别为某一短叶片汽轮机单列级和双列复速级变工况的试验曲线。由图可见,在非临界流动级中,压比对效率的影响不十分显著。

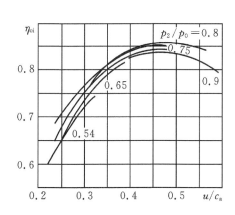

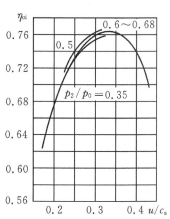

图 6-36 单列冲动级级效率与压比及速比的试验关系   图 6-37 复速级级效率与压比及速比的试验关系

6.5.2 多级变转速汽轮机的变工况

与分析等转速多级汽轮机的变工况一样,我们对变转速汽轮机调节级、中间级组及末级分别进行讨论。

对于一台蒸汽初终参数已经确定的多级变转速汽轮机,运行时由于负荷改变而引起的工况变化,除了流量外,转速改变也对这一过程产生影响。由多级变转速汽轮机驱动的从动机

械,如泵、风机等,它们的功率与转速的 2.5~3 次方成正比。随着从动机械的负荷下降,转速应相应下降,如功率减少 50%,转速降低 15% 左右。因此,对于多级变转速汽轮机,研究转速的变化对级组特性的影响具有十分重要的意义。

1. 调节级的变工况特性

喷管配汽的调节级中,调节级的流量通过改变调节阀的开闭进行调节。调节阀全开时,初压 p_0 不变,级后压力 p_2 随总流量 G' 减小而下降。调节级的焓降 h_s 增加,级的速比减小。同时,级组转速下降也会影响速比的变化,使得变转速汽轮机调节级较转速恒定机组的效率变化更加显著。如表 6-3 所示,对一台凝汽式汽轮机的近似计算结果表明,当变工况流量 G' 相同时,对应转速 n' 的降低,变工况 Ⅱ 效率降低得更加显著。为此,设计时应选择合理的转速变化范围及合理的调节级焓降,使调节级内效率不致于在变工况时下降过多。

表 6-3　转速变化对凝汽式汽轮机调节级效率的影响

工况	转速	流量(G)	压比(p_2/p_0)	级的速比(u/c_a)	效率(η_i)
设计工况	n_0	G_1	0.6	0.3	0.76
变工况 Ⅱ	n_0	$0.5G_1$	0.3	0.203	0.675
变工况 Ⅱ	$0.85n_0$	$0.5G_1$	0.3	≈ 0.173	0.62

2. 中间级的变工况特性

多级变转速汽轮机可采用从末级向前逐级计算的方法,并考虑转速变化对级组的影响,但级的初压变化未知,宜采用逐次逼近的方法进行计算。对于凝汽式多级变转速汽轮机,可以采用式(6-65)近似计算中间级组各级的级前压力,即

$$\frac{G'}{G} = \frac{p_{01}}{p_0}\left(1 - 0.2\frac{\Delta n}{n_0}\right)\sqrt{\frac{T_0}{T_{01}}}$$

由式(6-68)可见,多级变转速汽轮机流量与初压成正比,如果忽略初温的影响,流量变化与转速变化有关,即 $\Delta n/n_0 = \Delta(u/c_a)$。因此,在作中间级组的变工况特性的估算时,可以利用叶高接近级组的平均叶高的某一中间级的效率随速比 u/c_a 的变化曲线,确定中间级组的平均效率 η_i 的变化,而不需要逐级的详细计算。

3. 末级的变工况特性

当流量减小时,多级汽轮机末级的初压及焓降有较大程度的减小,引起速比增大,但由于转速 n 相应的下降又会引起速比 u/c_a 的减小,同时由于末级的反动度 Ω 为保证通流部分的流程平滑而设计得较大,所以速比对不计余速损失时级的轮周效率 η_u 影响不大。因此,在估计末级效率时,只考虑末级余速损失的变化对级效率的影响即可。

同单级变转速汽轮机变工况一样,也可作出多级汽轮机中间级组的初压 p_0、终压 p_2、流量 G 及转速 n 的关系曲线,如图 6-38 所示。图中给出了不同终压 p_2 条件下,不同转速 n 下级组的流量 G 与初压 p_0 之间的关系曲线。凝汽式多级变转速汽轮机中间级组的流量 G 与初压 p_0 的关系曲线则可近似认为是一组通过坐标原点的辐射线。

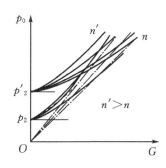
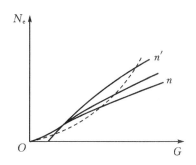

图 6 - 38　变转速冲动式汽轮机压力级级组的初压、　　　图 6 - 39　变转速汽轮机的功率、
　　　　终压、流量及转速的关系曲线　　　　　　　　　　　　　流量及转速的关系曲线

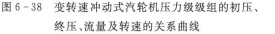

变转速工业汽轮机不同转速下功率 N_e 与流量 G 的关系曲线如图 6 - 39 所示。图中转速的变化由一组曲线表示,在同一流量下转速 n 越高,内效率 η_i 越高,可以发出较大功率 N_e。空负荷时,转速 n 越高,空转流量 G 越大,因此几条曲线交叉在一起。驱动用变转速工业汽轮机的实际运行工况线如图 6 - 39 中虚线所示。当负荷降低时,流量 G 减少,汽轮机工作转速 n 相应下降。因这类机组均是带负荷启动,机组空负荷流量为零,故虚线通过坐标原点。

以上讨论的是在蒸汽初终参数一定时,汽轮机转速按照被驱动机器的负荷特性而变化时的汽轮机变工况特性。如果一台多级工业汽轮机的尺寸基型在通流部分不作变动的情况下被选用在另一工作转速或其他蒸汽初终参数的条件下工作,这时的变工况计算就属于另一种性质,但所用的基本关系及分析方法仍然相同。

6.6　习　题

6-1　某多级汽轮机的原设计背压为进汽的 0.2 倍,调节级汽室压力为进汽压力的 0.7 倍。当通过汽轮机的蒸汽流量为 40% 设计流量时,背压不变,求调节级汽室中的相对压力(注:各级中未发生临界速度)。(答案:$p'_1/p_0 = 0.335$)

6-2　一台 N1.5 型冷凝汽轮机在设计工况下调节级汽室压力为 $p_1 = 0.529$ MPa,通过汽轮机的总流量 $D = 6\,630$ kg/h,初参数为 $p_0 = 2.24$ MPa,$t_0 = 388℃$。当流量减少 25% 设计流量时,求调节级汽室压力 p_1 和全开阀蒸汽流量的绝热焓降 h_s(调节级后面温度变化影响忽略不计)。(答案:$p'_1 = 0.397$ MPa,$h'_s = 421$ kJ/kg)

6-3　某超高参数冷凝式汽轮机,蒸汽初参数为 $p_0 = 16.67$ MPa,$t_0 = 550℃$。在设计流量 $D = 300$ t/h 的情况下,有四只阀完全开放(第一只汽阀供给 8 只喷管,第二汽阀供给 6 只喷管,第三、四汽阀各供给 4 只喷管,各喷管截面积相同,且均为收缩喷管;各汽阀依次开启时,无重叠度),调节级汽室压力为 $p_1 = 10.0$ MPa。当调节阀全开时,调节级喷管前面的压力 $p'_0 = 15.88$ MPa。试求在蒸汽流量 $D' = 225$ t/h 时各汽阀之间的流量分配情况。(答案:$D_{01} = 111$ t/h,$D_{02} = 83.2$ t/h;$D_{03} = 30.8$ t/h(三阀部分开启);$D_{04} = 0$(四阀部分开启))

6-4　某冷凝式汽轮机蒸汽参数为 $p_0 = 3.43$ MPa,$t_0 = 435℃$,进汽机构汽流损失为 $\Delta p = 5\% p_0$,在设计工况下三只汽阀全开,调节汽室压力 $p_1 = 2.25$ MPa。假设每只汽阀供给同等数量的喷管数,各喷管截面积相同,均为收缩喷管。试计算当一只汽阀完全开放时,通过汽轮机的蒸汽流量将为设计流量 D_0 的多少倍。(答案:$D_1 = 0.35 D_0$)

6-5 N5.5型冷凝式汽轮机,蒸汽初压 $p_0 = 7.92$ MPa,初温 $t_0 = 480℃$,进汽机构5％的压损。在设计工况下,调节级汽室压力为 1.123 MPa,流量 $D_1 = 20.7$ t/h(此时两只汽阀全开),当第一只汽阀全开时流量 $D'_1 = 12.42$ t/h,当第三只汽阀全开时流量 $D'_1 = 24.82$ t/h(假定调节级均为渐缩喷管,不考虑重叠度的反动度)。求:

(1)绘出 $p_2 - G$ 图和各阀流量分配图。

(2)当流量为 $D'_1 = 15$ t/h 时阀门开启情况,并求出部分开启的初压。

(3)如设计工况下调节级内效率 $\eta_{oi} = 0.62$,在第(2)种情况下通过全开阀汽流的调节级效率和设计工况相同。通过部分开启阀汽流的调节级效率为 0.56,求进入非调节级的蒸汽状态。(答案:(2) $p_{02} = 2.26$ MPa,(3) $i_n = 3\ 138$ kJ/kg)

6-6 高压前置汽轮机进汽参数为 $p_0 = 8.82$ MPa,$t_0 = 500℃$;背压为 $p_2 = 3.04$ MPa,进汽阀压损 $\Delta p = 0.44$ MPa;蒸汽设计流量 $D_0 = 380$ t/h 下四只阀全开(供给26只喷管),调节级汽室中的压力 $p_2 = 6.078$ MPa。若第四阀给及6只喷管,则当三阀全开时,蒸汽流量 D'_1 为何值? 调节汽室中的压力 p'_2 为多少?(前置汽轮机变工况时背压不变;设各喷管面积相等,均为收缩喷管。提示:可用逐次逼近计算或解两个联系方程。)(答案:$D' = 313$ t/h,$p'_2 = 5.3$ MPa)

6-7 某一喷管配汽汽轮机设计工况时调节级的蒸汽初压为 $p_0 = 8.38$ MPa,此时三只汽阀全开。一阀全开时通过调节级的蒸汽流量为设计流量(D_0)的40％,二阀全开时通过调节级的蒸汽流量为 D_0 的70％,三阀全开时为设计流量 D_0,此时调节级部分进气度 $e = 0.75$,调节级全部采用收缩喷管,计算时不考虑重叠度,反动度 $\Omega = 0$。当流量将为 $0.85D_0$ 时,调节级汽室压力为 5.0 MPa,求该工况下部分开启阀后的压力 p_{0n} 及部分进气度 e。(答案:$p_{0n} = p_{04} = 5.6$ MPa,$e = 0.75$)

6-8 某一喷管配汽汽轮机共四只调节汽阀,三阀全开为设计工况,其进汽流量 $D_0 = 33$ t/h,四阀全开进汽流量为 $D_{04} = 1.3D_0$(t/h)。在设计工况下,喷管组前的蒸汽参数为:压力 $p_0 = 2.45$ MPa,温度 $t_0 = 400℃$,调节级背压 $p_2 = 1.57$ MPa,喷管的速度系数 $\varphi = 0.97$。试求:第四阀全开时,该阀所属喷管组通过的流量 D_4;该喷管组的出口通流面积 A_4;A_4 与设计工况下的通流面积比值 A_4/A_0。(答案:$D_4 = 42$ t/h,$A_4 = 5.12 \times 10^{-3}$ m²,$A_4/A_0 = 0.64$)

参考文献

［1］蔡颐年. 蒸汽轮机［M］. 西安：西安交通大学出版社,1988.

［2］王仲奇,秦仁. 透平机械原理［M］. 北京：机械工业出版社,1981.

［3］舒士甄. 叶轮机械原理［M］. 北京：清华大学出版社,1991.

［4］于瑞侠. 核动力汽轮机［M］. 哈尔滨：哈尔滨工程大学出版社,2000.

［5］刘万琨,张志英,李银凤,等. 风能与风力发电技术［M］. 北京：化学工业出版社,2007.

［6］郑体宽. 热力发电厂［M］. 北京：水力电力出版社,1986.

［7］蔡颐年,王璧玉. 汽轮机装置［M］. 北京：机械工业出版社,1989.

［8］王革华. 新能源概论［M］. 北京：化学工业出版社,2006.

［9］姚秀平. 燃气轮机及其联合循环［M］. 北京：中国电力出版社,2004.

［10］张希良. 风能开发利用［M］. 北京：化学工业出版社,2005.

［11］姚强,等. 洁净煤技术［M］. 北京：化学工业出版社,2005.

［12］王革华,等. 能源与可持续发展［M］. 北京：化学工业出版社,2005.

［13］靳智平,王毅林. 电厂汽轮机原理及系统［M］. 北京：中国电力出版社,2006.

［14］翦天聪. 汽轮机原理［M］. 北京：水力电力出版社,1985.

［15］蔡颐年,王乃宁. 湿蒸汽两相流［M］. 西安：西安交通大学出版社,1985.

［16］Guha A. Computation, Analysis and Theory of Two-phase Flows ［J］. The Aeronautical Journal, 1998, 102：71-82.

［17］中国电力年鉴编委会. 2000 中国电力年鉴 ［R］. 北京：中国电力出版社,2000.

［18］Toyotaka Sonoda, Toshiyuki Arima, Markus Olhofer. A Study of Advanced High-Loaded Transonic Turbine Airfoils ［J］. Journal of Turbomachinery, 2006,128(3)：650 – 657.

［19］Wang H P, Olson S J, Goldstein R J. Flow Visualization in a Linear Turbine Cascade of High Performance Turbine Blades ［J］. Journal of Turbomachinery, 1997,119(1)：1 – 8.

［20］景思睿,张鸣远. 流体力学［M］. 西安：西安交通大学出版社,2010.

［21］John D, Anderson, J R., Computational Fluid Dynamics—The Basics with Application ［M］. Nork：McGraw-Hill Copanies, Inc., 1995.

［22］Wu C H. A general theory of three-dimensional flow in subsonic and supersonic turbomachines of axial, radial and mix-flow types ［R］. NACA TN 2604, 1952.

［23］Hirsch C. Numerical Computation of Internal & External Flows ［M］. 2nd ed. Hoboken (NJ)：John Wiley & Sons, Ltd., 2007.

［24］Denton J D. Loss mechanisms in turbomachines ［J］. ASME J. Turbomachinery, 1993, 115：621 – 656.

［25］Ainley D G, Mathieson G C R. A Method of Performance Estimation for Axial-Flow Turbines, British Aeronautieal Researeh Couneil, 1951.

［26］Dunham J, Came P M. Improvements to the Ainley-Mathieson method of turbine performance prediction [J]. Journal of Engineering for Power, 1970: 252 - 256.

[27] Kacker S C, OKAPUU U. A mean line prediction method for axial flow turbine efficiency [J]. Journal of Engineering for Power, 1982, 104 (1): 111 - 119.

[28] Gopalakrishnan S, Bozzola R. A numerical technique for the calculation of transonic flows in turbomachinery [C]// ASME Paper 71 - GT-42. [S. l.]: ASME, 1971.

[29] Denton J D. A time marching method for two-and three-dimensional blade-to-blade flows[R]. Marchmood Engineering Laboratories Report R/M/R215, 1975.

[30] Denton J D. The use of a distributed body force to simulate viscous flow in 3 - d calculations[C]// ASME Paper 86-GT-144. [S. l.]: SME, 1986.

[31] Rai M M. Three dimensional Navier-Stokes simulations of turbine rotor-stator interaction[J]. J. Propulsion, 1989, 5(3): 367-374.

[32] Dawes W N. Application of full Navier-Stokes solvers to turbomachinery flow problems [C]. VKI Lectures Series 2, Numerical Techniques for Viscous Flow Calculation in Turbomachinery Bladings, 1986.

[33] Hah C. Numerical study of three-dimensional flow and heat transfer near the endwall of a turbine blade row[C]// AIAA Paper 89-1689. [S. l.]: AIAA, 1989.

[34] 谢政, 李建华, 汤泽滢. 非线性最优化[M]. 北京: 国防科技大学出版社, 2006.

[35] Jameson A. Aerodynamic Design via Control Theory[R]. Technical Report 88-64, ICASE, 1988.

[36] Jameson A, Pierce N A, Martinelli L. Optimum Aerodynamic Design Using the Navier-Stokes Equations[C]// AIAA Aerospace Sciences Meeting & Exhibit, 35th. Reno (NV): AIAA, 1997.

[37] Reuther J, Jameson A, Farmer J, et al. Aerodynamic Shape Optimization of Complex Aircraft Configurations via an Adjoint Formulation [C]// AIAA Paper 96-0094. [S. l.]: AIAA, 1996.

[38] Elliott J, Peraire J. 3D Aerodynamic Optimization on Unstructured Meshes with Viscous Effects[C]// AIAA Paper 97-1849. [S. l.]: AIAA, 1997.

[39] LI Yingchen, Yang Dianliang, FENG Zhenping. Inverse Problem in Aerodynamic Shape Design of Turbomachinery Blades[C]// ASME Paper GT-2006-91135. [S. l.]: ASME, 2006.

[40] LI Haitao, SONG Liming, LI Yingchen, et al. 2D Viscous Aerodynamic Shape Design Optimization for Turbine Blades Based on Adjoint Method [J]. ASME Journal of Turbomachinery, 2011, 133(3): 031014. (SCI: 692MW; EI: 20102312997782).

[41] 厉海涛, 宋立明, 丰镇平. 复杂约束环境下基于控制理论的透平叶栅气动优化[J]. 工程热物理学报, 2010, 31(8): 1294-1298.

[42] Ahn C, Kim K. Aerodynamic Design Optimization of an Axial Flow Compressor Rotor [C]// ASME Paper GT2002-30445. [S. l.]: ASME, 2002.

[43] Lecerf N, Jeannel D, Laude A. A Robust Design Methodology for High-Pressure Compressor Throughflow Optimization[C]// ASME Paper GT2003-38264. [S. l.]: ASME,

2003.

[44] Kuzmenko M L, Egorov I N, Shmotin Y N, et al. Optimization of the Gas Turbine Egine Parts Using Methods of Numerical Simulation[C]// ASME Paper GT2007-28205. [S. l.]:ASME, 2007.

[45] Holland J H. Adaptation in Natural and Artificial Systems:An Introductory Analysis with Application to Biology, Control, and Artificial Intelligence [M]. 2nd edition. Cambridge (MA):MIT Press, 1992.

[46] Fogel D B. Evolutionary Computation:Toward a New Philosophy of Machine Intelligence[C]. New York:IEEE, 1995.

[47] Rechenberg I. Evolutions Strategie:Optimierung Technisher Systeme nach Prinzipien der Biologischen Evolution[M]. Stuttgart:Frommann-Holzboog Verlag, 1973.

[48] 丰镇平, 李军, 沈祖达. 遗传算法及其在透平机械优化设计中的应用[J]. 燃气轮机技术, 1997, 11(2):13 - 22.

[49] Petrovic M V, Dulikravich G S, Martin T J. Optimization of Multistage Turbine Using a Through-Flow Code[C]// ASME Paper 2000-GT-521. [S. l.]:ASME, 2000.

[50] Oyama A, Liou M-S, Obayashi S. Transonic Axial-Flow Blade Shape Optimization Using Evolutionary Algorithm and Three-dimensional Navier-Stokes Solver [C]// AIAA-2002-5642. [s. l.]:AIAA, 2002.

[51] Ernesto Benini. Three-Dimensional Multi-Objective Design Optimization of a Transonic Compressor Rotor [J]. Journal of Propulsion and Power, 2004, 20(3):559-565.

[52] Özhan Öksüz, İbrahim sinan Akmandor. Multi-objective Aerodynamic Optimization of Axial Turbine Blades Using a Novel Multilevel Genetic Algorithm [J]. ASME Journal of Turbomachinery, 2010, 132:041009-1 -041009-14.

[53] Storn R. On the usage of differential evolution for function optimization[C]. [S. l.]:NAPHIS, 1996.

[54] 宋立明. 基于进化算法的轴流式叶轮机械叶栅气动优化设计系统的研究[D]. 西安:西安交通大学, 2006.

[55] LUO Chang, SONG Liming, LI Jun, et al. A study on multidisciplinary optimization of an axial compressor blade based on evolutionary algorithms [J]. Journal of Turbomachinery, 2012, 134(1):040501-1-5.

[56] SONG Liming, LUO Chang, LI Jun, et al. Automated Multi-objective and Multidisciplinary Design Optimization of a Transonic Turbine Stage [J]. Proceedings of the Institution of Mechanical Engineers, Part A, Journal of Power and Energy, 2012.

[57] Oyama S. Wing Design Using Evolutionary Algorithms [D]. Sendai (Japan):Tohoku University, 2000.

[58] Davis A, Samuels P. An Introduction to Computational Geometry for Curves and Surfaces [M]. Oxford:Oxford Applied Mathematics and Computing Science Series, Clarendon Press, 1996.

[59] Quagliarella D, Vicini A. GAs for Aerodynamic Shape Design I:General Issues, Shape

Parameterization Problems and Hybridization Techniques [C]. Genetic Algorithms for Optimization in Aeronautics and Turbomachinery, 1999-2000 VKI Lectures Series, 2000.

[60] SONG Liming, OHYAMA Hiroharu, LI Jun, et al. Multilevel Design Optimization for Long Blade of Steam Turbines Using Self-adaptive Differential Evolutionary Algorithms [C]. IGTC2011-ABS-0155, 2011.